地球物理地球化学勘探基础

DIQIU WULI DIQIU HUAXUE KANTAN JICHU

主　编　王建军
副主编　蔡足根　张海强　王瑞杰

图书在版编目(CIP)数据

地球物理地球化学勘探基础/王建军主编. —武汉:中国地质大学出版社,2025.5. —ISBN 978-7-5625-6158-3

Ⅰ.P3;P632

中国国家版本馆 CIP 数据核字第 2025LA1399 号

地球物理地球化学勘探基础		王建军 主 编
		蔡足根 张海强 王瑞杰 副主编

责任编辑:韩 骑	选题策划:江广长 段 勇	责任校对:何澍语
出版发行:中国地质大学出版社(武汉市洪山区鲁磨路388号)		邮编:430074
电　　话:(027)67883511	传　　真:(027)67883580	E-mail:cbb@cug.edu.cn
经　　销:全国新华书店		http://cugp.cug.edu.cn
开本:787毫米×1092毫米　1/16	字数:324千字	印张:13
版次:2025年5月第1版	印次:2025年5月第1次印刷	
印刷:武汉中远印务有限公司		
ISBN 978-7-5625-6158-3		定价:58.00元

如有印装质量问题请与印刷厂联系调换

《地球物理地球化学勘探基础》编写人员

主　　编：王建军

副 主 编：蔡足根　　张海强　　王瑞杰

参编人员：梁龙飞　　杨梦力　　张海军　　李文乔

　　　　　王斌战　　樊院平　　田成富　　刘小念

前 言

地球物理勘探简称物探,是探测地下地质情况的一门科学,其依据是探测对象与周围介质存在的物理性质差异,这种物性差异可影响地质体周围某种天然或人工物理场的分布。物探技术就是利用先进的物探仪器来获取这些地球物理场的分布特征,与均质条件下的地球物理场相比,找出差异的部分,研究这种差异特征与勘探对象之间的关系,以达到解决地质问题或工程问题的目的。随着现代计算机技术的发展,地球物理勘探逐渐成为方法应用活跃、技术和仪器设备发展快速的应用科学,从某种程度上讲,它的应用与发展已成为衡量地质勘查(察)现代化水平的重要标志之一。

地球化学是从地球的物质化学组成、化学作用和化学演化角度,即通过物质的化学运动形式来研究地球的。地球化学勘探简称化探,是通过测量天然物质的化学性质,研究其地球化学特征,以达到勘探目的。从学科角度讲,地球化学是由地质学与化学类基础科学相互结合、相互渗透而产生的一门融合学科。

《地球物理地球化学勘探基础》包含3个章节,前两章主要介绍了地球物理勘探和地球化学勘探相关的基础知识,能够让初学者快速了解地球物理和地球化学勘探技术;第三章主要介绍了一些新方法和新技术。本书在编写过程中,简化了公式的推导过程,尽量做到理论通俗易懂,帮助初学入门的专业人员理解相关概念。本书既可以作为一本物化探理论基础用书,供相关专业技术人员参考,也可作为一本教材,供地球物理、地球化学专业的学生学习使用。

第一章地球物理勘探由王建军、蔡足根、王瑞杰、李文乔、田成富等同志编写。通过介绍重力勘探、磁法勘探、电法与电磁法勘探、地震勘探的基本原理,外业工作方法、资料处理与解释等内容,让读者快速了解地球物理勘查技术基本知识、野外工作流程和正反演资料解释,本章注重理论与实践相结合,适合初学和有一定基础的读者阅读。

第二章地球化学勘探由张海强、梁龙飞、张海军等同志编写。主要介绍了岩石地球化学测量、土壤地球化学测量和水系沉积物地球化学测量等。本章总结了元素分散与集中的规律,并全面介绍了地球化学找矿的采样和试验、解释和评价异常等工作,适合具有一定地质学与化学基础的读者阅读。

第三章地球物理地球化学勘探新技术由杨梦力、王斌战、樊院平、刘小念等同志编写。主要介绍了三维地震勘探、微动勘探、广域电磁测深法和反磁通瞬变电磁法等地球物理勘探新方法,并介绍了目前一些新的地球化学找矿方法手段,专业技术人员可作为参考。

本书编写过程中,湖北省地质局魏徵同志全程给予了指导,并提出了很多宝贵意见,在此表示衷心的感谢!本书出版过程中引用了一些资料,对于这些资料的工作者,亦表示衷心的感谢!

初稿完成后,编者进行了互审,并由主审专家进行了审查,根据修改意见,编者进行了认真修改,最后由王建军统一定稿。限于编者水平有限,疏漏之处在所难免,敬请广大读者给予批评指正!

编　者

2024 年 11 月

目 录
CONTENTS

第一章　地球物理勘探 ……………………………………………………………………… (1)
　　第一节　地球物理场及物性特征 ………………………………………………………… (2)
　　第二节　重力勘探 ………………………………………………………………………… (24)
　　第三节　磁法勘探 ………………………………………………………………………… (35)
　　第四节　电法与电磁法勘探 ……………………………………………………………… (45)
　　第五节　地震勘探 ………………………………………………………………………… (76)
　　第六节　地球物理测井 …………………………………………………………………… (109)
第二章　地球化学勘探 ……………………………………………………………………… (122)
　　第一节　地球化学基本理论 ……………………………………………………………… (122)
　　第二节　岩石地球化学测量 ……………………………………………………………… (125)
　　第三节　土壤地球化学测量 ……………………………………………………………… (130)
　　第四节　水系沉积物地球化学测量 ……………………………………………………… (135)
　　第五节　放射性勘探 ……………………………………………………………………… (138)
第三章　地球物理地球化学勘探新技术 …………………………………………………… (145)
　　第一节　地震勘探新技术 ………………………………………………………………… (145)
　　第二节　电磁法勘探新技术 ……………………………………………………………… (171)
　　第三节　井间层析成像技术 ……………………………………………………………… (182)
　　第四节　地球化学新技术 ………………………………………………………………… (193)
主要参考文献 ………………………………………………………………………………… (196)

第一章 地球物理勘探

地球物理学是一种运用物理学的原理和方法来研究地球的科学,是横跨物理学和地质学的一门交叉学科,其研究对象极为广泛,上达数百千米高空的游离层,下至地球深处,都属于研究的领域和对象。地球物理勘探为地球物理学的分支,又称应用地球物理学,简称物探,是通过观测天然存在或人工形成的地球物理场,以查明地下地质情况,寻找矿产资料或解决工程、水文和环境等地质问题的一种勘查方法。

地球物理场是指由地球、太空、人类活动等因素形成的,分布于地球内部和外部近地表的具有物理作用的空间。自然界中存在各种物理作用形成的不同的物理场,如重力作用形成的重力场、天然或人工电流作用形成的电(磁)场、波(场波、电磁波)动作用形成的波场等。物理场可以理解为物理量的分布,地球物理勘探就是利用专门仪器观测地球物理场的分布和变化特征,结合已有地质资料进行分析研究,推断地下空间介质分布特征,从而达到解决地质问题的目的。

地下不同介质往往在密度、电性、磁性、弹性等方面存在差异,这些差异会引起相应地球物理场的变化,利用地球物理场的不同,需采用不同的地球物理勘探方法,通常分为以下几类:①重力勘探,以地下介质密度差异为基础,研究重力场的变化规律;②磁法勘探,以地下介质磁性差异为基础,研究磁场的变化规律;③电(磁)法勘探,以地下介质电性差异为基础,研究天然或人工电(磁)场的变化规律;④地震勘探,以地下介质弹性差异为基础,研究天然或人工地震波动(速度)场的变化规律;⑤放射性勘探,以地下介质的放射性差异为基础,研究辐射场的变化规律。地球物理勘探技术属于间接勘查的手段,就其工作环境而言,既可在地面进行,亦可在空中、钻孔中和海洋(河湖)上进行,工作范围极其广阔。地球物理勘探方法分类见表 1-1-1。

采用地球物理技术解决地质问题时,必须满足一定的地质和地球物理条件,主要有 3 个方面:①探测对象与周围介质之间必须有明显的物性差异;②探测对象必须有一定的规模,即其大小相对于埋藏深度必须有相应的规模;③各种干扰因素相对于有效物理场必须足够小,或具有不同的特征,以便识别。这些条件是地球物理勘探工作的前提。对于城市地面物探工作来讲,工作现场应具备足够的空间,以便能布设探测装置。

物探资料解释常存在多解性的问题,这种情况一般是由复杂的地质条件和地球物理理论自身局限性造成的,为消除这种影响,应尽可能采用多种物探方法进行探测,并充分利用已有地质资料,进行综合解释,以便获得比较准确的解释成果。

表 1-1-1　地球物理勘探方法分类

分类方法	分类		分类方法	分类	
按探测方法	重力勘探		按探测对象或领域	资源类物探	石油物探
	磁法勘探				煤田物探
	电（磁）法勘探	（直流）电法勘探			金属、非金属物探
		电磁法勘探			页岩气物探
	地震勘探	折射波法		水工环物探	水文物探
		反射波法			工程物探
		面波（微动）法			环境物探
	放射性勘探				
	测井、井间CT				
按工作环境	地面物探、航空物探、地下物探、海洋（河湖）物探、井中（间）物探				

　　物探方法应用尽管存在诸多先决条件，但由于其多是通过地面观测并解决地下地质问题，与钻探等其他勘查手段相比，具有工作效率高、成本低的优势，且物探成果一般为线状地质剖面，可进行三维探测，成果便于利用，故物探方法已被各系统、各部门广泛应用。随着科学发展和计算机技术的进步，许多新方法、新技术不断地被引入物探领域，这为物探技术的发展提供了新的方向，物探的应用将会越来越广泛。

　　本章将从地球物理场和物性特征入手，介绍各种地球物理勘探方法的基本理论、野外工作方法和室内资料处理与解释等，理论知识的阐述尽可能做到简单易懂，野外工作方法介绍尽可能做到实用、便于操作。

第一节　地球物理场及物性特征

　　地球内部和外部近地表分布有各种物理场，可分为天然地球物理场和人工激发地球物理场两大类，天然存在的地球物理场主要有重力场、地磁场、电磁场、大地电流场、核物理场（放射性射线场）等。由人工爆炸产生的弹性波场、向地下供电在地下产生的局部电场、向地下发射电磁波激发出的电磁场等，属于人工激发的地球物理场。人工场源的优点是场源参数已知、便于控制、分辨率较高、探测效果好，但成本较高。

　　地球物理正常场是指场的强度、方向等各类物理量符合全球或区域范围内总体趋势的场。地下不同介质引起的地球物理场的变化，称为地球物理异常场，简称异常场或异常。按物理性质不同，异常可分为重力异常、磁性异常、电性异常、波速异常等，是相对于正常场的偏差，是由探测对象引起的局部的地球物理场变化，往往是叠加在正常场之上、以正常场为背景的场的局部差异和变化。地球物理异常按范围大小可分为大陆异常、区域异常和局部异常。研究地球物理场异常时，一般认为研究范围内大陆异常和区域异常是稳定的，将正常地球物理场、大陆异常和区域异常一起视为正常场,作为研究的背景值,而突出局部异常。

一、重力场与密度特征

地球是一个不规则的椭球体,地心离赤道的距离较远,离两极较近,其内部及周围空间存在重力,地球物理中应用的重力场通常指地球表面附近的地球引力场。在重力场中,每一点所受重力的大小和方向只与该点的位置有关,描述重力场的要素有重力、重力线、重力位和等位面等。

(一)重力与重力加速度

1. 重力 G

重力 G 由两部分组成,即地球质量对物体产生的引力 F 和由地球自转产生的惯性离心力 C 的矢量和,其方向为铅直向下:

$$G = F + C \tag{1-1-1}$$

引力 F 为牛顿万有引力,是由于物体具有质量而在物体之间产生的一种相互作用、相互吸引的作用力。万有引力的大小和物体的质量以及物体之间的距离有关;物体的质量越大,它们之间的万有引力就越大;物体之间的距离越远,它们之间的万有引力就越小。如果用 m_1、m_2 表示两个物体的质量,r 表示它们之间的距离,则物体间相互吸引的力 F 为

$$F = G \cdot m_1 \cdot m_2 / r^2 \tag{1-1-2}$$

式中:G 为万有引力常数,其值为 $6.67 \times 10^{-11} \text{N} \cdot \text{m}^2/\text{kg}^2$。

万有引力定律表明,任何物体(大到天体,小到微观粒子)相互之间都有引力存在。地球引力随纬度的增加而增大,方向略偏离中心。

地球表面是非惯性参考系,由于地球的自转,一切物体都要受到与地球自转轴相垂直的惯性离心力 C,$C = \omega^2 r$,ω 为地球自转角速度,r 为矢径,赤道处惯性离心力最大,两极为零。

地球引力与惯性离心力的合力即是地球重力,因惯性离心力是向外的,其大小较地球引力要小,并使重力的实测值随纬度的增加而增大。这种重力的分布,或者说重力加速度的变化情况,即是重力场。

地球的重力场和其他物理场一样,满足以下两个条件:①场中任意一点的重力的大小和方向是单值、连续的函数;②力场所做的功与路径无关。

2. 重力加速度

当物体受到重力作用时,就会自由下落,下落的加速度称为重力加速度 g,即

$$G = mg \tag{1-1-3}$$

为方便比较重力场中各点重力值的大小,采用单位质量在重力场中所受重力的大小进行度量,即重力场强度:

$$g = G/m \tag{1-1-4}$$

可知,重力场强度与重力加速度在数值和量纲上是相同的。

人们为纪念第一个测定重力加速度的物理学家伽利略,取 cm/s² 为重力加速度单位,称为伽(Gal),工作中常用单位为毫伽(mGal),国际单位制(SI)中,重力加速度单位为 m/s²,其 $1×10^{-6}$ m/s² 为国际通用重力度量,简写为 g.u.,换算关系为

$$1\text{Gal} = 1\text{cm/s}^2 = 1×10^{-2}\text{m/s}^2 = 1×10^4 \text{g.u.} \tag{1-1-5}$$

$$1\text{g.u.} = 1×10^{-6}\text{m/s}^2 = 0.1\text{mGal} \tag{1-1-6}$$

3. 重力的变化

重力不是恒量,随空间和时间变化,相对于重力加速度全值(9.8m/s²)来说很小,因而需要专门的仪器——重力仪进行测量。重力变化的原因一般有:①地球本身非正圆体,而是一个近于两极压扁的扁球体,因而地心到地表的距离不是处处一样;②地球围绕自转轴不停旋转,因而不同纬度处回转半径不同;③地球表面起伏不平,形态复杂;④长期地质活动,造成地表直至上地幔的物质密度不同;⑤时间上来说,太阳、月亮与地球间相对位置存在一定的周期变化,造成海洋潮汐和固体潮汐。

(二)地球的正常重力

地球的正常重力值指:假定地球是一个旋转椭球体,表面光滑、内部密度均匀,或呈层状分布、每层密度均匀,且各层界面都是共焦点的旋转椭球面,根据其形状、大小、质量、密度、自转角速度及各点所在位置求出的重力位,称正常重力位,由其计算出的重力值称正常重力值。该旋转椭球体称参考椭球体。

确定重力位的方法通常有两种,分别如下。

(1)拉普拉斯方法,其公式为

$$g_0 = g_e(1 + \beta \sin^2 \varphi) \tag{1-1-7}$$

(2)斯托克斯方法,其公式为

$$g_0 = g_e(1 + \beta \sin^2 \varphi - \beta_1 \sin^2 2\varphi) \tag{1-1-8}$$

上两式中:g_e 为赤道重力值;β 为地球重力扁度,β_1 由 β 及其二级微量计算得到;φ 为计算点的纬度。

通过测量全球尽可能多的重力值,经最小二乘法处理,才可获得比较精确的 g_e、β、β_1 值。正常重力公式因推导方法不同而有几种形式,我国统一使用的是赫尔默特公式:

$$g_0 = 97\,803\,027(1 + 0.005\,302\,4\sin^2\varphi - 0.000\,005\,8\sin^2 2\varphi)\text{g.u.} \tag{1-1-9}$$

地球表面正常重力场具有以下基本特征:

(1)正常重力场是人们根据需要提出的,不同计算公式对应不同参数的地球模型,反映的是理想条件下地球表面重力变化的基本规律,所以它不是客观存在的。

(2)正常重力值只与纬度有关,赤道上最小、两极最大,二者相差约 50 000g.u.。

(3)正常重力值随纬度变化的变化率,在纬度 45°处达到最大,而在赤道和两极处为零。

(4)正常重力值随高度增加而减小,变化率约为 -3.086g.u./m。

(三)重力异常

地球内部物质密度分布非常不均匀,因而实际观测到的重力值与理论上的重力值之间总

是存在偏差，在排除干扰因素后，由于物质密度分布不均而引起的重力变化，称为重力异常，即实测重力值与该点正常值之差。

研究对象的密度 ρ 与围岩密度 ρ_0 之差称为剩余密度 $\Delta\rho$，即 $\Delta\rho=\rho-\rho_0$，剩余密度与研究对象体积之积称为剩余质量，即 $\Delta m=\Delta\rho \cdot V$，重力异常为地质体的剩余质量对测点处单位质量所产生的附加引力在重力方向上的分力，若剩余质量为正，则重力异常为正，反之为负。计算重力异常的基本公式如下。

三度体

$$\Delta g(x,y,z) = G\iiint \Delta\rho(\zeta-z)\mathrm{d}\xi\mathrm{d}\eta\mathrm{d}\zeta/[(\xi-x)^2+(\eta-y)^2+(\zeta-z)^2]^{3/2}$$

(1-1-10)

二度体

$$\Delta g(x,z) = 2G\iint \Delta\rho(\zeta-z)\mathrm{d}\xi\mathrm{d}\zeta/[(\xi-x)^2+(\zeta-z)^2]^2$$

(1-1-11)

式中：(ξ,η,ζ) 为测点坐标。

重力异常有如下特征：

(1) 异常与正常具有相对性，因而异常划分不存在"唯一"的标准。

(2) 不同重力异常特征不同，资料解释时应充分综合各种特征考虑。

(3) 异常求取过程中，因采用了不同外部校正方法，故可提供不同的重力异常，常用异常是经过布格校正后的布格重力异常。

(4) 研究固定台站上重力随时间变化的重力固体潮，是理论地球物理学中研究地球内部结构和弹性的重要手段。

(5) 随着空间技术的发展，人们可利用各种空中、地面数据(大地测量、重力测量数据等)建立不同的地球重力场模型，从而计算出全球重力异常、大地水准面高程异常等，为研究地下地质活动、地球内部构造提供重要数据。

(四) 密度

密度是指介质单位体积的质量，单位为 g/cm^3、kg/m^3。地质体的密度是反映其密实程度的重要物理性质。地壳内不同地质体之间存在密度差异，根据长期研究结果，决定岩(矿)石密度的主要因素有：①组成岩(矿)石的各种矿物成分及其含量多少；②岩(矿)石孔隙度大小及孔隙中充填物成分；③岩(矿)石所承受的压力。地壳中大多数岩(矿)石的密度在 $2.0\sim2.9g/cm^3$ 之间，上地壳一般采用 $2.67g/cm^3$ 作为标准密度。常见岩(矿)石密度见表 1-1-2。

实验室内测定密度的方法有很多，常用方法有天秤测定、密度计法等；野外测定方法主要有钻孔重力测井。

岩浆岩的密度主要由矿物成分及其含量决定。从酸性岩到基性岩，其密度值随岩石中铁镁等暗色矿物含量的增加而逐渐增大。对于同一种侵入的岩浆岩体，在侵入后的冷凝过程中结晶分异而形成不同的岩相带，一般边缘岩相的密度要比过渡岩相、内相的大些。同时，侵入时期(不同侵入时期成分有所不同)、环境对密度也有一定的影响。

沉积岩的成分对密度有一定影响,同时受孔隙度变化的影响而使密度变化范围较大。一般来说,近地表沉积岩受压小,密度也较小;埋深增加则上覆压力增大、孔隙度减小,密度也就增大。沉积岩的密度随孔隙度的减小有呈线性增加的趋势,这与地质年代、沉积环境有关。

表 1-1-2　常见岩(矿)石和其他物质密度值

分类	名称	密度($\times 10^3 \mathrm{kg/m^3}$)	分类	名称	密度($\times 10^3 \mathrm{kg/m^3}$)
岩浆岩	橄榄岩	2.6～3.6	矿石	钨酸钙矿	5.9～6.2
	玄武岩	2.6～3.3		赤铁矿	4.5～5.2
	辉长岩	2.7～3.4		磁铁矿	4.8～5.2
	安山岩	2.5～2.8		黄铁矿	4.9～5.2
	辉绿岩	2.9～3.2		黄铜矿	4.1～4.3
	玢岩	2.6～2.9		钛铁矿	4.5～5.0
	花岗岩	2.4～3.1		铬铁矿	3.2～4.4
变质岩	石英岩	2.6～2.9		锰矿	3.4～6.0
	流纹岩	2.3～2.7		重晶石	4.4～4.7
	片麻岩	2.4～2.9		刚玉	3.9～4.0
	云母片岩	2.5～3.0		岩盐	3.1～3.2
	千枚岩	2.4～2.8		钾盐	2.9～2.0
	蛇纹岩	2.6～3.2		石英	2.65
	大理岩	2.6～2.9		方解石	2.7
	板岩	2.3～2.8		白云石	2.87
	凝灰岩	1.6～2.0		煤	1.2～1.7
沉积岩	白云岩	2.4～2.9	松散层	干砂	1.4～1.7
	灰岩	2.3～3.0		黏土	1.5～2.2
	砂岩	1.8～2.9		表土	1.1～2.0
	砂质页岩	2.3～3.0	其他	盐水(浓度0.2mg/L)	1.15
	砾岩	1.6～4.2		水	1.00
	页岩	2.1～2.8		冰	0.8～0.9
	泥岩	1.2～2.4		混凝土	2.2～2.5
	泥质页岩	2.3～3.0		铁	7.8
	泥质灰岩	2.4～2.7		铜	8.9
	石膏	2.2～2.4		水银(汞)	13.6
	硬石膏	2.7～3.0		空气	0.001 293

变质岩的密度与其构成成分、含量和孔隙度均有密切关系,一般比原岩密度要大,但同一时代的岩体密度相差不大。

二、地磁场与磁性特征

地球是一个大磁体,在其内部和周围存在磁场,这个磁场是一个与置于地心的磁偶极子很近似的磁场。表现出地磁力作用的空间,称作地磁场。地球的南极、北极附近分别存在一个地磁北极(磁性为 N 极,吸引磁针的 S 极)、地磁南极(磁性为 S 极,吸引磁针的 N 极)。磁性是地球的基本物理性质之一,地磁场有磁纬度、磁赤道,在磁赤道附近磁倾角为 0°。地磁场是在一定空间区域内连续分布的矢量场,可以用磁力线表示。我国宋代发明的指南针就是利用地磁场的典型工具。磁法勘探是充分利用地磁场的分布特征和变化规律进行勘探的方法,表述地磁场强度的物理量称为磁感应强度,以往磁法勘探中一般称其为磁场强度,本书沿用该习惯称法。

地球磁场的起源至今仍是地球物理学中研究的重要问题,近几十年,人们在所知的地球构造基础上,提出了自激发电机效应假设:液态内核产生涡旋运动,地球绕自转轴旋转引起回旋磁效应,地核电流体形成并提供再生磁场,因而形成一种自激发电机效应。该假说可定性解释地磁偶极子场和非偶极子场起源,是目前较好的地磁场起源理论。

(一)地磁要素及地磁场

1. 地磁要素

地面上任意点地磁场总强度矢量 $\vec{T}$ 通常用直角坐标系表示,如图 1-1-1 所示,X、Y、Z 轴正向分别为地理北、地理东和垂直向下。矢量 $\vec{T}$ 在 XOY 平面内投影 $\vec{H}$,通过 $\vec{H}$ 方向的铅直平面为磁子午面,其与地理子午面夹角称磁偏角 D,$\vec{H}$ 与 $\vec{T}$ 的夹角称磁倾角 I。$\vec{T}$、$\vec{X}$、$\vec{Y}$、$\vec{Z}$、$\vec{H}$、D、I 称为地磁七要素,是表示该点地磁场大小和方向特征的物理量。地磁七要素之间关系如下:

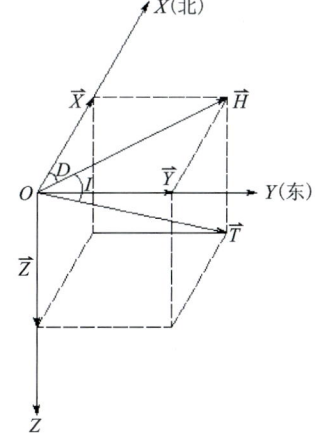

图 1-1-1　地磁要素图

$$\left.\begin{array}{l}\vec{H}=\vec{T}\cdot\cos(I) \quad \vec{X}=\vec{H}\cdot\cos(D) \quad \vec{Y}=\vec{H}\cdot\sin(D) \\ \vec{Z}=\vec{T}\cdot\sin(I)=\vec{H}\cdot\tan(I) \quad \vec{T}^2=\vec{H}^2+\vec{Z}^2=\vec{X}^2+\vec{Y}^2+\vec{Z}^2 \\ \tan(I)=\vec{Z}/\vec{H} \quad \tan(D)=\vec{Y}/\vec{X}\end{array}\right\} \quad (1\text{-}1\text{-}12)$$

地磁场强度单位采用特斯拉(T),实际工作中常用更小的单位纳特(nT):

$$1\text{T}=1\text{Wb/m}^2(\text{韦伯每平方米}) \quad 1\text{T}=10^9\text{nT} \quad (1\text{-}1\text{-}13)$$

2. 地磁场的构成、正常场和异常场

根据磁场来源与规律不同,地磁场可分为两部分:①来源于地球内部的稳定磁场 T_s;②起因于地球外部的变化磁场 δ_T。稳定磁场和变化磁场均可分解为起源于地球内、外部两部分。

$$T = T_s + \delta_T \quad T_s = T_{si} + T_{se} \quad \delta_T = \delta_{T_i} + \delta_{T_e} \tag{1-1-14}$$

其中：T_{si}起因于地球内部稳定磁场，占稳定磁场总量99%以上，T_{se}起因于地球外部稳定磁场，约占不到1%；δ_{T_e}为变化磁场外场源，约占变化磁场总量的2/3，δ_{T_i}为变化磁场内场源，约占变化磁场总量的1/3。变化磁场一般为稳定磁场的万分之几，偶而达到百分之几，故通常所指地球稳定磁场指内源稳定场T_{si}，其由3部分组成：偶极子磁场T_0、非偶极子磁场T_m和地磁异常场T_a。

偶极子磁场T_0与非偶极子磁场T_m之和称为地球基本磁场，世界地磁图即为地球基本磁场分布图，其中T_0场几乎占90%，代表了地磁场空间分布特征。T_m场主要分布在亚洲东部、非洲西部、南大西洋和南印度洋等几个地域，又称大陆磁场或世界磁场，平均强度约占地磁场的10%。T_a为地壳内岩石和矿物在基本磁场磁化作用下产生的磁场，与岩石和矿体的分布等因素有关，称为地壳磁场，又称异常场或磁异常，分布范围数千米至数百万米，可分为区域异常和局部异常，磁法勘探即测定和研究磁异常。

磁异常是与地磁正常场相对的概念，异常场是在正常场基础上场的局域变化，可以认为正常场是磁异常的背景场或基准场，一般根据研究磁异常的要求进行确定，如研究大陆磁异常，仅将偶极子磁场作为正常场，而研究地壳磁场，则将偶极子磁场与大陆磁场之和视为正常场。因而，在磁法勘探中，有效分析研究对象的磁场变化，进而研究异常场与所解决地质问题之间的对应关系，是一项重要的任务。

我国磁异常呈北东向条带状分布，主要分为4个条带。

(1)东南沿海负异常带：强度较弱，为0～2nT。

(2)松辽-扬子正异常带：带内有两个正异常中心，一个位于扬子地台，中心强度6nT，另一个位于松辽地台，中心强度2～4nT。

(3)黑龙江-内蒙古-西藏负异常带：带内有两个负异常中心，一个位于喜马拉雅地区，中心强度10nT，另一个位于黑龙江漠河地区，中心强度6nT。

(4)贝加尔-新疆正异常带：带内有强度达到8nT的塔里木正异常中心，在贝加尔地区有一个2nT的正异常中心，在新疆北部中俄边界有一个2nT负异常中心。

3.地磁场解析表示及变化分析

球谐分析是内源场的磁位表达式，由高斯提出，方式为求出X、Y、Z三个方向的地磁感应强度，该公式由高斯球谐系数、年变率系数和缔合勒让德函数组成，赤道半径取6 378.16km，扁率采用1/298.25。1968年，国际地磁学和高空大气学协会公认了高斯球谐模式，称为国际地磁参考场，记为IGRF。

根据球谐解析，计算出两极垂直场强是赤道处水平场强的2倍，说明偶极子场占绝对优势地位。不同年代球谐系数是变化的，说明地磁场不是恒定不变的，而是相对稳定的，随时间变化而缓慢地长期变化。

(二)变化磁场

叠加于地球基本磁场上的变化场δ_T，是指随时间变化的磁场，从其特征和成因来说，总体可分为两大类型:地球内部场源缓慢变化的长期变化场,起源于地球外部场源的短期变化场。

1. 长期变化场

地磁场随时间缓慢变化,周期长,一般几年、几十年,主要有 3 个变化特点:①偶极子场变化很小,长期变化与非偶极子场变化关系密切;②地球磁场向西漂移,数值也在变化,磁偏角和磁倾角明显;③地球磁矩呈衰减变化,揭示了地球磁极倒转的现象,在古地磁的研究中,地球磁极已发生多次倒转现象,且具有明显波动式的特点,7000～8000a 是地球磁矩变化的基本周期。

2. 短期变化场

地磁场短期变化主要起因于地球外部的各种电流体系,按变化特征分为两类:一类是按一定周期连续变化,且变化平缓有规律,称为平静变化;另一类是偶然发生,持续一定时间后消失,短暂而复杂的变化,称为扰动变化。

1)平静变化

根据变化周期和幅度,平静变化分为太阳静日变化和太阳日变化,太阳日变化仅 1～2nT,叠加于太阳静日变化,对磁法勘探影响甚微,故一般不予考虑。

太阳静日变化有 3 个特点:①以一个太阳日 24h 为周期,称地磁日变,依赖于地方太阳时;②各个地磁要素逐日不停地进行变化,振幅易变、相位几乎不变;③与该日地磁活动性有关,受太阳黑子活动周期影响。白天变化大,夜晚较平静,夏季变化大,冬季变化小。静日变化场源为高空电离层中涡流电流体系,高空中存在 4 个电流体系,2 个位于北半球、2 个位于南半球,2 个强的涡旋电流位于向日半球、2 个弱的则位于背日半球,中心位于±30°磁纬度附近,随地球自转产生感应电流,形成电流体系。

2)扰动变化

扰动变化是叠加于平静变化上的地磁扰动,变化幅度几纳特至几千纳特,持续时间几秒至几天不等,且相互重叠。扰动变化可分为两类:一类是无明显周期,变化幅度较大;另一类是变化幅度很小,具有准周期结构的脉动。与磁法勘探相关的扰动主要为磁暴和地磁脉动。

(1)磁暴是一种强烈的扰动,几乎在全球全面积同时发生。磁暴对地磁场水平分量影响显著,对垂直分量影响小,按变化强度可分为 3 级:小磁暴、中强磁暴和强烈磁暴,强度从低纬度到高纬度逐渐加强。变化阶段分为 3 个阶段:初相段、主相段、平静相段。一般认为磁暴发生与太阳黑子活动有关,其发生具有一定的时间分布规律,太阳活动性强的年份磁暴发生频率高,最多时一年 20～40 次,相当多磁暴具有间隔 27d 左右重现的规律性,以及 11a 为周期变化的特点,春秋多、夏冬较少。

(2)地磁脉动是一种地磁场的微扰变化,具有准周期的特点,一般周期从几百毫秒至几百秒,频率范围从几毫赫到几赫兹,振幅范围从几微特到几十纳特。一般可分为两大类型:一类是规则的稳定连续型的脉动;另一类是不规则的或衰减型的脉动。

磁法勘探中,地磁日变化是一种严重干扰场,工作中常用仪器观测其日变化,以进行相应改正,称日变改正。在强磁暴期间,应停止磁测工作。

(三)磁性参数

位于地壳中的岩石和矿体处于地球磁场中,从形成时起就受到地球磁化作用,从而具有不同程度的磁性,其磁性在地表引起磁异常。各种物质在磁场作用下表现出3种客观磁性:抗磁性(逆磁性)、顺磁性和铁磁性。

1. 岩(矿)石磁性特征

任何物质的磁性都是带电粒子运动的结果,均匀无限介质受外部磁场 H 作用,以磁化强度 M 来衡量物质被磁化程度,外部磁场与磁场强度的关系为

$$M = \kappa H \tag{1-1-15}$$

式中:κ 为物质的磁化率,是表征物质受磁化难易程度的物理量,无量纲。

在各向同性的磁介质内部任意点,磁场 H 在该点产生的磁感应强度 B 为

$$B = \mu H \tag{1-1-16}$$

式中:B 单位为 T(特斯拉);μ 为介质磁导率,单位为 H/m(亨利每米)。真空中磁导率 $\mu_0 = 4\pi \times 10^{-7}$ H/m,令 $\mu_r = \mu/\mu_0$,μ_r 称相对磁导率,则

$$B = \mu_0(H + M) \tag{1-1-17}$$

该式为物质磁性与外磁场关系式,在同一外磁场作用下,可得

$$\mu = \mu_0(1 + \kappa) \tag{1-1-18}$$

位于岩石圈中的地下介质,处在约 0.5×10^{-4} T 外磁场环境,受地球磁场作用而具有的磁化强度,称感应磁化强度 M_i:

$$M_i = \kappa T \tag{1-1-19}$$

岩(矿)石生成时,受当时磁场作用,成岩后经漫长地质年代所保留的磁化强度称剩余磁化强度 M_r,其与现代地磁场无关。岩(矿)石总磁化强度可表达为

$$M = M_i + M_r = \kappa T + M_r \tag{1-1-20}$$

磁法勘探中岩(矿)石磁性表述即为 M_i、M_r、M。

2. 岩(矿)石磁性参数

自然界大多数介质为顺磁性、抗磁性物质,不存在纯铁磁性物质,顺磁性物质比抗磁性物质的磁化率 κ 大得多,约两个数量级。自然界中部分介质磁化率见表1-1-3、表1-1-4。

表1-1-3 部分岩石磁化率值和天然剩余磁化强度

岩石类型	$\kappa(\times 10^{-6})$	M_r(A/m)	岩石类型	$\kappa(\times 10^{-5})$	M_r(A/m)
超基性岩	$10^1 \sim 10^3$	$10^{-1} \sim 10^1$	沉积岩	$10^{-1} \sim 10^1$	$10^{-3} \sim 10^{-1}$
基性岩	$10^0 \sim 10^3$	$10^{-3} \sim 10^1$	变质岩	$10^{-1} \sim 10^2$	$10^{-3} \sim 10^{-1}$
酸性岩	$10^0 \sim 10^2$	$10^{-3} \sim 10^1$			

表 1-1-4 部分矿物磁化率值

矿物性质	名称	$\kappa(\times 10^{-5})$	名称	$\kappa(\times 10^{-5})$	名称	$\kappa(\times 10^{-5})$
铁磁性矿物	磁铁矿	85 000～250 000	菱铁矿	2500～7500	镁铁矿	1 000 000
	赤铁矿	0.1～1.2	磁赤铁矿	35 000～250 000	针铁矿	2.5～10 000
	纤铁矿	110～310	磁黄铁矿	10～120	铁镍矿	62 000
顺磁性矿物	斜长石	1.0	黑云母	15～65	绿泥石	20～90
	辉石	40～90	白云母	4～20	尖晶石	3
	角闪石	10～80	铁黑云母	750	橄榄石	2
抗磁性矿物	石英	−1.3	石墨	−0.4	盐岩	−1.0
	正长石	−0.5	方铅矿	−2.6	磷灰石	−8.1
	方解石	−1.0	闪锌矿	−4.8	重晶石	−1.4

岩石中沉积岩磁性较弱，岩浆岩中 κ 值随岩石基性增强而增大，超基性岩磁性最强，花岗岩呈抗磁性—顺磁性变化，磁化率普遍不高，岩浆岩具有明显的天然剩余磁性。变质岩磁化率和天然剩余磁化强度变化范围很大，可分为铁磁—顺磁性和铁磁性两类，前者一般由沉积岩（水成岩）变质生成，后者一般由岩浆岩（火成岩）变质生成。

三、地电（磁）场与电磁参数特征

地球的固体表层、大气和海洋中均有电流流动，形成天然电场，这些地球表层存在着的天然电场，称为地电场。各种天然的全球性或区域性的电场称为大地电场，而天然的地方性和局部性的电场称为局部电场或自然电场。

将直流电源正负极通过导线与大地连接，便在大地中形成了立体状分布的电流场，其分布特征取决于地下不同介质的赋存情况。这种采用人工供电建立和观测稳定电流的分布特征，以了解地下地质情况的勘探方法，称直流电法（传导类电法）。

（一）地下稳定电流场

由物理学可知，电场可分为静电场、稳定电场、交变电场。电场强度是描述电场的基本物理量，在静电场中，电场的基本特征是能使其中的电荷受到作用力，电场中某一点的电场强度 E 定义为放在该点的静止试验电荷所受力 F 与其电荷量 q 的比值，其大小等于单位试验电荷所受的力，即

$$E = F/q \tag{1-1-21}$$

电场强度 E 等于单位距离的电位 U 变化大小，场强正方向指向电位降低方向，即为正电荷的受力方向，场强的单位是 V/m 或 N/C，1V/m=1N/C。

采用稳定直流电对地下供电，可形成稳定的人工电流场。根据欧姆定律，地下电流场中任意点上电流密度矢量 j 和电场强度矢量 E 成正比，比例系数是该点的电导率：

$$j = \sigma E = E/\rho \tag{1-1-22}$$

式中：σ 为电导率；ρ 为电阻率。

大地中的电流是通过电力线连续分布，稳定且不随时间变化的电流场，假定条件为：在任何一个闭合面内，不会发生正负电积累。

在导电岩（矿）石中，电流沿任一闭合回路所做的功恒等于零。在研究导电岩（矿）石电场分布时，需利用稳定电流场的边界条件，以保证电流场解的唯一性，该边界条件主要有两类：①在距离场源无限远处电位为零，在接近场源处，电位 $U=I\rho/4\pi r$；②不同导电性岩石分界面处电位连续，电流密度的法线分量连续、电场强度的切向分量连续。因此，为研究各种地电条件下稳定电流场的分布特征，首先需要研究均匀岩石中不同形式场源供电时的正常场的分布特征。

1. 一个点电源的稳定电流场

设在电阻率为 ρ 的均匀岩石中，点电源 A 的电流强度为 I，见图 1-1-2，所产生电场具有球对称性，则其电位表达式为

$$U = I\rho/4\pi r \tag{1-1-23}$$

等位线是以 A 为中心的一系列封闭球面，电流线是以 A 为中心发出的放射状直线。

2. 两个异性点电源的稳定电流场

设点电源 $A(+I)$ 和 $B(-I)$ 相距 $2L$，于地表向地下供入电流 I，地下等位面和电流线分布如图 1-1-3 所示，电极附近电场强度最大，电位变化明显，AB 中间 $1/3 \sim 1/2$ 地段，电场和电位变化缓慢，可视为均匀稳定场。随着深度增加，电流密度逐渐减小，当深度 $h=L$ 时，$I_h=0.5I$，说明电流密度集中于地表附近不太深的范围内。

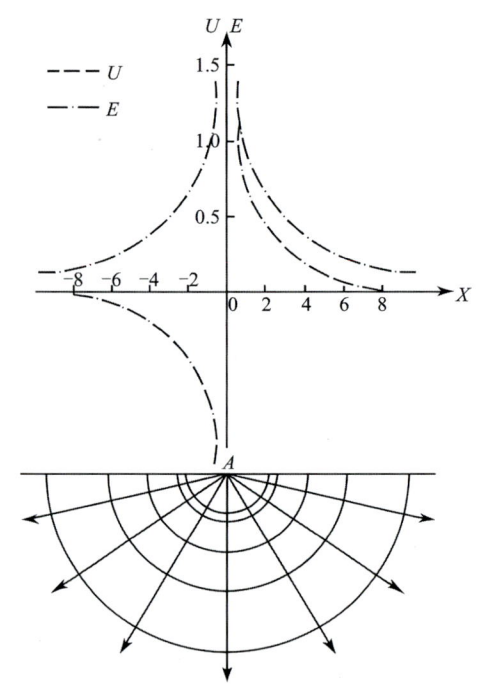

图 1-1-2　一个点电源电流场

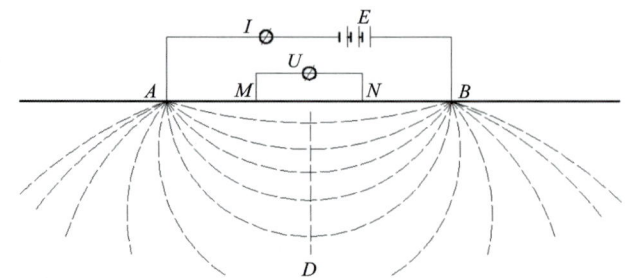

图 1-1-3　两个异性点电源电流场

3. 偶极电流源的稳定电流场

位于地面的偶极电源 $A(+I)$、$B(-I)$ 产生的稳定电流场分布如图 1-1-4 所示,地中任意点电位为

$$U = m \cdot \cos\theta / R^2 \qquad (1\text{-}1\text{-}24)$$

式中:m 为偶极距,$m = a \cdot I\rho/2\pi$;a 为 AB 间距;θ 为 R 与偶极轴线夹角。

坐标点位于偶极中心地面投影处时,电位和场强分别为

$$\left. \begin{array}{l} U = \dfrac{m(x\cos\alpha - h\sin\theta)}{(h^2 + x^2)^{\frac{3}{2}}} \\[6pt] E = \dfrac{m[(h^2 - 2x^2)\cos\alpha + 3hx\sin\alpha]}{(h^2 + x^2)^{\frac{5}{2}}} \end{array} \right\} \qquad (1\text{-}1\text{-}25)$$

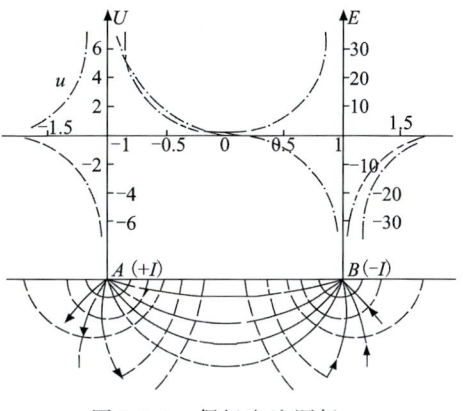

图 1-1-4 偶极电流源场

(二)地下交变电磁场

交变的电场和磁场之间是互相感应、互相产生、密不可分的,从而形成统一的、相互作用的电磁场。地下交变电磁场满足麦克斯韦(Maxwell)方程组,该方程需要在一定边界条件下求解。

$$\left. \begin{array}{l} \text{I}:\nabla \cdot D = q \\ \text{II}:\nabla \cdot B = 0 \\ \text{III}:\nabla \times E = -\partial B/\partial t \\ \text{IV}:\nabla \times H = j + \partial D/\partial t \end{array} \right\} \qquad (1\text{-}1\text{-}26)$$

式中:H 为磁场强度;E 为电场强度;D 为电位移;B 为磁感应强度;j 为传导电流密度;q 为自由电荷密度;$\partial D/\partial t$ 为位移电流密度;∇ 为拉普拉斯算子。

方程 I 是电场的高斯定律,描述静电,表示穿过闭合曲面的电通量跟这个曲面包含的电荷量成正比,说明了电场强度和电荷的关系。

方程 II 是磁通连续定理,描述静磁,表示穿过闭合曲面的磁通量恒为零,说明自然界中没有单一的"磁荷"存在。

方程 III 是法拉第电磁感应定律,描述磁生电,表示曲面的磁通量变化率等于感生电场的环流。说明变化的磁场和电场的关系:空间中任一点磁场的变化都激发起相应的电场。因此可以说,电场变化激发磁场,磁场变化激发电场,电场与磁场互相联系、互相激发,形成电磁场中相互对应的关系。

方程 IV 是一般形式下安培环路定理,描述电生磁,表示穿过曲面的电通量的变化率和曲面所包含的电流等于感生磁场的环流,说明磁场、电流以及变化的电场之间的联系:空间中具有随时间变化的电场,则所有各点都有磁场。

该式为麦克斯韦方程组的微分形式,近乎完美地统一了电和磁,可完整地描述电磁场的动力学过程。在已知电荷和电流分布的情况下,该方程组可以得出电场和磁场的唯一分布方

式。当初始条件给定后,可以准确地预言电磁场的变化情况。该方程曾准确地预言了光是一种电磁波。

上述各基本矢量关系的状态方程式是

$$D = \varepsilon E \quad B = \mu H \quad j = \sigma E \tag{1-1-27}$$

式中:ε 为介电常数,单位 F/m;μ 为磁导率,单位 H/m;σ 为电导率,单位 C/m。

麦克斯韦方程组直接重要的推论就是电磁波的存在,当工作频率 $\omega > 10^4$ Hz 时,电磁场能以波动形式传播,形成电磁波。电磁波具有横波性质,传播的只能是横波,波的偏振方向可以是任意的。若场的频率很高,对于高阻介质($\sigma = 0$),则有

$$\left. \begin{array}{l} \nabla^2 H = \varepsilon \mu \partial^2 H / \partial t^2 \\ \nabla^2 E = \varepsilon \mu \partial^2 E / \partial t^2 \end{array} \right\} \tag{1-1-28}$$

上式称为波动方程,表示了电磁波在绝缘介质中的传播过程。

若场的频率很低,对于良导介质($\sigma = \infty$),则有

$$\left. \begin{array}{l} \nabla^2 H = \sigma \mu \partial H / \partial t \\ \nabla^2 E = \sigma \mu \partial E / \partial t \end{array} \right\} \tag{1-1-29}$$

上式称为扩散方程,在导电强介质中,电磁场是按扩散规律传播的。

与时间无关的场称为稳定电磁场,则

$$\left. \begin{array}{l} \nabla^2 H = 0 \\ \nabla^2 E = 0 \end{array} \right\} \tag{1-1-30}$$

所以均匀介质中稳定电场和稳定磁场均满足拉普拉斯方程,对于谐变场,$H = H_0 \mathrm{e}^{-\mathrm{i}\omega t}$、$E = E_0 \mathrm{e}^{-\mathrm{i}\omega t}$,基本方程为亥姆霍兹齐次方程:

$$\left. \begin{array}{l} \nabla^2 H = k^2 H \\ \nabla^2 E = k^2 E \end{array} \right\} \tag{1-1-31}$$

式中 $k = (\varepsilon \mu \omega^2 - \mathrm{i}\omega \sigma \mu)^{1/2}$,称为传播系数(波数),在导电介质中忽略位移电流,$k^2 = -\mathrm{i}\omega \sigma \mu$,经微分运算,分别得到磁场和电场方程式为

$$\left. \begin{array}{l} H = \nabla \times A \\ E = \mathrm{i}\omega \mu (A \cdot \nabla \nabla \cdot A / k^2) \\ \nabla^2 A = k^2 A \end{array} \right\} \tag{1-1-32}$$

若采用磁性发射源(如磁偶极子、不接地回线等),则在地下产生涡旋电流。亦可利用类比关系得到其他相应方程组解。

1. 电磁场的基本特点

(1)唯一性定理。如果给定某区域内的电荷、电流分布,并且在包围此区域的闭合面上的电场强度和磁场强度的值(即边界条件),以及在 $t = 0$ 时刻区域内任一点的值(即初始条件),则区域内任一点任一时刻 Maxwell 方程组的解是唯一的。

(2)镜像原理或场等效原理。在确定一个给定区域的电磁场时,只需确定这个区域边界面上电场和磁场的切线分量,而不必考虑产生场的源,因此可以用镜像源来等效代替区域边

界上的面分布源。

(3) 互易定理。对于随时间简谐变化的电磁场,引入复数表示后,对于只存在电型源的电磁场或只存在磁型源的电磁场,两组方程式存在明显对应关系,场量和场源之间的反应是可以互换的,即电磁场具有对偶性。

2. 平面电磁波在无限均匀介质中的传播

若要介质中的场以扩散定律传播,平面电磁波满足以下 3 个条件:①振动相位相同点的包络面称电磁波波前;②电磁波波前移动速度称电磁波的相速度;③一个周期内相位波前通过的距离称电磁波波长。

在电阻率为 ρ 的均匀介质中采用直角坐标系表示电磁波传播空间:X、Y 轴位于极化平面上,Z 轴位于波传播方向上,则电磁波沿 Z 轴正方向按指数规律衰减。将传播系数 k 分为实、虚部,则

$$k = b + \mathrm{i}a \tag{1-1-33}$$

可求得振幅和相位:

$$|E| = \omega\mu C \mathrm{e}^{-bz} \quad \varphi(t) = \omega t + az - \pi/2 \tag{1-1-34}$$

式中:b 为衰减系数;a 为相位系数。

由上式可知,电场沿 Z 轴方向前进 $1/b$ 距离时,振幅衰减 $1/\mathrm{e}$ 倍,习惯上将 $\delta = 1/b$ 称为电磁波的趋肤深度,当忽略位移电流时,$\delta = 503(\rho/\omega)^{1/2}$,说明电磁波趋肤深度随电阻率 ρ 升高或频率 ω 降低而增大,在绝缘体中 δ 趋于无穷大,在良导体中 δ 趋于零,电磁波频率越低则穿透深度就越大。利用交变电场的上述性质,通过控制工作频率 ω 来达到不同的探测深度,从而应用于频率测深法中。

引入无量纲的距离 P:

$$P = |kr| = 2\sqrt{2}\pi \frac{r}{\lambda} \tag{1-1-35}$$

式中:r 为接收点到场源的距离;λ 为波长。距离 P 具有以下特点:

(1) $P \gg 1$ 时称为远区,收发距离很大或频率很高,电磁波具有平面波的性质。

(2) $P \ll 1$ 时称为近区,收发距离很小或频率很低,电磁波不具有平面波的性质,受场源影响较大。

(3) 位于远区和近区之间的范围称为中区。

波阻抗 $Z = \pm \omega\mu \mathrm{i}/k$,其是地下介质中波传播的物理特性,据此特性可确定介质的电阻率和磁导率。均匀介质中,电场相位落后于磁场相位 $\pi/4$,如果介质不均匀,则电场与磁场相位偏离 $45°$,成为电磁法勘探利用相位的依据。

$$\rho = |Z|^2/\omega\mu \tag{1-1-36}$$

上式为通过波阻抗确定介质电阻率的公式。

(三) 人工激发的地下交变电磁场

交变电磁场的人工激发方式一般分为接地式和感应式,如图 1-1-5 所示,借助于交流电的

发电装置,如发电机,在地下或空中建立感应电磁场。

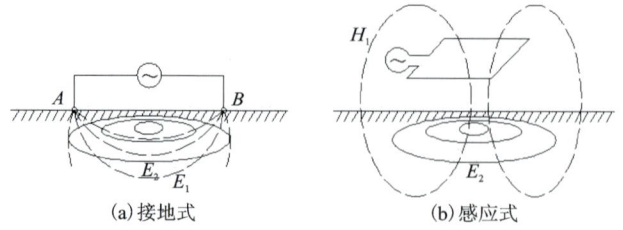

图 1-1-5 交变电磁场的人工激发方式

接地式激发和直流电法相同,利用 A、B 供电电极将交流电源直接接入大地,在大地中形成一次电流场。大地不仅有电阻而且有电感,所以一次电流场相位与电源相位会发生位移。地中分散电流及供电导线中的集中电流均在其周围产生交变一次磁场,后者随时间变化产生封闭的二次涡旋电场。

感应式是在地表敷设通有交变电流的不接地回线或多匝小型发射线圈——磁偶极子,在回线或线圈中产生交变磁场,由它在地下激发产生二次电磁场。它多用于接地条件较差的地方。

频率域电磁法常用波场为谐变场,场强、电流密度等物理量均按正弦或余弦规律变化,地中二次场频率与一次场频率相同,两者之间存在相位移。一次场和二次场在观测点上空间取向不同,所以两种场共同结果形成椭圆形的场,称椭圆极化场,这是电磁感应的重要特征,反映了地下不同地质体的存在。

瞬变场是指在阶跃变化的电源作用下,地中产生过渡过程的感应电磁场,这一过渡过程具有瞬时变化的特点,其激发方式也有接地式和感应式两种。在阶跃电流(通电或断电)的强大变化磁场作用下,良导介质内产生涡旋的交变电磁场。过渡过程早期,频谱中高频成分占优势,因此涡旋电流主要分布于地表附近,且阻碍电磁场的传播,这一时间段内主要反映浅部地质信息,随着时间推移,介质中场的高频部分衰减而低频部分作用逐渐明显,增加了穿透深度。瞬变电磁场的基本参数是时间,依赖于岩石的导电性和收发距,在近区的高阻岩层中,瞬变场消失很快,而在良导地层中,这一过程缓慢,可见研究瞬变场随时间变化的规律,可探测不同导电性地层的分布,并可发现地下赋存的良导体。

(四)电性参数特征

电法勘探利用的电学性质参数有导电性、电化学活动性、极化性质(自然极化和激发极化)、介电性、导磁性和压电性等。一般情况下,目标体与其周围介质之间电性差异越大,在其周围空间产生的电(磁)场变化就越明显。此处主要介绍电阻率、极化性质、介电性质和导磁性。

1. 岩(矿)石导电性

地下介质导电性能的主要指标是电阻率 ρ,单位 $\Omega \cdot m$(欧姆·米),介质导电性越好其电阻率越低。按照导电机制,岩(矿)石可分为 3 种类型:金属导体、半导体和固体电介质。电阻

率 ρ 小于 $10^{-6}\Omega\cdot m$ 的金属导体,一般为天然金属,如天然铜、金等,在自然界中很稀少;大多数电阻率在 $10^{-6}\sim10^6\Omega\cdot m$ 的金属矿物属于半导体;而绝大多数造岩矿物,如石英、云母、长石、辉石、方解石等,属于电阻率大于 $10^6\Omega\cdot m$ 的固体电介质。部分矿物电阻率值见表 1-1-5。

介质的电阻率不仅与介质的材料性质有关,还与介质的几何尺寸有关。影响岩(矿)石导电性的主要因素是岩(矿)体孔隙裂隙中的水,也与孔隙裂隙的大小和连通情况有关。

表 1-1-5　自然界常见物质电阻率值

分类	名称	电阻率 ρ(Ω·m)	分类	名称	电阻率 ρ(Ω·m)
矿物	石英	$10^{12}\sim10^{14}$	沉积岩	砾岩	$1\times10^1\sim1\times10^4$
	长石	4×10^{11}		贝壳灰岩	$2\times10^1\sim2\times10^2$
	白云母	4×10^{11}		泥灰岩	$5\times10^0\sim5\times10^2$
	方解石	$5\times10^7\sim5\times10^{12}$		灰岩	$6\times10^2\sim6\times10^3$
	磁铁矿	$1\times10^{-6}\sim1\times10^{-3}$		白云岩	$5\times10^1\sim6\times10^3$
	黄铜矿	$1\times10^{-3}\sim1\times10^0$		破碎含水白云岩	$1.7\times10^2\sim6\times10^2$
	石油	$1\times10^9\sim1\times10^{10}$		硬石膏	$1\times10^4\sim1\times10^6$
岩浆岩	花岗岩	$6\times10^2\sim1\times10^5$	第四系松散层	黄土	$0\times10^0\sim2\times10^2$
	正长岩	$1\times10^2\sim1\times10^5$		黏土	$1\times10^0\sim2\times10^2$
	闪长岩	$1\times10^2\sim1\times10^5$		含水黏土	$2\times10^{-1}\sim1\times10^1$
	辉长岩	$1\times10^2\sim1\times10^5$		亚黏土	$1\times10^0\sim2\times10^2$
	辉绿岩	$1\times10^2\sim1\times10^5$		含砾亚黏土	$8\times10^1\sim2.4\times10^2$
	玄武岩	$1\times10^2\sim1\times10^5$		含砾黏土	$2.2\times10^2\sim7\times10^3$
变质岩	片麻岩	$6\times10^2\sim1\times10^4$		卵石	$3\times10^2\sim6\times10^3$
	大理岩	$1\times10^2\sim1\times10^5$		含水卵石	$5\times10^1\sim8\times10^2$
	石英岩	$2\times10^2\sim1\times10^5$		含水砂卵石层	$5\times10^1\sim5\times10^2$
	片岩	$2\times10^2\sim5\times10^4$	自然水	岩溶水	$1.5\times10^1\sim3\times10^1$
	板岩	$1\times10^1\sim1\times10^2$		深成岩渍水	$1\sim1\times10^{-1}$
沉积岩	疏松砂岩	$2\times10^0\sim5\times10^1$		潜水	$<1\times10^2$
	致密砂岩	$2\times10^1\sim1\times10^3$		河水	$1\times10^1\sim1\times10^2$
	含油气砂岩	$2\times10^0\sim1\times10^3$		海水	$1\times10^{-1}\sim1\times10^0$
	页岩	$1\times10^0\sim1\times10^2$		雨水	$>1\times10^3$
	泥岩	$1\times10^1\sim1\times10^2$		冰	$1\times10^4\sim1\times10^8$

由上表可以看出,根据岩石种类不同,岩浆岩的电阻率最高,变化范围为 $10^2\sim10^5\Omega\cdot m$;沉积岩的电阻率值最低,但由于成因不同,变化范围很大,砂岩、页岩较低,灰岩却可高达 $6\times10^3\Omega\cdot m$;变质岩也较高,与岩浆岩相当,只有板岩、片岩等稍低,在 $10\sim10^4\Omega\cdot m$ 之间。

大多数沉积岩和变质岩具有层状结构,其电阻率亦具有方向性,即各向异性,沿层理方向的电阻率小于垂直层理方向的电阻率。第四纪松散覆盖层一般表现为半导体性质。

2. 岩(矿)石激发极化特性

一般情况下,地下介质是电中性的,即正电荷和负电荷保持平衡。在一定条件下,某些介质或系统的正负电荷会偏离平衡、相互分离,从而形成面电荷和体电荷,这一现象,称为岩石极化。如果产生极化的条件是自然形成的,称为自然极化;如果是人为供入稳定电流,产生电化学极化并产生缓慢附加电场的现象称为激发极化;纯粹由于外电场的物理作用所产生的分子及内部粒子(电子、离子)的极化称为介电极化。岩石的介电极化性质和导磁性表征岩石在交变电(磁)场中的响应特性。本书仅对岩(矿)石激发极化进行叙述。

当向地下介质供入稳定电流时,地下电场随时间而变化,一定时间后(一般几分钟)趋于一个稳定的饱和值,放电(停止供电)后电场随时间衰减直至为零(几分钟后),这种产生随时间变化的附加电场的现象,称为激发极化效应。定义附加电场充电达饱和值的 $1-1/e=1-1/2.718\,281\,828\approx63\%$ 的时间或从饱和值放电至 $1/e\approx37\%$ 的时间为时间常数。激发极化效应的时间常数一般在几秒或几分钟。

介质的极化性质常用极化率 η 表示,极化率 η 以百分数表示,无量纲。

$$\eta(T,t) = \Delta U_2(t)/\Delta U(T) \times 100\% \tag{1-1-37}$$

式中:T 为供电时间;t 为断电后观测时刻;ΔU 为断电前的总场电位差,单位为 V;ΔU_2 为断电 t 时刻后测得的二次场电位差,单位为 V。

可见,极化率 η 主要与供电时间 T、观测时刻 t 有关,其他影响因素还有介质成分、结构、含量及含水性等。为简化统一,一般将极化率 η 定义为供电时间 $T\to\infty$、观测时刻 $t\to0$(无延时)的极化率 $\eta(\infty,0)$。部分岩(矿)石极化率 η 值见表 1-1-6。

表 1-1-6 部分岩(矿)石极化率值

岩(矿)石名称	极化率(%)	岩(矿)石名称	极化率(%)
砂土、黏土	0.02~1.7	花岗岩	0.2~2.5
灰岩	0.3~5.1	玢岩及其凝灰岩	0.25~4
白云岩	0.1~5.8	矽卡岩	0.5~30
碳质灰岩	0.3~55	石英斑岩	0.3~5.5
页岩、砂岩	0.25~5	黄铜矿	9~60
碳质页岩	0.3~51	多金属矿	8~60
玄武岩	0.2~3.5	氧化矿	0.25~1.7
闪长岩	0.3~2.5	片岩、板岩	0.1~5

向地下介质供入低频、交变电流时,岩石也存在激发极化效应,相当于在频率域观测。在线性条件下,频率域激发极化效应的频率特性可以与稳定电流(时间域)的时间特性在数学上互换。理论上,二者观测的激发极化效应是等效的。

3. 岩(矿)石介电极化参数特性

介质的介电极化有电子极化、离子极化和分子极化 3 种。大多数造岩矿物属于离子极化,而水、石油及碳氢化合物常呈现分子极化。介电极化的结果使得物质分界面上形成净的(或剩余的)电荷分布——迎着电场方向的一面为负电荷,另一面为正电荷,同时削弱外加电场。介电极化需要有一定时间去形成。一般电子极化时间很短,小于 10^{-9} s;离子极化时间稍长;分子极化最慢,大约为 $1/30\mu s \approx 3.3 \times 10^{-8}$ s;介质分界面极化很慢,时间在 $10^{-6} \sim 10^{-3}$ s。

岩(矿)石电性既有与电阻率相关的传导电流,亦有与介电常数相关的位移电流。在电磁场中,传导电流密度与位移电流密度比值称为电磁导数 m。

$$m = 1/\omega\varepsilon\rho = 1.8 \times 10^{10}/f\varepsilon_r\rho \tag{1-1-38}$$

当 $m \gg 1$ 时,传导电流起主导作用;当 $m \ll 1$ 时,位移电流起主导作用。在低频感应中,不考虑位移电流的影响,即岩石导电性不随频率改变,只有在频率超过 10^6 Hz 的高频电磁波中,才考虑位移电流的作用。

上式中 ε 为介电常数,或称电容率,反映介质储存电量的能力,单位为 F/m,介电常数越大,表明介质的介电极化的能力就越强。ε_r 为相对介电常数,一般直接简称为介质的介电常数,$\varepsilon_r = \varepsilon/\varepsilon_0$。$\varepsilon_0$ 称绝对介电常数,为真空的介电常数,$\varepsilon_0 = 8.854\,187\,817 \times 10^{-12}$ F/m。部分岩(矿)石相对介电常数见表 1-1-7。

介电常数的影响因素很多,主要有矿物成分、含水性、外加电场频率等,介电常数因介质中填充空气而变小,随着含水量的增加而增大,随着频率的增高,湿态地质体的相对介电常数下降,趋近于干态的值。

表 1-1-7 部分岩(矿)石和其他物质的相对介电常数

分类	名称	相对介电常数	分类	名称	相对介电常数
岩浆岩	花岗岩	7~12	矿物	辉石	6.9~10.3
	正长岩	13~14		长石	4.5~6.2
	闪长岩	8~9		白云母	6.2~8.0
	橄榄岩	10~11		黑云母	6.2~9.3
	玄武岩	12		石英	4.2~5.0
	辉岩	6		方解石	7.8~9.5
	凝灰岩	3~5		石膏	5.0~11.6
变质岩	片麻岩	8~15		刚玉	11.0~13.2
	大理岩	3		赤铁矿	25
	石英岩	4~5		锡石	23
	蛇纹岩	6~10		铝钒	50~74
	页岩	5~15		石油	2.0~2.7

续表 1-1-7

分类	名称	相对介电常数	分类	名称	相对介电常数
沉积岩	白云岩	7~12	其他	真空	1
	灰岩	9~15		空气等气体	1~1.2
	砂岩	5~11		水蒸气	1.008
	长石砂岩	5~6		水(20℃)	78.5~81.5
	砂质泥岩	5~6		冰	2.8~4.3
松散层	干砂	2~5		纸	2~2.5
	湿砂(15%水)	8~9		橡胶	2~3
	黏土	2~40		硬橡胶	4.3
	淤泥	5~30		混凝土	4~20
	木头	2~8		沥青	3~5

4. 岩(矿)石的磁导率特性

磁导率是电磁感应法中经常使用的参数，表征介质在磁化作用下集中磁力线的性质，磁导率 μ 通常表示为

$$\mu = \mu_0 \mu_r \tag{1-1-39}$$

式中：μ_0 为真空磁导率，$\mu_0 = 4\pi \times 10^{-7} \mathrm{H/m}$；$\mu_r$ 为相对磁导率，大多数岩(矿)石相对磁导率接近 1。

四、弹性波场与速度特征

地震勘探外业工作时，通常在远离震源处观测数据，震源附近介质受力破碎，远离震源处介质受到的作用力非常小，且作用时间短，因此，除震源附近以外，岩(矿)石大多可近似看作理想弹性体或完全弹性体，因而弹性力学概念可引入地震勘探中。由于震源的不同、介质的复杂性以及弹性波本身类型的不同，其传播过程是非常复杂的，理想弹性体的假定，使得问题大为简化。实际地质环境下，岩体存在着阻尼效应和吸收作用，既有弹性性质又有黏性性质，更接近黏弹性体。岩体有均匀介质，也有层状介质、连续介质；有各向同性介质，也有各向异性介质；有单相介质，也有双相介质。考虑这些介质模型和介质的黏性，则会使理想化的模型向实际情况靠近一大步。

弹性波是在弹性介质中传播的机械波，在地下岩石中传播的弹性波按照频率特征的不同分为地震波和声波两大类：声波能引起人的听觉振动，频率在 20~20 000 Hz 之间(频率低于 20 Hz 的声波为次声波，频率高于 20 000 Hz 的声波为超声波)；地震波的频率一般为 1~1000 Hz。震源所产生质点的运动方向与传播方向一致的弹性波称为纵波，或称压缩波；震源所产生质点的运动方向与传播方向垂直的弹性波称为横波，或称剪切波。横波还可以分为垂直偏振的 SV 波和水平偏振的 SH 波。纵波和横波都是在介质体内传播的波，统称为体波。

(一)应力与应变

弹性体在外力作用下发生形变时,其内部总有一种阻止弹性体形变的内力,称为应力,可分解为垂直于介质体的法向应力和切于介质体的切向应力。当弹性介质在外力作用下,产生体积和形状的变化,称为应变。与应力对应,应变亦分为两种类型。对大多数固体而言,应力 τ 与应变 ε 成正比,服从胡克定理,关系式为

$$\tau = \gamma\varepsilon \tag{1-1-40}$$

式中:γ 为弹性模量,单位为 GPa。

对于各向同性介质,推广到三向应力和应变状态,则广义胡克定理为

$$\sigma = \lambda\theta + 2\mu e \tag{1-1-41}$$

式中:弹性模量 λ 和 μ 为著名的拉梅系数;μ 为剪切模量;θ 为体积变形量,e 为轴向变形量。

除弹性模量外,还常用杨氏模量 E、泊松比 σ、体积压缩模量 K 等弹性系数表示应力和应变的关系。杨氏模量 E 表示应力与纵向伸长之比,泊松比 σ 表示横向缩短与纵向伸长之比,体积压缩模量 K 表示压力与体积变化之比。三者与拉梅系数的关系式为

$$E = \mu(3\lambda + 2\mu)/(\lambda + \mu) \quad \sigma = \lambda/[2(\lambda + \mu)] \quad K = (3\lambda + 2\mu)/3 \tag{1-1-42}$$

弹性系数均为正数,泊松比 σ 小于 1 时,一般在 0~0.5 之间。液体无剪切应变,$\mu = 0$、$\sigma = 0.5$;坚硬岩石泊松比很低,松软物质泊松比可达 0.45;对于自然界大多数岩石来说,泊松比 σ 接近于 0.25。

(二)波动方程

波动是弹性体内相邻质点间应力变化而引起的质点间应变传递的过程,均匀各向同性介质中用位移表示波动方程。

$$\left. \begin{array}{l} \rho \dfrac{\partial^2 u}{\partial t^2} = (\lambda + \mu)\dfrac{\partial \theta}{\partial x} + \mu \nabla^2 u + \rho x \\[4pt] \rho \dfrac{\partial^2 v}{\partial t^2} = (\lambda + \mu)\dfrac{\partial \theta}{\partial y} + \mu \nabla^2 v + \rho y \\[4pt] \rho \dfrac{\partial^2 w}{\partial t^2} = (\lambda + \mu)\dfrac{\partial \theta}{\partial z} + \mu \nabla^2 w + \rho z \end{array} \right\} \tag{1-1-43}$$

式中:ρ 为介质密度,为常量;∇ 为拉普拉斯算子;u、v、w 为介质的位移向量。

在两种不同外力作用下,弹性介质产生两种不同的形变。在胀缩力作用下,介质产生胀缩变形,在旋转力下,产生剪切变形,这两种变形在介质中独立存在。地震勘探只考虑波的传播问题,波动方程可简化为齐次方程式,从而若已知初始条件和边界条件,即可获得纵、横波波动方程。

(三)地震波的动力学和运动学特征

1. 地震波的动力学特征

地震波的动力学特征是指波在传播过程中波的形态、振幅、频率、偏振、衰减等波形变化

和能量方面的特点。

1)波的形态

有计算表明,在距离小于波长 λ 的近震源处,波形不能保持稳定,振幅衰减得快;而当波的传播距离大于波长 λ 后,波的形态开始保持相对稳定,振幅衰减得慢。

描述某一位置的质点位移 u 随时间 t 变化的图形称为波的振动图,正或副极值为波的相位,极值的绝对值为波的振幅,极值间一个时间间隔为视周期 T,主要两相邻波谷(或波峰)间的周期称主周期,视周期的倒数为视频率 $f=1/T$,起始振动和终止振动之间的时间为波的时间延续长度。

描述某一时刻的质点位移 u 随距离 r 变化的图形称为波的剖面图,波的极大、极小位移称为波峰、波谷,相邻波峰(谷)间的距离称为视波长 $λ$,视波长的倒数为视波数 $k=1/λ$,主要两相邻波谷(或波峰)间的波长称为主波长。

上述各物理量间有如下关系:

$$\lambda = vT = v/f \tag{1-1-44}$$

2)波的吸收

波在实际介质中传播时,它的能量、振幅衰减得很快。弹性波衰减的原因:一是波前扩散;二是介质的吸收损耗。这种吸收,主要原因是介质的黏滞力,使振动能量转化成其他形式。波的吸收通过衰减系数 $α$(或称吸收系数)、传播速度 v 与介质的黏滞系数 $η$、弹性系数($λ$、$μ$)及波的角频率 w 之间关系进行确定。当波的频率很低时,地震纵波在黏滞介质中以恒速 v_P 传播,振幅随 w^2 增加而衰减;当频率较高时,振幅和传播速度都与角频率的平方根成正比。随着距离的增加,高频成分很快被吸收,而低频成分延续传播时间则较长。地下介质就像是一个低通滤波器,滤去高频,保留低频,使频率成分改变、频谱变窄。

3)波的频谱分析

弹性波的动力学特征,除了在时间域研究、分析波形和振幅外,还可以在频率域研究波的频谱,进行频谱分析,采用傅立叶变换和逆变换进行波的时间域函数与频率域函数之间的变换。频率域函数是时间域函数的频谱,一般为复数,包括振幅谱和相位谱两方面。频谱分析常用的方法是傅立叶变换的离散、二进制、快速算法,称为快速傅立叶变换。

2. 地震波的运动学特征

波的运动学特征是指波传播时的时间与空间的关系。

1)球面扩散纵波的位移解。

球面扩散纵波在弹性波探测中应用广泛,具有典型代表性。球面扩散三维波动方程用球坐标 (u,v,w) 表示,简化得到一维的弦方程,其解为达朗贝尔解。

2)费马原理

1661 年,法国数学家皮尔·费马提出关于射线路径的最小时间原理:波沿旅行时最小的路径传播,即地震波沿射线传播的旅行时与沿其他路径传播的旅行时相比为最小,亦称时间最小原理、射线原理。据此原理,弹性波射线和波前面总是互相垂直的。

3）地震波速度

地震波速度（简称波速）是地震勘探的重要参数，它将地震波传播的时间和空间联系起来，用以探测地下地质的分布情况。

岩石弹性不同，地震波传播情况不同，在不同地层中传播速度取决于介质的弹性常数和密度。

在均匀无限各向同性弹性介质中，纵波速度 v_P、横波速度 v_S 由式(1-1-45)确定。式中 ρ 为密度，各系数间换算关系见式(1-1-42)。

对于自然界的大多数岩石来说，σ 接近于 0.25，此时纵波的传播速度一般近似为横波传播速度的 1.73 倍。σ 最小为零，故 v_P/v_S 最小近似为 1.41，由此可见，纵波速度永远大于横波速度。

$$\left. \begin{aligned} v_P &= \sqrt{\frac{\lambda + 2\mu}{\rho}} = \sqrt{\frac{E(1-\sigma)}{\rho(1+\sigma)(1-2\sigma)}} \\ v_S &= \sqrt{\frac{\mu}{\rho}} = \sqrt{\frac{E}{2\rho(1+\sigma)}} \end{aligned} \right\} \quad (1\text{-}1\text{-}45)$$

（四）地震波速度分类

一般来说，自然界中，岩浆岩的波速大于沉积岩和变质岩的波速，且速度变化范围小。

1. 岩浆岩波速

岩浆岩的波速受自身密度以及埋深、压力的影响明显，部分岩浆岩的波速见表 1-1-8。

表 1-1-8　部分岩浆岩的纵、横波速度

岩石	纵波速度 v_P(m/s)	横波速度 v_S(m/s)	岩石	纵波速度 v_P(m/s)	横波速度 v_S(m/s)
花岗岩	4500～6500	2300～3800	辉长岩	5300～6500	3200～4000
闪长岩	5700～6400	2800～3800	辉绿岩	5200～5800	3400～3500
玄武岩	4500～8000	3000～4500	橄榄岩	6500～8000	4000～4800
安山岩	4100～5600	2500～3300	凝灰岩	2600～4300	1600～2600

2. 沉积岩波速

沉积岩中较多钙质的含量对泥质—泥灰质岩层的波速影响较大，往往会使速度激增。同样，沉积岩的密度对速度也呈现正比的影响关系。受沉积层理、结构构造的影响，沉积岩的速度等力学参数存在各向异性，表现出平行地层传播的速度往往大于垂直地层传播的速度，部分沉积岩的波速见表 1-1-9。

表 1-1-9　部分沉积岩的纵、横波速度

岩石	纵波速度 v_P(m/s)	横波速度 v_S(m/s)	岩石	纵波速度 v_P(m/s)	横波速度 v_S(m/s)
灰岩、白云岩	2000～6250	1100～3500	干砂砾石	100～600	50～300
砾岩	1600～4200	900～2200	湿砂砾石	200～2000	100～1100
砂岩	1500～4300	900～2400	黏土	500～1200	200～500
页岩	1300～4000	700～2300	硬石膏	4500～6500	1800～2500
泥质灰岩	2000～4400	1200～2400	石油	1300～1400	
煤	1600～1900	700～800			

3. 变质岩波速

变质岩是在高温和高压的环境下由岩浆岩或沉积岩经变质、压密、结晶作用形成,因而其弹性波速度较大,且与赋存深度的关系不是很密切,部分变质岩的波速见表 1-1-10。

表 1-1-10　部分变质岩的纵、横波速度

岩石	纵波速度 v_P(m/s)	横波速度 v_S(m/s)	岩石	纵波速度 v_P(m/s)	横波速度 v_S(m/s)
片麻岩	6000～6700	3500～4000	片岩	5800～6100	3500～3800
大理岩	5800～7300	3500～4700	板岩	3600～4500	2100～2800
石英岩	3000～6600	2800～3200	千枚岩	2800～5200	1800～3200

第二节　重力勘探

重力勘探的前身是研究地球形状的重力测量学。人类对重力现象的认识经过了两次飞跃,第一次飞跃是从古希腊的伟大学者亚里士多德到意大利物理学家伽利略,从大量的实验中总结出:物体坠落的路径与它经历时间的平方成正比,而与物体自身的重量无关,并第一个测得重力加速度大约为 $980 \mathrm{cm/s^2}$。第二次飞跃是荷兰物理学家惠更斯确定了数学摆的摆动周期 T 与摆长 l 及重力加速度 g 之间的关系为 $T=2\pi\sqrt{\dfrac{l}{g}}$,并据此制造了时钟。1672 年,法国天文学家里歇发现重力加速度在世界各地并非恒值。同时,牛顿和惠更斯指出:这种现象与他们认为地球是旋转的扁球体的推论相符。在理论上阐明了地球重力场变化的基本规律,同时也为至今用重力测量研究地球形状奠定了基础。

开普勒提出了行星运动定律,牛顿在 1685—1687 年提出了万有引力定律,1735—1745年,布格建立了许多基本的引力关系,包括重力随高度和纬度的变化规律,并计算出水平引力及地球的密度。1817 年,卡特在重力测量中引进了可以交换振动和悬挂中心的复摆,这个装

置作为重力调查的主要工具延续使用了一个世纪。

重力勘探大约起始于20世纪初,匈牙利物理学家厄缶在1890年制造出了第一台测量重力变化率的扭秤,1901年,他使用扭秤在Balaton湖进行了第一次重力测量。40年代,轻便实用的重力仪出现,且随着现代科技水平、材料科学、测试技术的发展,精度更高的重力仪逐步问世。测量仪器的不断更新,引导着重力勘探的应用技术以及解释理论的发展,同时又反过来对测量仪器本身提出新的更高需求。此外,计算机技术的广泛应用促进了重力资料数据处理,正、反演计算的快速发展,这些新技术提高了重力勘探的工作效率与质量,同时也不断拓宽着重力勘探的应用领域。

一、重力勘探原理

地球表面的任何物体都受到地球重力的作用,即受到地球的引力和地球自转引起的惯性离心力的合力作用。地球表面的重力随地点而变化。重力的变化与地下物质密度分布不均匀有关;而物质密度的分布又与地质构造及矿产分布有密切的联系。因此,研究地下物质密度分布不均匀引起的重力变化(称为重力异常),可以了解和推断地球的结构构造以及勘探矿产资源等。

重力勘探不能脱离其所依据的理论基础,即重力物理场与场源之间的关系。重力勘探是根据观测的地球重力场的变化来推断场源的情况。只有首先在理论上了解场与场源的关系,才能使重力勘探得以实施。观测到重力变化是很困难的,因为这种变化与重力的全值相比,是非常微小的。例如,一个局部地质构造或矿床引起的重力变化不到整个地球引起的重力全值(大约10^7重力单位)的$1/10^7$。所以,要观测这些微小的变化,首先,必须采用灵敏度高、精度高、稳定性好、适合野外复杂条件、便于携带的专门的重力测量仪器。其次,由重力仪器测量的值不一定全部是重力值,它包含了大量的外界影响,如温度、气压及轻微的震动引起的仪器读数变化都会比重力的变化大许多倍,这些影响必须消除。最后,根据仪器读数计算的重力值,不完全是由地下地质体引起的,它包含了地形起伏、测点的高程变化以及地球自转引起的重力变化等。只有去掉这些影响,才能得到由地下物质密度分布不均匀引起的重力异常。

测点的重力异常是由地下地质体或所有的密度分布不均匀引起的叠加异常,要得到地下某个地质体,如一个可能的矿床,潜在的储油气构造等的位置、产状、大小等信息,必须从叠加异常中分离出单纯由这些勘探目标引起的异常。根据分离出的勘探目标引起的异常,求出或反演引起这个异常的地质体。重力异常的分离和反演是重力资料数据处理及解释的主要任务,也是重力勘探工作中最困难的环节。

重力解释存在多解性,理想的单一条件固然存在,但多数情况下,根据观测重力异常推断的勘探目标的可靠性会受到影响,应当参考其他地球物理资料及地质钻探资料进行综合地质解释。

二、重力勘探野外工作

(一)国内重力勘探发展史

1949年前,我国的重力测量工作几近空白,中华人民共和国成立后,随着国民经济的迅速发展,重力勘探与其他物探工作一起,几乎是从无到有得到了极大的发展。重力勘探在我国国民经济中的应用经历了一个从局部(地区、部门)发展到全局(全国、各个领域)的过程,经历了一个从局部地区的找矿发展到大区域的矿产勘探,研究地球构造,以及解决某些工程地质问题的过程。

重力勘探作为地球物理勘探中的一种快速、轻便而有效的方法,在我国已用于圈定油气远景区和含油气盆地及覆盖区的石油地质,在石油普查中起到了先锋作用。迄今为止我国发现的所有油气田几乎都离不开重力勘探的基础工作。近些年来,随着重力仪精度的提高以及重力解释方法的发展,重力勘探已经在局部储油构造的研究中发挥了作用。除了石油勘探外,在20世纪60年代的铬铁矿普查以及70年代的富铁矿普查中,重力勘探都是一种主要的调查方法。随着重力测量在全国的普遍开展,大区域和全国重力图的不断问世,特别是80年代以来,由地矿部(现自然资源部)统一组织的在全国范围内的区域重力调查工作,除少数高山边远地区外,重力测量已覆盖了全国的大部分国土。重力勘探还配合了地壳地震测深的地学大断面工作。重力勘探还在工程、地震预报等方面得到了应用。上述情况标志着重力勘探已经不只是具有"找矿"的含义,已经扩大到研究地球的结构及地壳的构造,已经从一个区域的找矿勘探发展到大范围甚至全国性的地质研究。

(二)野外常用重力测量仪器

鉴于重力测量的重要性,我国一直以来在重力相关领域投入巨大,收获了丰硕的研究成果。特别是近年来,许多关键性仪器如新型量子重力仪、超导重力仪、小型绝对重力仪和海空重力仪以及重力梯度仪等一系列具有独立知识产权的设备研发取得了突破性进展。随着重力场观测技术迅速发展,相应的理论、方法及其在地学领域的应用也不断推陈出新。

陆地上绝大多数的相对重力测量都是用带有不稳定(无定向)弹簧系统的仪器完成的。无定向系统使用零长弹簧,其中张力与实际长度成正比,如图1-2-1所示。图中所示的几何结构和一个特定的重力场值,零长弹簧在任何位置都能支撑平衡臂。在较强的重力场中,一个较弱的辅助弹簧可以用来支撑质量的增大,这将等于总质量和重力场增量的乘积。零长弹簧返回一个恒定的质量,使测量弹簧可以响应重力场的微小变化。所有现代商用相对重力仪都采用这一原理。例如,LaCost重力仪没有辅助弹簧,测量是通过对零长弹簧的支撑点位移实现的。

零长弹簧的张力与其长度成正比,是通过力矩实现测量的,该力矩支撑某个选定区域中的质量 M,而与角度 α 的值无关。通过旋转表盘进行测量,表盘升高或降低测量弹簧并产生一个力 $M \cdot (g+\delta_g)$,并可使该质量恢复到一个标准位置。

由于弹簧系统是机械的,它们容易受到漂移的影响,尽管使用了各种补偿装置,温度变化

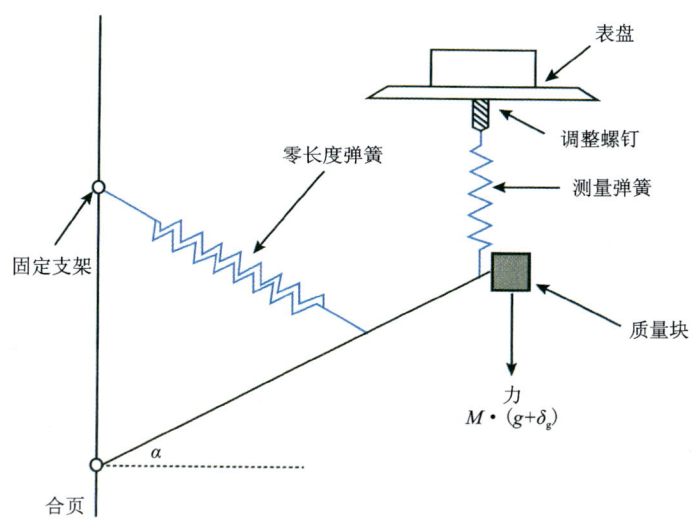

图 1-2-1　简易无定向重力仪

仍会影响弹簧的弹性并引起短期漂移。弹簧在连续张力的作用下,也存在较长期的拉伸畸变。需要在基站重复读数以监测漂移,并对其进行纠正。

20世纪下半叶,相对重力仪的测量原理基本上保持不变,读数自动化功能的实现降低了对操作人员熟练程度的要求。CG-6是目前比较常用的仪器设备,延续并改进了无静电整体熔凝石英弹簧传感器,操作更为方便。表1-2-1为几种常用的相对重力仪参数。通过对比可以看出,CG-6在自动读数和改正项等方面具有良好的操作性,但在零漂方面仍与金属弹簧重力仪存在一定的差距。

表 1-2-1　几种常用的相对重力仪参数

重力仪	CG-6	LCR-G	Burris	CG-5
传感器类型	石英弹簧	金属弹簧	金属弹簧	石英弹簧
测量范围(mGal)	8000	7000	7000	8000
读数分辨率(μGal)	0.1	1(估读)	1	1
标准差(μGal)	5	5	3	5
绝对零漂(μGal/d)	<200	<10	<10	<1000
工作温度(℃)	−45~50	−15~50	−15~50	−45~50
质量(kg)	5.2	3.6(不含电池)	7.9	8.0
长×宽×高(cm×cm×cm)	24.0×21.0×21.5	19.7×17.8×25.1	30.5×19.05×30.5	22.0×20.0×30.0
改正项	倾斜、潮汐、零漂、温度、噪声	无	倾斜、潮汐、温度、噪声	倾斜、潮汐、零漂、温度、噪声

续表 1-2-1

重力仪	CG-6	LCR-G	Burris	CG-5
读数方式	显示屏直读	人工调整度盘	人工调整度盘及掌上平板电脑控制	显示屏直读
数据存储	主机	无	掌上平板电脑	主机
数据传输	USB 传输	无	RS232 和 USB 专用软件传输	RS232 和 USB 专用软件传输

(三)野外工作方法及改正

重力勘探野外工作大体上分为预查、普查、详查和细测 4 个阶段。

地质矿产勘查预查中的重力勘探是在空白区进行大范围、小比例尺(1∶50 万～1∶100 万)的重力测量。其目的是在比较短的时间内获得有关大地构造基本轮廓的资料以作为布置重力普查地区的依据。重力勘探的普查是在预查、航磁和地质预查的基础上,在具有进一步工作价值地区开展工作(比例尺为 1∶10 万～1∶20 万),目的是划分区域构造。详查中重力勘探的目的是比较详细地(比例尺为 1∶2.5 万～1∶5 万)研究工作地区重力场分布的规律和特点,以便能圈定构造和地质体。重力细测(比例尺为 1∶1 万～1∶500)的目的则是确定构造、岩体或产状等细节。测点的密度要求按相关规范执行。

观测时,由于重力仪本身弹性系统的弹性疲劳、温度补偿不完全弥补日变等因素的影响,读数的零点值随时间而变化,这个变化称为零点位移。测量时要在测区内建立一些基点,总基点组成基点网,以便对重力仪的读数进行零点位移改正。

重力测量结果的改正主要包括以下内容。

1. 纬度改正(正常场改正)

由正常重力公式可知,地表的重力值随纬度变化,因此,为了消除由于测点的纬度不同所引起的重力变化,必须进行纬度改正,其改正公式为

$$\delta_{g正} = -8.14\sin2\varphi D \tag{1-2-1}$$

式中:φ 为测区的平均纬度;D 为总基点与测点的纬向距离,单位为 km,在北半球,测点位于总基点以北时 D 取正号,反之取负号。

2. 地形改正

当测点周围地形有起伏时,测点所在水平面以上的多余物质和水平面以下所亏损的物质,必然对该点观测结果有影响(使观测值减小),因此需要进行地形改正,即把测点所在水平面以上的物质去掉,把水平面以下的亏损物质补充起来。这项工作计算量很大,现今多用计算机进行处理。

3. 中间层改正

通过地形改正后,测点周围成为测点水平面,但测点到大地水准面或基点水准面之间还存在着一个厚度为 Δh 的水平物质层,称为中间层。由于各测点的高度不同,中间层厚度不同,该层物质的引力也不同。为消除中间层厚度变化对重力测量的影响,须进行中间层改正,中间层校正值为

$$\delta_{g中} = -0.419\sigma\Delta h \tag{1-2-2}$$

世界上大多数国家(包括中国)都取地壳的平均密度 $2.67\times10^3\,\text{kg/m}^3$ 作为中间层密度 σ 值。

4. 高度改正

重力值随测点高程的增加而减小,这种变化与地下物质密度分布无关。因此,当测点与大地水准面或基点水准面之间有高差 Δh 时,需要进行高度改正。高度改正值为

$$\delta_{g高} = 3.086\Delta h \frac{-b \pm \sqrt{b^2 - 4ac}}{2a} \tag{1-2-3}$$

式中:Δh 单位为 m,测点高于大地水准面或基点水准面时 Δh 取正值,反之取负值。

如上所述,高度改正和中间层改正都与测点的高度 h 有关。因此,当测区面积不大、地形高度变化较小时,通常把两项合并起来校正,即

$$\delta_g = (3.086 - 0.419\sigma)\Delta h \tag{1-2-4}$$

这种校正称为布格校正,校正后所得值为布格重力异常。

三、重力勘探资料处理与解释

由重力观测值通过资料整理获得的原始重力异常,可以用来解决一些地质问题,为了提高重力资料的应用效果,在工作中发挥更大的作用,必须对重力异常进行数据处理及解释。处理—解释—应用,是互相紧密联系的几个环节,而且反复进行。针对所解决的实际问题,研究或选择适当的数据处理及解释方法对重力资料进行处理解释;通过对实际问题的处理解释,研究处理解释方法的应用条件,并发现方法不合理的问题,以便改进处理解释方法,达到最优效果。

近年来,随着计算机在重力勘探中的广泛应用,重力资料数据处理及解释已经成为提高重力勘探效果的一个重要环节,下面主要介绍目前几种常用重力资料的处理解释方法。

(一)S 变换去噪

重力实测数据会受到很多外界环境的影响,包括仪器的精度、测量人员的操作状态以及周围环境的影响,位场数据经过各种校正之后,仍会存在一定程度的噪声干扰,这些干扰在资料的处理和解释时,会在一定程度上影响最终成果的精度或准确度,因此有必要对位场数据进行去噪声处理。去噪的目的是去掉信号中的无用信息,保留有效信息。

在实际数据中,一般情况下噪声属于信号的高频成分,有效信号属于低频成分,采用处

方法去掉高频噪声是去噪的基本做法。传统的位场数据去噪方法是向上延拓以及对数据进行平滑处理。目前流行的去噪方法是小波变换，其以傅立叶变换为基础，去掉高频成分，保留低频成分，傅立叶变换的特点使得在去噪的过程当中丢失了一部分有效信息，小波变换为信号加上一个时间窗，在时间轴上移动，克服了频谱分析中时间域无限大的问题。从数字信号分析的角度来看小波变换属于低通滤波器，能够有效地去除实测数据中的偶然误差。

1996年，Stockwell等在短时傅立叶变换的基础上，提出了S变换理论的数字信号处理技术。S变换是吸收了短时傅立叶变换和连续小波变换的思想形成的新方法，其本质是以Morlet小波为基本小波的连续小波变换。S变换与傅立叶谱有着直接的联系，是可逆的时频分析方法，它既可以表示信号的时频局部特征，又可以自动调节频率进行多分辨率分析，对地球物理信号时频分析具有相当的适应性。

在小波变换的过程中，简谐波以及高斯窗函数都可以做伸缩和平移。与小波变换不同，S变换把高斯窗函数和简谐波的乘积作为内积函数，简谐波只做伸缩变换，高斯窗函数可以做伸缩和平移，而S变换的内积函数不需要满足容许性条件。在位场数据处理中，S变换能够精确地标定信号在各个位置的频谱，不但具有时频两域局部化分析能力，而且能够根据不同信号的特点自动调节分辨率，其时频分析能力比窗口傅立叶变换更强。

S变换定义式如下

$$S(\tau, f) = \int_{-n}^{+n} X(t) \frac{|f|}{\sqrt{2\pi}} e^{-\frac{f^2(t-\tau)^2}{2}} e^{-2i\pi ft} dt \quad (1-2-5)$$

信号 $f(t)$ 一般情况下可以表示为

$$f(t) = \mathrm{signal}(t) + \mathrm{noise}(t) \quad (1-2-6)$$

同样的，有S变换

$$\mathrm{ST}(f(t)) = \mathrm{ST}(\mathrm{signal}(t)) + \mathrm{ST}(\mathrm{noise}(t)) \quad (1-2-7)$$

对地球物理信号进行滤波，使得 $\mathrm{ST}(\mathrm{noise}(t))$ 一项趋于零，即去掉无用的信号，保留有效的信号，再经过逆变换重构，即可达到去除噪声的目的。

（二）重力位场分离

重力勘探所获得的数据是地下地质体信息的综合反映。实际应用中，若要获得较浅层的地质情况，要求得到局部的重力异常，反之，若要研究深层的大面积构造特征，相应需要得到区域重力异常，故需要根据研究目标不同，对信息做一定的提取并分别研究。这就要求通过一定的方法进行位场的分离。目前对场分离技术的研究有很多，由于地下地质情况复杂，每种技术都有不同的适用条件，在实际应用中，需要根据实际情况对多种场分离技术进行对比检验。

重力资料处理方面，前人提出了解析延拓滤波作用，曾华霖（2005）提出了最佳向上延拓高度等分离技术和方法。一般来说，重力场分离方法有4种，分述如下。

1. 向上延拓分解异常

根据某观测平面上的实测异常，换算场源以外其他空间位置的异常称为解析延拓。换算平面在实测平面之上,即向上延拓,可以突出深部地质体异常,压制浅部较小地质体异常,是一个低通滤波器;换算平面在实测平面之下,即向下延拓,可以突出浅部异常,压制深部地质体异常,相当于一个高通滤波器。随着深度的增加,高频信号快速衰减,而低频信号则基本不受影响,解析延拓根据这个思想进行位场分离,是位场分离中最常用的方法。解析延拓的具体算法为,对实测重力异常进行傅立叶变换,把在波数谱中的变换结果乘以一个延拓因子。

$$\widetilde{T}_{延} = \widetilde{T}_{测} \ e^{-\Delta h r} \tag{1-2-8}$$

式中:r 为径向波谱,$\Delta h = H - h$ 是延拓高度。$\Delta h > 0$ 即向上延拓,$\Delta h < 0$ 即向下延拓。从滤波的角度,$e^{-\Delta h r}$ 是解析延拓的波数响应,称为解析延拓因子。

对于延拓分离场,延拓高度的选取是非常重要的过程,曾华霖(2005)通过计算不同向上延拓高度的结果,计算两个相邻延拓高度的结果的互相关系数,从而形成互相关系数对延拓高度的曲线,曲线中拐点对应的高度即为最佳向上延拓高度。

2. 趋势面分析方法分解异常

趋势面分析方法是利用多项式拟合的技术,与重力异常在最小二乘意义下拟合,我们假设区域场是一个有一定趋势的曲面,用数学表达式的系数反映趋势面信息,这里以斜面为例,其多项式函数为

$$G_{reg} = x + By + C \tag{1-2-9}$$

区域异常由式中各个变量确定,布格重力异常与区域异常之差如下式

$$G_{res} = G - G_{reg} = G - (Ax + By + C) \tag{1-2-10}$$

在下式条件下

$$\sum G_{res} \partial G_{res} / \partial A = 0; \quad \sum G_{res} \partial G_{res} / \partial B = 0; \quad \sum G_{res} \partial G_{res} / \partial G = 0 \tag{1-2-11}$$

若要得到区域异常与布格重力异常的最佳拟合效果,即 $\sum G_{res}^2$ 取得最小值。

在上述最小二乘拟合条件下得到如下方程组

$$\left.\begin{array}{l} \sum G_{res} \partial G_{res} / \partial A = \sum Ax^2 + \sum Bx^2 + \sum Cx^2 - \sum Gx = 0 \\ \sum G_{res} \partial G_{res} / \partial B = \sum Axy + \sum By^2 + \sum Cy^2 - \sum Gy = 0 \\ \sum G_{res} \partial G_{res} / \partial G = \sum Ax + \sum By + \sum C - \sum G = 0 \end{array}\right\} \tag{1-2-12}$$

解上述方程组,应用迭代法等可以很容易求出各个系数,由此区域场也就确定下来了。这里的布格重力异常所包含的局部场显然对趋势面的确定具有一定的影响,通常认为趋势面是一个相对比较平缓的曲面,取二阶趋势面或者三阶趋势面即可。

3. 小波/小波包分析分解异常

小波分析具有时频分析特性,可从信号中提取有用信息,通过小波包分解成多阶次不同频率信号,确定低频系数,进行信号重构得到区域场,从布格异常中减去区域场即可得到局部异常。

对一维数据,小波包分解的系数为一个二叉树,相应的二维数据形成一个四叉树,是在相

同尺度上对低频和高频同时进行分解。

正交尺度函数 $\Phi(t)$ 和小波函数 $\varphi(t)$ 关系式如下

$$\Phi(t) = \sqrt{2} \sum_k h_{0k} \varphi(2t - k) \tag{1-2-13}$$

$$\Phi(t) = \sqrt{2} \sum_k h_{1k} \varphi(2t - k) \tag{1-2-14}$$

上式中 h_{0k} 和 h_{1k} 为多分辨率分析中相应的滤波器系数。

由方程的递推关系,设递推关系式为

$$w_{2n}(t) = \sqrt{2} \sum_{k \in Z} h_{0k} w_n(2t - k) \tag{1-2-15}$$

$$w_{2n+1}(t) = \sqrt{2} \sum_{k \in Z} h_{1k} w_n(2t - k) \tag{1-2-16}$$

小波包 $\{w_n(t)\}_{n \in z}$ 是指包括尺度函数 $w_0(t)$ 以及小波母函数 $w_1(t)$ 在内的一个具有一定关联的函数集合。

由于任意的正整数都可以表示为二进制数:$n = \sum_{i=1}^{\infty} \varepsilon_i 2^{i-1}$,式中 ε_i 为 0 或 1。由已知公式可推知 $w_n(t)$ 在频率域的表达式为

$$w_n(\omega) = \prod_{k=1}^{\infty} H'_{\varepsilon_k} \left(\frac{\omega}{2^k} \right) (\varepsilon_k = 0 \text{ 或 } 1) \tag{1-2-17}$$

4. 插值切割分离场法分解异常

文百红等(1990)在多次切割法的基础上提出差值切割法,用于分离区域场与局部场,其原理如下。

假设测区 D 内的重力异常 $\Delta g(x, y)$ 由区域异常 $R(x, y)$ 和局部异常 $L(x, y)$ 所构成,局部异常所在区域为 Dz,范围相对较小,$Dz \subset D$,有下式:

$$\Delta g(x, y) = R(x, y) + L(x, y)(x, y \in D) \tag{1-2-18}$$

$$\Delta g_{\min} \leqslant \Delta g(x, y) \leqslant \Delta g_{\max}(x, y \in D_z) \tag{1-2-19}$$

$$L(x, y) = 0(x, y \in (D - D_z)) \tag{1-2-20}$$

用切割算子 A 作用于 $\Delta g(x, y)$,得第一次切割区域场:

$$R_1(x, y) = A\{\Delta g(x, y)\}(x, y \in D) \tag{1-2-21}$$

切割区域场 $R_1(x, y)$ 需要满足如下条件:

$$\Delta g_{\min} \leqslant R_1(x, y) \leqslant \Delta g_{\max}(x, y \in D_z) \tag{1-2-22}$$

$$R_1(x, y) = \Delta g(x, y)(x, y \in (D - D_z)) \tag{1-2-23}$$

应用切割算子重复对切割区域场进行切割,通过反复迭代,得下式:

$$\lim_{n \to \infty} | R_{n-1}(x, y) - R_n(x, y) | = 0 \tag{1-2-24}$$

这里 $R_n(x, y)$ 即为通过差值切割所求得的近似区域异常。布格重力异常减去区域异常就可以得到局部重力异常。

(三)视密度反演

为了解地下矿产的分布状态以及地质构造特征,对位场数据进行反演是常用的方法,通

过重力异常数据反演出的视密度对于了解场源的各种物性参数和赋存状态都具有重要的意义。通过位场计算公式我们可以看出,地下各种地质体的密度和位场分布之间有着密切的联系,一般将重力场值等效为许多直立棱柱体产生的重力场的叠加场,在波数域求解视密度,从而进行反演。

为了改进反演结果,使其与真实密度更加接近,众多学者进行了相关研究。徐世浙院士(2007)提出先采用差值切割分离不同深度层源异常,然后采用下延的迭代法将每个切割层的重力异常向下延拓至相应的深度来计算视密度。

把重力场看作许多等效直立棱柱体产生的重力场叠加,并且假设每个棱柱体的纵向密度是均匀的,如此空间任一点重力值 g 应该是所有棱柱体的重力值的叠加。通过傅立叶变换,得到每个棱柱体的频谱表达式:

$$\Delta g_i(u,v) = 2\pi G\sigma_i \frac{4}{uv}\sin\frac{au}{2}\cdot\sin\frac{bv}{2}\cdot\frac{\mathrm{e}^{-hr}}{r}\cdot[1-\mathrm{e}^{-\Delta hr}]\mathrm{e}^{-i(ux_0+vy_0)} \quad (1\text{-}2\text{-}25)$$

令

$$S_i(u,v)\frac{4}{uv}\sin\frac{au}{2}\cdot\sin\frac{bv}{2}\cdot\frac{1}{r}\cdot[1-\mathrm{e}^{-\Delta hr}]; H_i(u,v)=\mathrm{e}^{-hr}; D_i(u,v)=\mathrm{e}^{-i(ux_0+vy_0)}$$

式中:a、b 为棱柱体顶面边长;Δh 为棱柱体的高度;h 为棱柱体埋深;x_0、y_0 为棱柱体中心坐标;$r=\sqrt{u^2+v^2}$ 为径向频谱。

$S_i(u,v)$、$H_i(u,v)$、$D_i(u,v)$ 分别与棱柱体的大小、埋深、几何位置有关。因此分别称为尺寸因子、深度因子和位移因子,由此

$$\Delta g(u,v) = \sum_{i=1}^{MN} 2\pi G\sigma_i S_i(u,v)H_i(u,v)D_i(u,v) \quad (1\text{-}2\text{-}26)$$

棱柱体的划分按点线距进行,每个棱柱体都具有相同的大小和埋深,即 $S_i(u,v)$、$H_i(u,v)$ 均相同,上式可写为

$$\Delta g(u,v) = 2\pi G S_i(u,v)H_i(u,v)\sum_{i=1}^{MN}\sigma_i D_i(u,v) \quad (1\text{-}2\text{-}27)$$

用 $S_i(u,v)$、$H_i(u,v)$ 除上式两端,即相当于对实测重力场进行尺寸因子改正,向下延拓到棱柱体表面。求垂向一阶导数,得到结果为

$$\Delta g*(u,v) = 2\pi G\sum_{i=1}^{MN}\sigma_i D_i(u,v) \quad (1\text{-}2\text{-}28)$$

对上式进行傅立叶反变换

$$\Delta g*(x,y) = 2\pi G\sum_{i=1}^{MN}\sigma_i d_i(x,y)\frac{\delta y}{\delta x} \quad (1\text{-}2\text{-}29)$$

式中 $d_i(x,y)$ 为 $D_i(u,v)$ 傅立叶反变换。

由于在频率域中已经进行了向下延拓和求导。这时的场值 $\Delta g*(x,y)$ 已经是棱柱体顶面所在平面重力的一阶导数值,因此可以认为每一点的场值仅为这个点所在的那个小棱柱体而产生,而周围各小棱柱体在这点所产生的场值对于该点的场值可以忽略不计,于是有

$$\Delta g*(x,y) = 2\pi G\sigma_i \leftrightarrow \sigma_i = \frac{\Delta g*(x,y)}{2\pi G} \quad (1\text{-}2\text{-}30)$$

σ_i即为这一点小柱体的视密度值。对每个直立棱柱体均计算σ_i,就得到了地质体密度的横向分布图。

理论模型计算结果表明,无论对哪种模型而言,反演的视密度异常都与模型位置吻合;组合模型结果说明了方法有很高的分辨率;反演结果与模型几何尺寸无关;反演值与理论值最大误差小于15%。

(四)构造边界的识别

地质体边界的确定是地球物理数据分析和解释中的一项重要任务,它在构造单元的划分、断裂位置识别以及圈定矿产分布等问题中都具有重要作用。

通常,位场边界的识别是以数据的导数为基础,然后利用水平导数或各阶垂向导数的零点、极值点等特征来分析辨别位场边界。利用总水平导数的极值位于位场数据突变的位置进行识别,是一种有效的边界识别方法,解析信号的极大值与地质体边界也存在良好的对应关系。由于导数随着地质体埋深的衰减速度较快,对于这些方法,当存在埋深不同的多场源时,很难探测出深层源的边界,因此,近年来,众多学者对这类方法又作了一些改进。1994年,Miller和Singh首次提出了斜导数(tilt angle)的定义。本书介绍主要4种识别的方法。

1. 斜导数法

重力斜导数T_{dr}由常规导数,即垂直导数和水平导数求得,它们之间的关系为

$$T_{dr} = \tan^{-1} \frac{V_{dr}}{H_{dr}} \tag{1-2-31}$$

式中:V_{dr}为位场T在垂直方向的一阶导数;H_{dr}为T在水平方向上的一阶导数。其中T_{dr}在地质体外部为负值,内部为正值,边界位置为零。

对于二维网格数据,有

$$\frac{\partial T}{\partial h} = \sqrt{\left(\frac{\partial T}{\partial x}\right)^2 + \left(\frac{\partial T}{\partial y}\right)^2} \tag{1-2-32}$$

斜导数能探测出深源和浅源的边界,不受源场的深浅影响,能够提取相对较弱的异常。

2. 斜导数水平导数法

斜导数水平导数定义式为

$$S_{Tdr} = \left| \frac{\partial T_{dr}}{\partial x} \right| \tag{1-2-33}$$

对于网格数据

$$S_{Tdr} = \sqrt{\left(\frac{\partial T_{dr}}{\partial x}\right)^2 + \left(\frac{\partial T_{dr}}{\partial y}\right)^2} \tag{1-2-34}$$

斜导数水平导数能够反映任意倾角的构造,在边界位置出现极大值,而斜导数只能适合探测边界为$\pi/2$倾角的构造,故可以区分更为细致的地质体边界。

3. 归一化标准差

当窗口内数据标准差数值较大时，反映出窗口内数据的变化较大，并是衡量数据的局部差异性的一种方法，因此，标准差可以应用在位场数据边界检测当中。归一化标准差定义式如下：

$$\text{NSTD} = \frac{\sigma \frac{\partial f}{\partial z}}{\sigma \frac{\partial f}{\partial x} + \sigma \frac{\partial f}{\partial y} + \sigma \frac{\partial f}{\partial z}} \tag{1-2-35}$$

式中：f 为重力场；σ 为标准差。

具体计算步骤为：设计一个窗口，计算其内垂向一阶导数与不同方向一阶导数标准差之和的比值，即计算窗口内中心点的归一化标准偏差，依次移动窗口，极大值的位置即反映位场的边界位置。

4. 位场归一化差分法

位场归一化差分法是一种有效的定位地质体边界的方法，给出位场数据 $f(i,j,0)$ 在 x、y、z 方向上的 n 阶差分算子，及 n 阶总差分 A_n。

在 x 方向上：

$$f_x^{(n)}(i,j) = f_x^{(n-1)}(i+\Delta r, j, -\Delta r) - f_x^{(n-1)}(i-\Delta r, j, -\Delta r) \tag{1-2-36}$$

在 y 方向上：

$$f_y^{(n)}(i,j) = f_y^{(n-1)}(i+\Delta r, j, -\Delta r) - f_y^{(n-1)}(i-\Delta r, j, -\Delta r) \tag{1-2-37}$$

在 z 方向上：

$$f_z^{(n)}(i,j) = f_z^{(n-1)}(i,j,0) - f_z^{(n-1)}(i,j,-2\Delta r) \tag{1-2-38}$$

n 阶总差分 A_n 为

$$A_n = \begin{cases} \sqrt{f_{ix}^{2(n)} + f_{iy}^{2(n)} + f_z^{2(n)}}, & n \text{ 为奇数} \\ \sqrt{f_x^{2(n)} + f_y^{2(n)} + f_z^{2(n)}}, & n \text{ 为偶数} \end{cases} \tag{1-2-39}$$

上式中 $f_{ix}^{(n)}$ 和 $f_{iy}^{(n)}$ 分别为 $f_x^{(n)}$ 和 $f_y^{(n)}$ 进行 90°相移后的异常，即

$$f_{ix}^{(n)} = F^{-1}\text{lig}F[f_x^{(n)}], \quad f_{iy}^{(n)} = F^{-1}\text{lig}F[f_y^{(n)}] \tag{1-2-40}$$

第三节　磁法勘探

两千多年前，我们的祖先就知道并利用天然磁石的吸铁性和指极性，发明了指南针。威廉·吉尔伯特（William Gilbert）于1600年通过实验提出，地球类似一个大磁铁。近代，现代磁学的发展，提出了地磁场的自激发电机假说，是被公认为最合理的一个，但因计算过于复杂，有待进一步完善。

1640年前后，瑞典人开始用罗盘寻找磁铁矿，1915年德国人施密特（Schmidt）发明刃口式磁秤，大大提高了磁测精度，使磁法不仅在寻找铁矿中起作用，同时还用来寻找其他矿产，

并在圈定磁性岩体,研究地质构造以及寻找油田、盐丘中得到应用。1936年,苏联人阿•阿•罗加乔夫(А. А. Логачев)试制成功感应式航空磁力仪,大大提高了磁测速度和磁测范围,使磁法工作进入了一个新的阶段。20世纪50年代末和60年代初,苏联、美国又相继把质子旋进式磁力仪移装于船上,开展了海洋磁测,在海洋磁测和古地磁研究成果的支持下,发展了海底扩张和板块构造学说。

随着现代科学技术的发展,磁力勘探仪器已从机械式发展到电子式。由于采用了近代物理学的质子旋进、磁通门、光泵与超导等原理,磁力仪精度提高了几个数量级。随着数字计算机的广泛应用,数据整理、观测结果的处理和解释,资料的存储、成果的图示等均产生了较大的变化。随着仪器精度的提高,方法的不断改进和更新,解释理论的不断发展和完善,磁力勘探的工作领域将越来越广阔。

一、磁法勘探原理

磁法勘探又称磁力勘探,是通过观测和分析由岩石、矿石或其他探测对象磁性差异所引起的磁异常,进而研究地质构造、寻找矿产资源或其他探测对象分布规律的一种地球物理勘探方法。

磁异常是指磁性体产生的磁场叠加在地球磁场之上而引起的地磁场畸变,是一个空间矢量场,可以通过地磁要素来确定,也可用各分量的垂向、水平梯度等来表示,是一个多参量磁场。磁异常的起因取决于地球磁场和岩(矿)石磁性,前者是外因,后者是内因,两者是磁力勘探的物理基础。

磁异常多参量数据是磁力勘探的信息基础。用高精度磁力仪观测获得的磁异常多参量信息是磁力勘探的一个重要环节。为了得到可靠的磁异常值,还需要正确的工作方式和消除各种干扰的工作方法,以便确保获得的磁异常由地质因素所引起。

建立各种磁性体模型,采用数学解析或数值模拟方法计算磁场多参量,分析研究其空间分布特征,从中总结出磁异常多参量场与磁性体之间的对应关系和规律,利用这些规律便可判别引起磁异常的磁性体的埋深、形状、产状、分布范围和性质等。由于实际地质问题的复杂性、多样性,为了提取与探测对象有关的信息,还需要对磁异常进行有针对性的处理与转换,以消除非探测对象的影响。因此,选择合适的定量反演磁性体参数的方法,结合地质与其他地球物理方法成果对探测对象逐步逼近,达到尽可能合理地解释推断的目的。

二、磁法勘探野外工作

磁法勘探是发展最早、应用广泛的地球物理勘探方法,它具有如下特点:①轻便易行、效率高、成本低,在许多情况下效果良好。②工作领域广、不受地域限制,可广泛应用于空中、海洋、地面与钻井中。已形成专门的卫星磁测、航空磁测、地面磁测与井中磁测等工作系列,并可以提供全球磁异常信息。③岩石原生剩余磁化强度矢量与成岩时的地磁场有关,因而具有记录成岩时地磁场的功能,从而可以把现代磁性观测推测到地质年代中的古地磁状态,成为将今论古的磁学证据。④应用范围广。磁力勘探成功地应用于直接寻找磁铁矿及其共生矿床,广泛地应用于固体矿产、石油天然气构造的普查和不同比例尺的地质填图及深部、区域、全球构造的研究,与其他物探方法配合应用于煤田火烧区探测、地热田远景预测、考古、探雷与探潜、核电及为大型水电建设提供基础稳定性评价资料等。

我国地面磁测工作始于1939年,20世纪50年代,我国先后在山东金岭镇、辽宁鞍(山)本(溪)、湖北大冶、内蒙古白云鄂博、山东莱芜、河北邯(郸)邢(台)、四川攀西等地区开展了磁法找铁矿的工作,取得了丰硕成果。据统计,我国80%以上的磁性铁矿是通过磁测提供线索发现或扩大的。寻找有色金属矿产也是磁力勘探应用最早、成效显著的领域之一,如安徽铜陵、湖北铜录山的矽卡岩型铜矿、吉林红旗岭、甘肃白家嘴子、新疆喀拉通克的硫化铜镍矿床等,磁测都在找矿过程中起到了关键作用。20世纪80年代开始,我国加强了与烃类有关的土壤磁性及微磁异常的研究工作;积极开展中大比例尺航空磁测工作,详细划分局部构造和断裂,查明有关火山岩、岩浆岩分布范围,发现和圈定与烃类运移有关的高频磁异常。

磁法勘探应用的发展主要以磁测数据采集技术和处理、反演技术为基础。1960年,北京地质仪器厂生产出CSI-60型悬丝式磁秤,此后相继生产了多种型号的悬丝式、刃口式磁秤,观测精度提高到2～5nT,充分满足了这段时期地面磁测的需要。1975年我国正式生产地面磁通门磁力仪(CCM型)。1982年分辨率为0.1nT的GQ-30氦光泵航空磁力仪投入使用。1983年正式推广CZM-2型地面质子磁力仪,分辨率1nT/字。1987—1988年引进IGS-2/MP4和G856微机质子磁力仪,分辨率0.1nT/字。20世纪90年代中期,研制成功新的地面氦光泵磁力仪,分辨率达0.05nT。20世纪90年代末研制生产的光泵航磁仪,分辨率达0.0025nT,具有远距离大跨度测量及全球作业的整体性能。目前,我国航磁工作均由自主生产的航磁仪完成,高精度地面磁测仪器主要使用的是加拿大生产的GM-19T磁力仪,其灵敏度小于0.01nT,绝对精度为0.01nT,动态范围10 000～120 000nT,采样率为每3～60s一个读数,梯度容量大于7000nT/m。在进行仪器测试和实际工作测量时,所有仪器的时间需要统一,每天工作前统一核对调整时间,时间精确到秒级。完成仪器试验后,探头和主机一一配对,在整个工作过程中保持不变。

为了保证磁测工作数据采集的准确性,提高工作质量。参与磁测工作的仪器需要经过一系列仪器试验以验证仪器可以正常工作。这些仪器试验包括噪声试验、一致性试验、动态一致性测试、探杆高度试验等。

三、磁法勘探资料处理与解释

(一)磁法勘探资料处理

1. 资料整理

在数据处理阶段,观测到的磁测数据需要排除一些无关因素干扰造成的影响,因此需要对原始磁测数据进行日变改正、纬度改正和高度改正等。

日变改正是为了消除地磁日变对观测结果的影响。日变观测数据采用5点圆滑之后再进行日变改正,日变改正工作可以由磁力仪随机附带的软件自动进行校正,也可以自行编程改正。

高度改正是为了消除地形起伏变化对磁测观测结果的影响,每个物理点都要根据实际测量高程值进行改正,高度改正从基点高程起算:

$$T_{高} = T_{梯} \times \Delta h \quad (1\text{-}3\text{-}1)$$

$$T_{梯} = 3T_0/R \quad (1\text{-}3\text{-}2)$$

式中:$T_{高}$ 为测点高度改正值;Δh 为测点与基点的高程差;T_0 为地磁场垂向梯度变化值;R 为地球半径。

正常梯度改正是进行大面积高精度磁测工作时必须进行的改正工作。采用国际地磁参考场 IGRF2005 模型提供的高斯系数进行正常场计算,计算出工作区经向和纬向正常地磁场每米的变化量,作为正常梯度改正系数。

经过各项改正后就可以计算得出磁异常值,计算公式为

$$\Delta T = T_c - T_0 + (\Delta T - R) + (\Delta T - G) + (\Delta T - Z) \quad (1\text{-}3\text{-}3)$$

式中:ΔT 为磁异常值;T_c 为实测磁场值;T_0 为总基点正常磁场值;$\Delta T - R$ 为日变改正值;$\Delta T - G$ 为高度改正值;$\Delta T - Z$ 为正常梯度值。

2. 数据处理

1) ΔT 剖面图及等值线图特征

野外采集得到的磁测数据经过各项改正后即可得到磁异常值 ΔT,为了分析磁异常特征,需要对磁异常 ΔT 进行一系列处理。常用处理方法是绘制 ΔT 剖面平面图和 ΔT 等值线图。

等值线图要求数据均匀分布,而实际测量时由于设计、地形等原因,测点往往不是呈规范均匀的网格状分布,所以需要先对数据进行网格化处理。网格化的作用是在特定的平面坐标系中通过数据插值的方式,形成等间距的网格值。网格化方法多种多样有双向网格法、最小曲率法、趋势增强法和克吕格法等。各种网格化方法有自己的优缺点,需要根据磁测工作中测网设计、研究目的等,选择合适的网格化方法,一般选择克吕格法。

由于工作区不可避免地会有磁性干扰源的存在及人为操作造成的错误等,绘制的 ΔT 等值线图通常会存在很多干扰,导致 ΔT 等值线图在分析地下隐伏地质体时存在很多困难。为了消除这些干扰,使 ΔT 等值线图可以更清晰地反映深部磁性体异常,通常需要对等值线图进行滤波和圆滑处理。滤波方法有高通滤波、低通滤波、余弦滚动滤波和方向余弦滤波等。

滤波可以压制一些无关干扰引起的磁异常,滤波后磁异常边缘更加圆滑,磁异常的分析和解释更加方便。为了更好地描述和研究磁异常,在滤波后,根据磁异常的形态和特征对磁异常进行分区、编号,逐个开展性质研究。

2) 化极处理

磁测工作中,测量的磁场值会受到地磁场斜磁化率影响,表现为磁异常 ΔT 等值线图的磁异常出现相伴生的正负异常。在北半球,正异常分布于磁性体的南侧,而负异常分布于磁性体北侧,同时正负异常的中心往往会偏离磁性体真实的中心。偏移距离与磁性体的规模和顶面埋深有关。磁性体规模越大顶面埋深越深,偏移距离越大。在进行磁异常的分析时如果不将斜磁化影响消除极易造成误导。除了造成偏移影响解释外,当磁异常形态较复杂时,正负相伴的局部异常叠加在总体异常上,致使异常形态复杂,导致分析和解释地下隐伏体更加困难,解决斜磁化率影响的方法就是对磁异常进行化极处理。

磁异常化极处理是通过把磁异常值换算到地球磁极处，从而消除斜磁化造成的磁异常中心偏移的影响。让磁异常形态更简洁，正异常更突出。在具体项目上开展磁异常化极处理时，一般选择工作区基点处地理位置，换算出磁偏角，进行化极处理。

3）延拓处理

磁异常的延拓是指根据已知某平面上的磁异常值，进行换算后得到空间任意一点的磁场值。目前磁异常处理常用的延拓方法有向上延拓和向下延拓两种。向上延拓是利用已知平面的磁异常值换算出比已知平面高的磁异常值，向下延拓则是利用已知平面的磁异常值换算出比已知平面低的磁异常值。

向上延拓可以使埋藏较深、体积较大的地质体异常更加突出，使埋深浅、体积小的地质体异常消失，削弱局部干扰异常。其原理是磁场内磁异常值的衰减速度与磁异常观测平面距地质体的距离和地质体体积大小有关，同样大小的两个地质体，一个离观测平面较近，另一个则离观测平面较远，当向上延拓时，距离较近的地质体与换算之后磁异常值平面之间距离变化较大，而距离观测平面较远的地质体与换算后磁异常平面之间的距离变化相对较小。所以向上延拓时埋深较浅的地质体，随着上延距离变大磁异常值衰减速度快，而埋深较深的地质体随着上延距离变大，磁异常值衰减速度慢。磁异常衰减速度与体积的关系则是随着上延距离的增加，体积大的衰减慢，体积小的衰减快。总而言之，体积大、埋深大的地质体在上延过程中，随着上延距离增大，磁异常值衰减慢；体积小、埋深小的地质体在上延过程中，随着上延距离增大，磁异常值衰减快。所以通过向上延拓可以压制局部异常干扰，突出埋深大体积也大的磁性体。

向下延拓作用主要为突出局部异常、分离水平叠加异常和评价低缓异常，原理是随着磁性体埋深增大，磁异常将变得越来越宽缓，水平叠加异常在等值线图上显示为一个宽而缓的异常，观测平面越接近磁性体，磁异常形态也更加接近磁性体形态。向下延拓通过换算观测面上的磁异常值到观测面以下某一个深度，随着下延深度的增加，异常范围变窄异常形态更加接近地质体形态，从而将水平叠加异常分离开。向下延拓会使浅表局部异常及干扰异常更加突出，在增加浅部异常的同时也使异常图更加杂乱，影响分析和解释，所以往往需要增加圆滑处理。

数据处理时，一般对化极后磁异常等值线图进行向上延拓，并采用不同的距离延拓，进行对比分析，检视哪些异常的强度衰减速度较快，哪些异常的强度衰减速度较慢，判断异常的性质、规模、大致埋深，甚至不同异常之间是否有连通等。

4）磁异常的求导

磁异常分析解释时，对磁异常求导也是常用的方法之一。对磁异常进行导数处理可以压制区域场、分离叠加异常。在求导过程中，常数项将会变为0，而磁异常中的背景场相当于常数，所以通过对磁异常求导，可以消除正常背景场的影响。

进行磁异常数据分析时，一般对磁异常进行水平方向0°、90°求导和竖直方向一阶求导。水平方向0°导数可以反映东西向的断裂变化、构造线分布。水平方向90°导数则能反映南北方向断裂特征、构造线分布，以及磁性体变化构造线展布。因为竖直方向一阶导数的0值线往往对应磁性体边界，故竖直方向一阶导数可以用以分析磁性体平面形态。

3.2.5D 磁剖面人机交互反演

中国地质调查局 RGIS 软件是基于二度半棱柱体(简称 2.5D)模型的重、磁异常联合反演方法,可进行人机交互可视化重力和磁异常联合正反演模拟计算,或进行单异常反演计算。它以二维半模型作为场源体初始模型,根据地质情况、物性资料和半定量解释结果,对所有参数估计初始值进行设置,之后通过人机交互修改与自动迭代反演相结合的方式,求取地下磁性地质体埋深、空间形态。该技术包括人机交互修改模型参数、磁异常正演计算、非线性优化求解等。

具体处理流程如下:

(1)通过对区域地质、矿区地质等资料的归纳与分析,形成对本区地层岩性、地质构造和成矿类型的初步认识。

(2)利用已有地质资料,以勘探线为依托,建立初始地质模型。在地质模型建立过程中,对模型进行简化处理与适当归并处理。

(3)研究地层岩(矿)石物性资料,建立地质体—物性参数—磁力异常之间的内在联系。

(4)以已知磁测数据作为约束,地质-地球物理模型为指导,进行 2.5D 磁法异常剖面正反演拟合计算,推断隐伏磁性地质体形态、空间分布与埋深变化等。

4. 磁异常三维成像

相关成像方法是一种重磁场无约束反演方法,通过观测位场数据,建立扫描函数与位场的归一化互相关运算关系,计算出地下半空间存在场源的概率值,从而反映地下异常源的空间展布特征。这种方法不依赖异常场源体形状和相关属性等地质信息与约束条件,只通过统计学和概率论方法计算出场源三维空间展布特征,计算简便。

郭良辉等(2010)根据概率成像的概念对相关成像技术进行了发展,将三维相关成像推广到磁法数据领域。磁异常三维相关成像方法假定观测面为水平面,常规的高程改正也仅针对正常场,地表起伏明显、地表具有磁性时,会对成像结果产生一定的影响。为改善复杂地表条件下的成像效果,提高磁异常反演解释的可靠性,沈铭成等(2017)在反演程序中加入了高程参量以适合各类起伏地形测量条件,编写了在起伏地形条件计算三维磁异常相关成像的程序,解决了起伏地表磁异常三维成像问题。

1)磁异常相关成像基本原理

设测区地形起伏,坐标系统取(x,y)平面为基准面,z轴取垂直向下为正,设测区地下任意测点坐标为(x_q, y_q, z_q),体积V_q的第q个均匀球体的磁化强度为J_q,磁矩$M_q = J_q V_q$,地磁场倾角为I_0、偏角为A'_0,磁化强度倾角为I、偏角为A'。由于均匀磁化球体外部磁场与位于球心的偶极子磁场等效,因此把均匀磁化球体视为偶极子,则第q个偶极子在测区上任意点(x,y,z)处的总场异常可表示为

$$\Delta T_q(x_i, y_i, z_i) = \frac{\mu_0 M_q}{4\pi} \cdot B_q(x_i, y_i, z_i) \qquad (1\text{-}3\text{-}4)$$

式中:μ_0为真空磁导率;$B_q(x_i, y_i, z_i)$为偶极子q的磁总异常基函数,即

$$B_q(x_i,y_i,z_i) = \frac{1}{r_i^5}[A \cdot (x_q-x_i)^2 + B \cdot (y_q-y_i)^2 + C \cdot (x_q-x_i)(z_q-z_i) + \\ D \cdot (y_q-y_i)(z_q-z_i) + E \cdot (x_q-x_i)(y_q-y_i) + F \cdot (z_q-z_i)^2]$$
(1-3-5)

定义测区实测 ΔT 异常与第 q 个偶极子测区 ΔT_q 异常的互相关函数为

$$C_q(x_q,y_q,z_q) = \frac{\sum_{i=1}^{N_s}\Delta T(x_i,y_i,z_i)\Delta T_q(x_i,y_i,z_i)}{\sqrt{\sum_{i=1}^{N_s}\Delta T^2(x_i,y_i,z_i)\sum_{i=1}^{N_s}\Delta T_q^2(x_i,y_i,z_i)}}$$
(1-3-6)

其中,$\Delta T(x_i,y_i,z_i)$ 为观测点 (x_i,y_i,z_i) 的实测 ΔT 异常;$\Delta T_q(x_i,y_i,z_i)$ 为地下第 q 个偶极子在该观测点的 ΔT 异常;N_s 为测区观测点总数。假设 $J_q > 0$,则将式(1-3-7)代入式(1-3-6),可得

$$C_q(x_q,y_q,z_q) = \frac{\sum_{i=1}^{N_s}\Delta T(x_i,y_i,z_i)B_q(x_i,y_i,z_i)}{\sqrt{\sum_{i=1}^{N_s}\Delta T^2(x_i,y_i,z_i)\sum_{i=1}^{N_s}B_q^2(x_i,y_i,z_i)}}$$
(1-3-7)

根据柯西不等式可知

$$\left[\sum_{i=1}^{N_s}\Delta T(x_i,y_i,z_i)B_q(x_i,y_i,z_i)\right]^2 \leqslant \sum_{i=1}^{N_s}\Delta T^2(x_i,y_i,z_i)\sum_{i=1}^{N_s}B_q^2(x_i,y_i,z_i)$$
(1-3-8)

式(1-3-7)中的相关系数 C_q 的取值范围为 $-1 \leqslant C_q \leqslant 1$,$C_q$ 表征了实测 ΔT 异常与第 q 个偶极子的基函数的互相关程度,其意义为实测 ΔT 异常是由第 q 个偶极子所产生的可能性大小。C_q 的绝对值越高,说明该偶极子存在的可能性越大。当 C_q 值为正,说明该偶极子磁性越高;反之当 C_q 值为负,则说明该偶极子磁性越低。因此,相关成像在一定程度上能够表征地质体物性参数以及地质结构的变化。从上述公式也可以看出,在相关系数的求解中,无需进行矩阵求解等计算,其计算过程稳定、简便。

2)起伏地形磁异常三维相关成像步骤

式(1-3-6)是任意观测点 $C_q(x_q,y_q,z_q)$ 的计算结果,适用于任意地形起伏条件的情况。在实际编程计算过程中需要增加的步骤为:①扫描实测起伏地形点高程数据,以高程的最高点为下半空间的起始点,设定一定的反演深度,将下半空间剖分成与实测网格一致的三维均匀网格;②进一步扫描三维网格,利用曲面判别将起伏地形观测数据高程面以上以及实测数据点 (x,y) 范围外的网格点进行筛选后排除计算,以减少不必要的计算量。

利用并行计算手段可极大地加速运算过程,实现快速的三维相关成像计算。为了加快计算速度,采用 OpenMP 多核 CPU 并行算法,计算每一个网格节点单位所产生的异常与实测异常在一定窗口范围内归一化互相关值,以每一个网格节点为并行单位,由浅至深并行计算所有网格节点值,并将计算结果置于网格点。即实现对实测 ΔT 异常的三维相关成像,成像结果表征地下异常地质体的空间赋存形态和等效磁性分布。

(三)磁异常的综合解释

一般情况下岩矿石都具有一定磁性,磁性的强弱与岩矿石所含磁铁性矿物多少有关。三

大岩类中岩浆岩磁性往往最强，岩浆岩中基性岩磁性大于中性岩，中性岩磁性大于酸性岩。磁异常等值线图中岩浆岩往往对应大范围平缓高值正异常区。沉积岩磁性通常较弱，因为沉积岩所含铁磁性矿物较少，在地质体破碎过程中会产生去磁作用，沉积岩磁性较弱往往对应大范围平缓低值负异常。变质岩磁性变化范围较大，这是因为变质岩原岩来源广泛，既可以是沉积岩也可以是岩浆岩，同时变质岩磁性还与变质作用类型、变质作用强度有关。

磁异常是由不同地质体间的磁性差异引起的，因而某种地质体的异常特征，与地质体的空间分布、形状、产状及磁性直接相关。理论和实践表明：①磁异常的位置和轮廓可以大致反映地质体的位置与轮廓；②磁异常的轴向，一般能反映地质体的走向；③在地质体出露和埋深较小的情况下，其磁性不均匀性常会使异常发生起伏变化；④磁异常的强度和分布范围会随埋深而变化。

磁异常综合解释时，需要结合工作区地质特征、岩矿石物性参数进行解释分析，以阐明引起磁异常的原因，找出磁异常与地质因素之间的联系，推断地下隐伏构造、隐伏岩体、矿体等。

1. 各类岩石磁异常的一般特征

1）基性超基性岩体的磁场特征

基性与超基性侵入岩，一般含有较多的铁磁性矿物，在出露或埋藏较浅时，在地面可引起数千纳特的强磁异常。由于磁性矿物含量的不均匀，曲线有一定程度的跳跃，有时岩体中含有百分之几到百分之十几的磁铁矿，此时岩体磁异常与磁铁矿体磁异常往往难以区分。

有的基性与超基性岩体在不同岩相带上，因而含磁性矿物的数量和结构不同，磁异常强度区别较明显。如内蒙古某超基性岩体中，单斜辉石橄榄岩含磁铁矿达8%～18%，磁性最强；斜长方辉石橄榄岩及纯橄榄岩含磁铁矿5%～8%，磁性次强；辉长岩含磁铁矿很少，磁性很弱。因此，利用磁测结果可划分此3种岩相带。

2）基性火山岩——玄武岩等的磁场特征

玄武岩体的磁异常值变化很大，有数百纳特以下的弱异常，也有数千纳特的强异常，以上千纳特的异常较为常见。这些异常常具有锯齿状剧烈跳跃的特点，与其他岩体有明显的区别。

3）中性岩浆岩——闪长岩的磁场特征

闪长岩常具有中等强度的磁性，在出露岩体上可以引起1000～3000nT磁异常。当磁性不均匀时，异常曲线在一定背景上呈不同程度的跳跃变化；当磁性均匀时，曲线跳跃幅度较小。

个别情况下，由于闪长岩含磁性矿物较多，可引起数千纳特的异常，从而难以与磁铁矿床异常区分。另外，也有一定数量的闪长岩体磁性很弱，无明显异常。

4）中性岩浆岩——安山岩的磁场特征

出露的安山岩体磁异常，强者可达数千纳特，弱者百纳特以下，一般多在数百纳特至2000nT。异常曲线往往起伏较大，跳跃频繁。与玄武岩相比，正、负异常急剧交替的情况较少，并且岩体中弱异常所占比重相对较多。

5)酸性岩浆岩——花岗岩的磁场特征

花岗岩类一般磁性较弱,多数出露岩体呈只有数百纳特左右的磁异常,有时甚至在百纳特以下,曲线起伏跳跃较小,少数岩体上呈数千纳特磁异常。花岗岩体的不同岩相带,常形成不同的磁场特征,且边缘相的磁场强度往往相对较高。花岗闪长岩的磁异常较花岗岩的高,与闪长岩相近。

6)酸性岩浆岩——流纹岩的磁场特征

酸性火山岩的磁性一般较弱,磁场平静,个别磁性很强,能引起数千纳特的异常。

7)沉积岩类的磁场特征

沉积岩只有微弱的磁性,故磁场平静、单调。有些砂岩、页岩或含有磁铁矿的大理岩,因含有少量磁铁矿物而出现磁异常。有些盐丘,其组成矿物具有反磁性,故呈数十纳特的负磁异常。

8)变质岩类的磁场特征

沉积岩形成的变质岩一般磁性微弱,磁场平静。岩浆岩形成的变质岩异常与中酸性岩体异常相近。含铁石英岩情况特殊,往往形成呈明显走向的强磁异常。

图1-3-1为通过上述几种岩体或岩层的典型磁异常(Z_a)曲线。

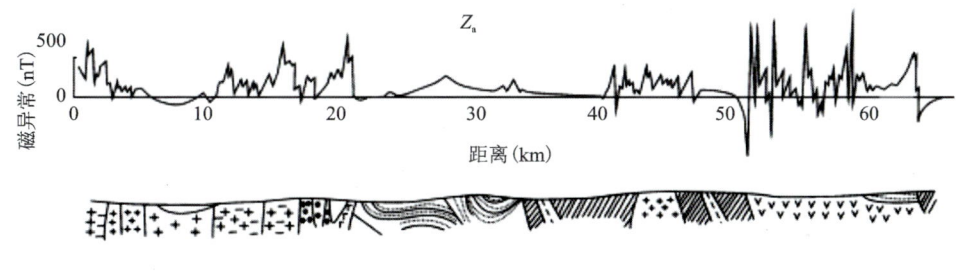

1.辉长岩;2.黑云母细粒花岗岩;3.花岗岩;4.玢岩;5.玄武岩墙;6.砂岩;7.灰岩页岩层;8.超基性岩;9.破碎带。

图1-3-1 通过几种岩体和岩层的磁异常曲线

2. 构造的划分

磁法勘探可以圈定断裂带、破碎带,原理是断裂的产生改变了岩石的磁性、地层的产状,沿断裂带伴有后期或同期岩浆活动、沿断裂两侧具有不同的构造特点。断裂或断裂带上的磁异常,按其特征可分为以下几种。

1)断裂的磁异常特征

沿断裂有磁性岩脉(岩体)充填时,沿断裂方向会有高值带状异常(或线性异常带)分布。若沿断裂方向,因岩浆活动不均匀,可能产生断续的串珠状异常。有些断裂破碎带范围较宽,构造应力比较复杂,既有垂直变位也有水平变位和扭转现象,在这种情况下会造成雁行排列的岩浆活动通道,因此在这类构造上就会出现雁行状异常带。

在断块活动比较复杂的地区,可见到放射状异常带组,每一个线性异常都标志一条断裂岩浆活动线。

根据磁异常推断断裂构造时,一要注意标示出异常轴,二是要有理由确定异常与岩浆活动有关。另一种情况是,磁性岩石断裂无岩浆活动伴随,当其断裂破碎现象显著时,因磁性变化出现低值或负异常带,这就是所谓的"干断裂"异常。

2）深大断裂的磁异常特征

深大断裂是一种特殊的断裂类型。这种断裂是两个不同大地构造单元的分界线；断裂切割地球的硅铝层,甚至更深；断裂活动和岩浆活动具有多期轮回性,多半是现代地震的活动带,既是宽度可达几十千米、长几百千米的复杂断裂带,亦是宽大的岩浆剧烈活动通道。

深大断裂带内,近乎平行的断裂线成组出现,磁异常也是如此。图 1-3-2 是郯城-庐江深大断裂中部磁异常图,该断裂长约 800km,宽 30~50km,磁异常以正异常形式出现。

深大断裂带通常是巨大的金属成矿带,如长江中下游深大断裂带就是金属矿成矿带。

3）小断层的磁异常特征

规模较大的小断层,沿断层面两盘发生了明显的相对位移,当磁性层或磁性体被断层错开时,不论是上下错动还是水平错动,断距较大时,会使磁异常发生明显变化。一般上盘的磁异常强度小、范围小；下盘的磁异常反映为缓、宽、弱和较平稳。若为水平错动,磁异常等值线会发生扭曲,异常轴向发生明显变化。

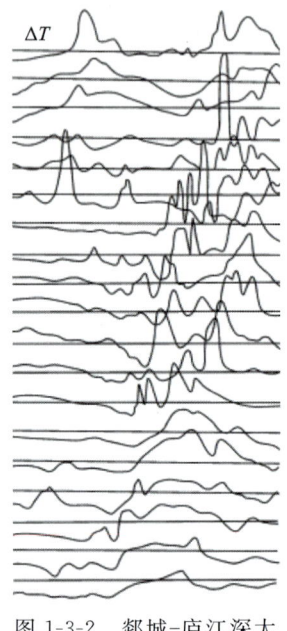

图 1-3-2　郯城-庐江深大断裂中部磁异常图

4）褶皱构造的磁异常

在金属矿区磁测时,常常发现高值磁异常带呈现"U"字形或"V"字形的平面等值线特征,即呈喇叭状,一端撒开,一端收敛,此为向斜状矿床的特征。在高值异常带所包围的范围内为宽缓的正值或不太强的负值。高值异常带周围为低值等值线封闭,高值异常带的收敛端即向斜的封闭端,其北侧常有强烈的伴生负值异常。图 1-3-3 即为此类磁异常的典型实例。

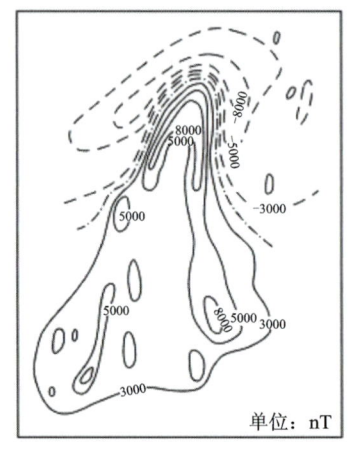

(a) 平面等值线图

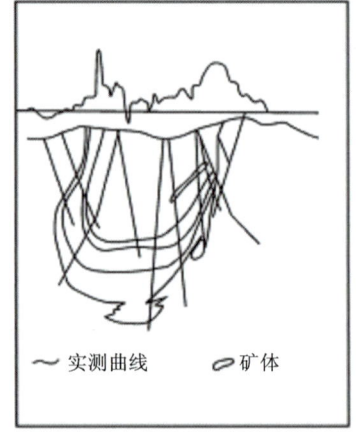

(b) 剖面图

图 1-3-3　一个半封闭型向斜状矿床上的 Z_a 异常

对于连续褶皱形成的两个或两个以上的封闭、半封闭、斜歪向斜叠加形成的复杂形态矿床,其平面异常呈"S"形,剖面异常呈"W"形。

3. 确定磁性体几何参数的半定量解释推断方法

1) 磁性地质体大致形状的确定

在异常平面图上量取磁异常 $1/2\Delta T$ 极大值位置处的等值线的宽度和长度,并对其宽度与长度做比值运算,如果长度与宽度比值小于 3,则可将其视为三度体(椭球体、球体、无限或延伸有限的柱体等);如果长度与宽度比值大于 3,则可将磁性地质体视为二度体(如沿走向无限延长的板状体、水平圆状体等)。

就二度体而言,若矿体磁异常 ΔT 仅一侧有负异常或两侧均无负异常,认为地下矿体是"无限"延伸的,通常直接认为是无限延伸厚板状体或薄板状体;如果矿体磁异常 ΔT 两侧存在负异常,认为地下矿体的是有限延伸的,通常直接认为是水平圆柱体或延伸有限的板状体。

2) 磁性地质体中心位置与深度的确定

对于延伸不大的磁性体,其截面中心在地面的投影位置就是其中心位置;对于延伸很大的磁性体,其上顶面中心在地面的投影就是其中心位置。

如果磁异常 ΔT 曲线为对称的曲线,中心位置在异常极大值的正下方,如果磁异常 ΔT 曲线为反对称的曲线,中心位置在极值点间零值点正下方;如果磁异常 ΔT 曲线为不对称的曲线,中心位置在极大值和极小值点之间的某个位置,且偏向于主要极值的一侧。

不同埋藏深度的磁性矿(化)体,异常特征不同,具体表现为:深部磁性矿(化)体的异常特征具有梯度小、范围宽、强度低的特点;浅部磁性矿(化)体的异常特征具有梯度大、范围窄、强度大的特点。因而,估计磁性地质体的埋深主要是根据磁异常的宽度,相同的磁性矿(化)体,异常越宽,埋深越大。其具体的位置与深度可以通过矢量圆法来确定。

第四节 电法与电磁法勘探

电法勘探是以岩(矿)石导电性质差异为基础的勘探方法,通过观测和研究天然或人工形成的电场、磁场的分布规律,达到解决地质问题的目的,是物探方法中分类最多的一大类探测方法。按照电场性质的不同,电法可分为直流电法勘探和交流电法勘探两大类。

直流电法勘探亦称电阻率法或传导类电法勘探,是以地下介质电阻率、极化率为基础的勘探方法,观测和研究的是地下电流场的分布规律,工作方法包括电剖面法、电测深法、高密度电法、激发极化法等。

电磁法勘探是以地下介质导电性、导磁性及介电性差异为基础的勘探方法,观测和研究的是地下电磁场空间与时间的分布特性,方法包括大地电磁法(MT)、音频大地电磁法(AMT)、可控源音频大地电磁法(CSAMT)、瞬变电磁法(TEM)、地质雷达法(GPR)等。

本节从直流电法开始,以地质雷达法结束,阐述各方法的基本理论、野外工作方法和室内资料处理解释的基本过程,尽量做到通俗易懂。

一、电(磁)法勘探基本理论

(一)直流电法

直流电法常用人工电场为两个异性点电源电场,由 A、B 两个极性相反的电极向地下供电,电流大小分别为 $+I$、$-I$,如图 1-4-1 所示,自地下构成闭合回路,当两电极彼此不远时,在场中 M、N 点测量电位,并得出电位差,根据公式

$$\rho = k\frac{\Delta U_{MN}}{I_{AB}} \tag{1-4-1}$$

$$K = \frac{2\pi}{\frac{1}{AM} - \frac{1}{AN} - \frac{1}{BM} + \frac{1}{BN}} \tag{1-4-2}$$

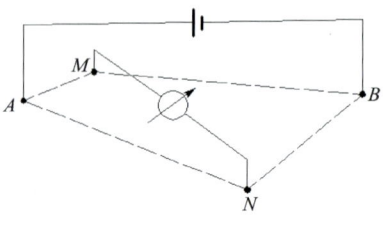

图 1-4-1 任意四极装置示意图

K 称为装置系数,利用式(1-4-1)可测得地面或岩石露头点的电阻率。式中 A、B 是供电电极,M、N 是测量电极,电极间距离(极距)采用水平距离,A、B、M、N 一起组成的系统称为装置,可以任意排列,实际工作中为计算方便,常布设成线状。

上述电阻率公式应用的基本条件为:①地面是无限大的水平面;②地下介质为均匀各向同性导电介质,满足条件得到的是真电阻率,然而,实际地质情况复杂多变,地形起伏不平,地下介质也不均匀,所以地下电阻率也是不均匀的,在这种情况下所测电阻率不是某一层位的真电阻率,而是电场分布范围内各种电性不均匀体和地形起伏的综合反映,称为视电阻率,以 ρ_s 表示,测量计算公式与式(1-4-1)、式(1-4-2)相同。

显而易见,影响视电阻率原因如下:①电极装置类型和电极距大小;②测点和装置相对于不均匀体的位置;③地下介质的分布情况和电性差异,包括电场有效范围内各种地质体的形状、规模、厚度、埋藏深度及相互关系等。

直流电法对勘探对象的厚度和埋藏深度有一定的要求,实践表明,一般探测对象的厚度和其埋藏深度之比大于 1/10 时,其异常才能在地面被观测到。

1. 电剖面法

电剖面法是电极之间的相对位置保持不变、采用固定装置逐个观测测线上的不同测点的方法。由于电极间距离不变,因而勘探的深度也是不变的。用此方法可以探明同一深度内岩层沿水平方向电性的变化,以了解地下相应深度范围内地质体的分布情况。根据电极排列方式不同,电剖面法可分为联合剖面法、对称四极剖面法、中间梯度法和偶极剖面法等。

1)联合剖面法

联合剖面法由两组三极装置 $AMN\infty$ 和 ∞MNB 联合进行探测,所谓三极装置是将一个供限电电极置于"无穷远"的排列,见图 1-4-2。"无穷远"极 C 一般置于过测线中点 O 的中垂线上,与测线距离不小于 5 倍 AO,沿测线方向

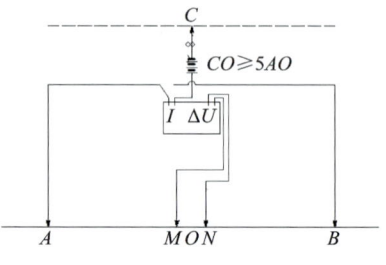

图 1-4-2 联合剖面装置示意图

布设 C 极时,C 点距测线边缘点距离不小于 10 倍 AO。

工作时,在每个测点观测两次,分别用 $AMN\infty$ 装置和 ∞MNB 装置,分别测得 ΔU_A、ΔU_B、I 两组三级装置系数相同,均为

$$K_A = K_B = \frac{2\pi \cdot AM \cdot AN}{MN} \qquad (1\text{-}4\text{-}3)$$

2)对称四极剖面法

电极按照 A、M、N、B 的顺序,对称于 MN 中点 O,排列成直线,工作中 4 个电极距离保持不变,同时顺测线移动,逐点测量 ΔU_{MN} 和 I_{AB},进而绘制 ρ_s 曲线。装置系数为

$$K = \frac{\pi \cdot AM \cdot AN}{MN} \qquad (1\text{-}4\text{-}4)$$

工作中,可在一条剖面的每个测点,采用不同供电电极距,进行对称四极测量,称复合对称四极剖面法,可得到两条不同勘探深度的视电阻率 ρ_s 曲线。

3)中间梯度法

中间梯度法特点是供电电极 A、B 两极相距很远,且固定不动,测量电极 M、N 在 A、B 中部(1/3~1/2)AB 范围内同时移动,逐点测量,见图 1-4-3。此外,M、N 还可以在平行主剖面线 AB 的两侧相邻测线中部进行测量,旁测线与主测线的最大距离不超过 1/6AB。该方法工作效率较高,且能最大限度克服供电电极附近电性不均匀的影响。中梯法的 K 值不是恒定的,电极每移动一次需要计算一次 K 值。

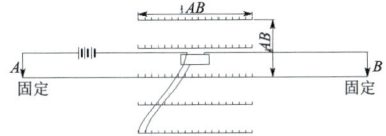

图 1-4-3 中间梯度装置示意图

4)偶极剖面法

偶极剖面法是在一条剖面线上两边分别排列供电电极 A、B 和测量电极 M、N 的方法。一般采用轴向线性排列,AB 距离与 MN 距离相等或相近,见图 1-4-4,A、B 中点 O 到 M、N 中点 O' 之间的距离称为电极距,因 OO' 之间距离大于 AB 之间距离很多倍,所以从观测点上看,A、B 产生电场为电偶极子场。

图 1-4-4 偶极装置示意图

该方法优点是 AB 与 MN 分开,装置轻便,减弱了游散电流和电磁感应干扰,灵敏度高,分辨率强,其装置系数为

$$K = \pi n a(n+1)(n+2) \qquad (1\text{-}4\text{-}5)$$

其中 $AB = MN = a$,$BM = na$。

2. 电测深法

电测深法是研究测点处近于水平产状岩层沿铅垂方向分布情况的方法。用改变电极距的方法探测同测点在不同深度视电阻率的变化情况,以研究和确定不同电性岩层的电阻率值和埋藏深度,通常采用对称四极装置,称对称四极测深。

测量时,MN 保持不变,AB 按一定规律加大,见图 1-4-5,每改变一次极距,测量一次 ΔU 和 I,当 AB 很大、MN 之间不方便测量电位差时,适当加大 MN,在同一测点测出的视电阻率变化单支曲线,可反映出该点处地下由浅至深的地质情况。

一般应用电测深法的理论条件要求如下：①地面水平；②岩层水平或倾角不大（<20°）；③地电断面层位不多；④被探测的各层有一定厚度、宽度和延伸规模；⑤各层之间电性差异明显；⑥各层内电性均匀、稳定；⑦电性界面与地层分界面一致；⑧被探测目的层或地质体上方无明显的高阻低阻屏蔽层。但实际工作中，

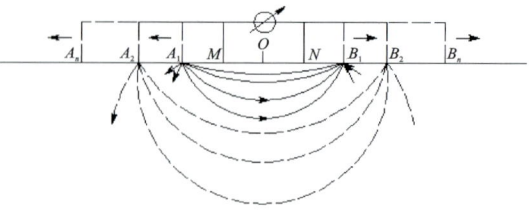

图 1-4-5　电测深装置工作示意图

地形、地质条件复杂多变，不可能完全满足上述理论条件，故电测深法只能解决接近或类似上述理论条件的地质问题。

3. 高密度电法

高密度电法是集多个深度电剖面和密集电测深于一体的方法。其原理与直流电法相同，不同点是观测时设置了较高密度的测点，数据密度大，可进行二维或三维地电断面测量，较常规电阻率法快速、高效，特别是采集的数据量十分丰富，使其勘探能力显著提高。数据采集是根据野外实际情况进行试验确定参数后，通过主机控制电极转换器形成供电、测量及数据采集的全自动控制。数据采集结束，将原始数据传入计算机进行数据转换、地形校正、二维反演后，输出二维地电断面图，至此形成整个采集与处理的全过程。高密度电法具有电极布设一次完成、数据采集自动化且速度快、能有效地进行多种电极排列方式的扫描等优点，可获得较丰富的关于地电断面结构特征的地质信息，避免了由于手工操作出现的错误。工作流程如图 1-4-6 所示。

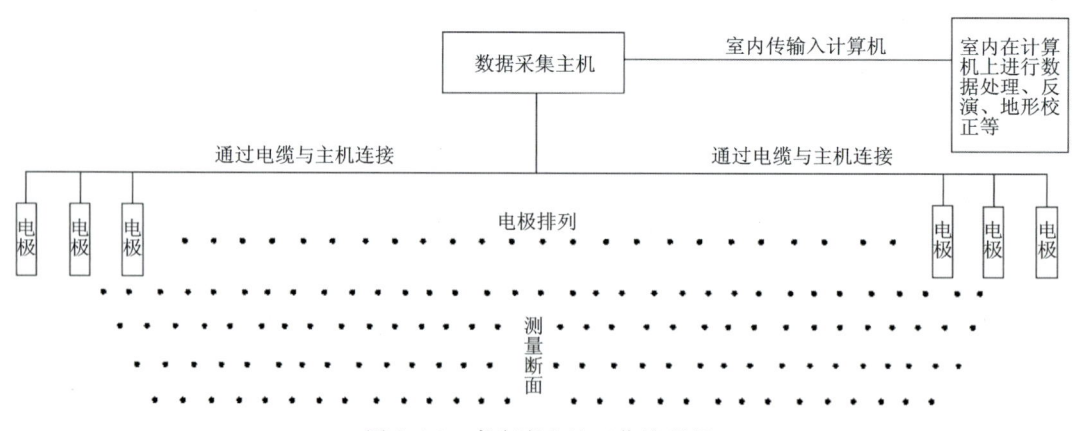

图 1-4-6　高密度电法工作流程图

高密度电法装置有多种形式，都是从对称四极、偶极等装置发展而成，当 $AM=MN=NB$ 时，成为温纳 α 装置，当 $AB=BM=M$ 时，偶极装置变成温纳 β 装置，如图 1-4-7 所示。

4. 激发极化法

激发极化法是以不同岩（矿）石激电效应为基础，研究地质体在外电场作用下所产生的次

生极化(激发极化)电场,以达到查找金属矿产、地下水、研究地质构造等目的一种勘探方法,亦称激电法。激发极化法的装置可以采用电阻率法的各种装置,实际工作中经常采用中间梯度装置。

在电阻率法野外工作时,最开始测得 MN 两点间电位差 ΔU_1,在电流不变的情况下,ΔU_1 随时间增加而增大,并趋于某一稳定的饱和值 ΔU,断开供电后,电位差下降很快,在一定数值后便随时间相对缓慢下降,经几分钟后衰减为零,见图 1-4-8。将供电时地下电场随时间变化称为充电过程,断电后电场随时间衰减过程称为放电过程,在充电和放电过程中,随时间缓慢变化的附加电场现象称发激发极化效应,简称激电效应。

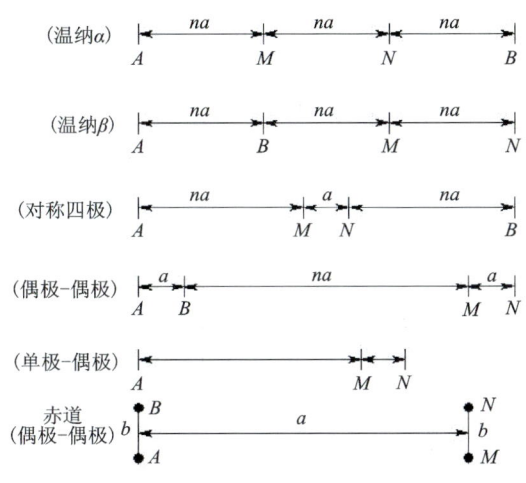

图 1-4-7 高密度电法装置示意图　　图 1-4-8 激发极化法充放电过程图

供电时电场称一次场,电位差 ΔU_1,延长供电时间 T 后因激电效应产生二次场,叠加于一次场上,形成总电位差 ΔU,断电后一次场消失,断电瞬间观测二次场电位差 ΔU_2,则有

$$\Delta U(T) = \Delta U_1 + \Delta U_2(T) \qquad (1\text{-}4\text{-}6)$$

为观测和记录二次场变化规律,大多采用断电瞬间观测方法,测量参数主要有以下几种。

1) 视极化率 η_s

激发极化法主要测量参数是极化率 η,在本章第一节已有叙述,对于不均匀介质的极化率,一般常用视极化率 η_s 表示。

$$\eta_s = \frac{\Delta U_2(T)}{\Delta U(T)} \times 100\% \qquad (1\text{-}4\text{-}7)$$

2) 衰减时 S

把断电瞬间所测得 ΔU_2 定为 100%,则电位差衰减到某一规定数值时所需时间称为衰减时 S,常用电位差衰减到 50% 所需时间,称半衰时。测深工作时,以 S 为纵坐标,$AB/2$ 为横坐标,可得 S 测深曲线与横轴所围面积,该面积称为含水因素 M_s,S 大小反映了地下水静水量,而 M_s 反映了地下水动水量。

(二) 电磁法

电磁勘探方法种类较多,从场源形式可分为主动源法和被动源法两大类,其中主动场源又可分为连续波场、瞬变脉冲场和辐射场。连续波场源是向大地发射连续的正弦波电磁场，发射同时观测场的空间分布，也可以改变发射频率，从而研究异常场随频率的变化。这种形式电磁法称为频率域电磁测深法，其工作频率一般低于 10^5 Hz，包括音频大地电磁法（AMT）、可控源音频大地电磁法（CSAMT）等。当频率高于 10^5 Hz 时，电磁波以波动形式传播，此种情况下利用地质体的电磁波的反射、透射及吸收特性，称辐射场法，地质雷达法、井间电磁法（CT）均属此类方法。向地下发射不同形式的脉冲电磁场，在脉冲间歇时间观测电磁场随时间的衰变，称时间域电磁法，如瞬变电磁法。被动源法主要有大地电磁法（MT）、天然音频大地电磁法（AMT）等。

1. 频率域电磁测深法

频率域电磁测深法可改变电磁场频率方式以达到探测目的，具有分辨率强、等值范围小以及穿透高阻屏蔽层的特点，可利用天然或人工电场作为场源。在地下不同介质形成波阻抗时，地下介质极化和反射形成二次电磁场，仪器在地面观测不同深度地层中一次场信号和极化、反射等二次电磁场信号。根据趋肤原理，不同频率电磁波在满足平面波场条件下，高频部分穿透深度小，低频穿透深度大。频率电磁测深法一般用于研究深部大地构造、深部矿产勘探等。根据场源不同，电磁法分为大地电磁法（MT）、音频大地电磁法（AMT）、可控源音频大地电磁法（CSAMT）。本书主要介绍可控源音频大地电磁法（CSAMT）。

发射频率、电流大小均可受到人为控制的场源称为可控场源。激发方式主要有两种：①利用接地电极 AB 将电流送入地下，当供电偶极 AB 不是很大时，由此产生的电磁场是平面电磁波，相当于水平电偶极子场；②利用不接地线框，通以电流后在其周围形成一个相当于垂直偶极子的电磁场，如管线探测仪的不接地主动源。本书主要介绍第一种供电方式。

可控源音频大地电磁法的供电偶极 AB 选择取决于勘探对象的埋藏深度，当极距 $r>0.1\lambda$（λ 为电磁波波长）时，地面观测才有效果，故一般选择 $r>6\sim8$ 倍研究深度 h，即选择"远区"进行观测。野外工作主要采用固定极距的赤道偶极装置，供电电极 AB 供入电流，测量偶极 MN 与 AB 平行，在"远区"内观测电场水平分量和磁场垂直分量，并按下式计算视电阻率。

电磁波的能量随传播深度的增加而逐渐被吸收，我们把波的振幅衰减到原来的 $1/e$（37%）的传播深度定义为趋肤深度，均匀半空间中波长 $\lambda=\sqrt{\dfrac{10\rho}{f}}$，则趋肤深度公式为

$$\rho_s = \frac{1}{5f}\left|\frac{E_x}{H_y}\right|^2 \tag{1-4-8}$$

$$\delta = \frac{\lambda}{2\pi} = \sqrt{\frac{2}{f\mu\sigma}} = 503\sqrt{\frac{\rho}{f}} \tag{1-4-9}$$

式中：λ 为波长；μ 为磁导率；σ 为电导率；f 为发射或接收频率。

勘探深度 h 是一个较为模糊的概念，一般我们把电磁波的能量衰减到原来的 50% 时的传播深度定义为勘探深度，公式为

$$h \approx 0.692\delta = \frac{\delta}{\sqrt{2}} = 356\sqrt{\frac{\rho}{f}} \tag{1-4-10}$$

从上述公式我们可以看出,趋肤深度 δ、勘探深度 h 都与电磁波的频率和地下物质的电阻率有关,即与频率的平方根成反比,与大地介质的电阻率的平方根成正比。当工作频率高时,探测深度小,随着工作频率降低,探测深度也随着增大。当我们在一个宽频带上由高频向低频测量每个频点上的 E 和 H,并计算出视电阻率,据此确定该点上一定深度范围内地下介质结构情况。若已知场地电阻率,我们可通过更改发射频率 f,从而达到更改电磁波波长和探测深度的目的。

大地电磁法不需要供电设备,具有使用频率范围大、勘探深度大、能穿透高阻层、对低阻分辨能力强、等值范围小等优点。人工源电磁法(CSAMT、AMT)与大地电磁法相比,除优点类似外,特点是测量参数便于分析,频率高,发射频率可控,精度更高,但探测深度较浅。

2. 瞬变电磁法(TEM)

瞬变电磁法主要研究的是电磁响应与时间的关系,以不接地重叠回线通以脉冲电流作为发射场源,以激励探测目的物感生二次电流,在脉冲间隙测量二次场随时间变化的响应,观测参数为用发射电流归一的感生电动势,单位为 $\mu V/A$。因接收的是二次涡流场,该方法应用时主要存在两个问题:①易受工业电流干扰;②早期道易受暂态效应影响,浅部一定深度范围内测不到有效数据,影响了其应用效果。

瞬变电磁法野外工作装置主要有 3 种:同点装置、偶极装置和大回线源装置。同点装置为发射回线与接收回线重合敷设,构成重叠回线,其发射模式主要有两种:①大线圈小电流模式,勘探深度与线圈大小成正比,一般为线圈边长 2~3 倍;②小线圈大电流模式,勘探深度与线圈大小无关,通过较大激发电流获取较高磁通密度来实现勘探目的。偶极装置发射回线与接收回线之间保持固定的收发距 r,大回线源装置是发射回线采用边长数百米的矩形回线,接收回线采用小型线圈(或探头),目前工作中多采用重叠回线的同点装置。

3. 地质雷达法(GPR)

地质雷达法是利用超高频电磁波($10^6 \sim 10^9$ Hz)探测地下介质分布的一种物探方法。其通过地面发射天线将高频电磁短脉冲送入地下,当遇到不同介质电性分界面或异常体时,并产生反射,反射波由地面接收天线接收,通过分析返回电磁波的时频特征和振幅特征,了解地下介质特征信息,以达到探测目的。

当发射天线和接收天线间距离很小时,一般合二为一。因工作频率很高,地下介质中以位移电流为主,传播速度由介质的介电性质决定,而介电常数与频率无关,故介质中电磁波速度为

$$v = \frac{c}{\sqrt{\varepsilon_r}} \tag{1-4-11}$$

式中:ε_r 为相对介电常数;$c = 0.3$ m/ns,为光速。

电磁波反射程度取决于物性界面的波阻抗差别,并以反射系数 R 来表示:

$$R = (\sqrt{\varepsilon_2} - \sqrt{\varepsilon_1})/(\sqrt{\varepsilon_1} + \sqrt{\varepsilon_2}) \tag{1-4-12}$$

地质雷达仪器信号接收灵敏度很大程度上取决于天线的性能,天线发射波形有多种形

式,主要有调幅波(AM)、调频连续波(FMCW)、连续波(CW)、脉冲波(PEC)等。天线必须具有宽频带与线性相位相应的特征,一般天线组合有4种类型:振子天线、行波天线、频率独立天线和开孔天线。

天线性能一定时,雷达反射信号很大程度由地下介质决定,对于探测目标体,决定散射截面的菲涅尔主值带半径 r_F 是目标体返回信号的重要参数。

$$r_F = \sqrt{\frac{\lambda H}{2} + \left(\frac{\lambda}{4}\right)^2} \tag{1-4-13}$$

式中:H 为深度;λ 为波长,$\lambda = V/f$。如果探测目标体的有效反射直径大于 $2r_F$,则认为达到了探测效果,所以将菲涅尔主值带直径作为雷达能达到的最小横向分辨率,也有研究认为横向分辨率为 $\Delta \chi = 3.3 \sqrt{D/2}$($D$ 为勘探深度)。一般认为地质雷达法垂直分辨率为 $\lambda/4$。

二、电(磁)法勘探外业工作方法

电(磁)法方法众多,外业数据采集方式各不相同,但每种勘探方法的野外作业必须按照规定的外业工作程序进行,一般包括测线布置、测站布设、导线敷设、电极接地、漏电检查、测站观测、数据记录和质量检查等工作流程。前一测点数据采集完毕后,移动测站位置,多次重复进行上述工作,直至每条测线测量完毕。

电(磁)法数据采集的参数多种多样,各方法的工作程序和场所要求也不尽相同。自然界存在着各种干扰,而各类场源信号又是有限的,随着时间变化场的变化也不相同,这就造成了数据采集的难度和复杂性。虽然各方法采集设备不同,但总体是由供电装置和测量装置两部分组成,具体有:①供电电源包括化学电源和发电机等;②发送设备将直流电或交流电源转换成符合一定要求的电源;③导线是指连接设备与供电线路或供电线路的外表绝缘的电线;④电极、线框或磁探头等,人工电性场源时需要电极接地,人工磁性场源时需要采用线框或磁探头;⑤接收设备为观测电(磁)场的核心装备,应具有分辨率高、抗干扰能力强、输入阻抗高、对野外环境适应性强和操作相对简单等特点;⑥及时通信等辅助设备。

电(磁)法设备众多,目前市场上流行的高端设备主要是国外制造,性能相对较好,近10年来,随着计算机技术的发展,我国某些设备也走到了前列,如高密度电法设备、广域大地电磁设备等。

(一)直流电法

1.一般要求

直流电法设备有DZD-6、DDC-2B等,高密度电法设备有DUK、Sting等,直流电法对仪器性能指标一般要求如下:①输入阻抗大于20MΩ;②对50Hz工业频率抑制大于40dB;③供电端、测量端插头与外壳间绝缘电阻大于100MΩ/500V;④电压通道电平不低于5V;⑤激电法仪器极化补偿范围大于500mV;⑥电压测量允许误差1%,分辨率达到0.1mV;⑦电流测量允许误差1%,分辨率达到0.1mA;⑧最大供电电压不小于450V,最大供电电流不小于3A;

⑨可在温度-10~50℃条件下正常工作。

外业工作时,对仪器设备、电线和导线敷设一般要求如下:①同一工作区使用两台及两台以上仪器接收时,应进行仪器一致性测量或试验,一致性测量允许误差±2%;②当多台设备在同一工作区同时工作,不同供电单元间距离不应小于最大供电极距的5倍;③施测前应检查所有供电和测量导线绝缘性能,供电线对地绝缘电阻应大于2MΩ/km,测量线对地绝缘电阻应大于5MΩ/km;④电极与导线连接可靠,安装位置应准确,接地应良好,现场工作时可采用并联电极、浇盐水等措施改善接地条件;⑤测量电极应使用同一类电极,高密度电法宜使用不锈钢电极或铜电极,激发极化法应使用不极化电极;⑥供电电极插入地下深度应小于供电电极极距 AB 的1/20,相邻电极间隔应大于入地深度的2倍;⑦供电电极接地电阻宜小于1kΩ,测量电极接地电阻宜小于10kΩ;⑧除高密度电法外,其他方法测量导线与供电导线应分开敷设,并保持一定距离;⑨导线应远离高压线,难以避开时,应垂直穿过;⑩导线通过地表水体时宜架空,通过道路时,应采取埋设、穿孔或带孔减速板等措施通过。

外业电源、设备、导线等的漏电均会造成外业采集数据失真,且现有技术无法消除漏电的影响,因此在外业工作前后或工作过程中发现数据畸变时,应进行漏电检查。在查明原因后,按序返回重新采集数据,直至连续3个点观测值与原观测值之差在5%以内为止。外业漏电检查应注意以下事项:①开工、收工和曲线发生畸变时,仪器、电源、导线均需进行漏电检查;②供电导线、测量导线和电源应分别进行漏电检查;③对电测深法,$AB/2$ 大于500m时,每个测点均应进行漏电检查,$AB/2$ 小于500m时,对起始和最后一个测点进行漏电检查;④电剖面法,每个剖面最后一个测点进行漏电检查;⑤导线位于潮湿地区或有疑问的异常点时,需要进行漏电检查。

外业现场数据采集时,需注意以下事项:①供电电流应稳定,同一观测条件下,两次电流测量值相对误差应小于1%;②进行接地电阻测量时,同时测量接地处电阻率;③数据观测同时,绘制相应曲线,曲线出现特征点、畸变或有疑问的测段,应进行自检观测;④现场观测曲线出现异常时,应重复观测。

观测曲线异常点位包括:①读数困难,极化不稳定或存在干扰的点;②异常突变点、曲线畸变点;③电测深曲线不正常脱节的接头点;④测线接头重合点;⑤电剖面法的一次电位差突变点;⑥激发极化法二次场电位差小于0.3mV点。

重复观测时应注意以下事项:①取算术平均值作为最终的基本观测值;②重复观测允许平均相对误差为±4%,否则增加观测次数;③参与平均值计算的数据个数,不得少于该点总观测数的2/3;④重复观测时,应改变20%以上的电流强度;⑤重复观测误差超过允许范围时,应多次观测,并检查极距、漏电、接地、仪器和接线等,并对接地位置附近地形、地质及干扰情况进行核对。

外业质量检查是质量评定的主要依据,应采用重复观测方式进行,一般要求如下:①随机抽取质量检查点,且分布均衡,异常点或有疑问的点应重点检查,检查量不少于5%;②应在不同日期进行检查;③检查完后按式(1-4-14)计算均方相对误差。

$$\left. \begin{array}{l} \delta_M = \pm \sqrt{\dfrac{1}{2n}\sum_{i=1}^{n}\delta_i^2} \\[2mm] \delta_i = \dfrac{2\,|\rho_{si}-\rho'_{si}|}{\rho_{si}+\rho'_{si}} \times 100\% \end{array} \right\} \qquad (1\text{-}4\text{-}14)$$

式中：δ_M 为某个检查点的均方相对误差；n 为观测数据总数；δ_i 为第 i 个点两次观测的相对误差；ρ_{si} 为第 i 个点基本观测值；ρ'_{si} 为第 i 个点检查观测值。

2. 电剖面法

野外工作设计时，电剖面法装置选择应注意以下事项：①面积性普查宜选择中梯装置，AB 极距宜为探测对象顶部埋深的 8～10 倍；②探测非水平地质构造或岩性分界，宜选用三极装置或联合装置，AO 或 BO 应大于探测对象顶部埋深的 3 倍；③探测岩溶、洞穴、采空区等不良地质体可选用对称四极装置；④地表不均匀时，可选用偶极装置。

电剖面法极距要求如下：①根据探测对象规模和埋藏深度、综合分析现场地形、电性条件，通过试验确定电极距；②联合剖面法的"无穷远极 C"垂直距离测线应不小于 5 倍的 AO 或 BO；③联合剖面法的 AO 或 BO 应大于探测对象顶部埋深的 3 倍，且测量极距不应大于其 1/3；④MN 宜为测点距的 1～2 倍，MN/AB 宜介于 1/3～1/30 之间，在保证观测信号可靠的情况下，宜选择较小的 MN，以提高分辨率；⑤中间梯度法测量区间应位于供电极距中部 1/3 极距范围内，当采用多测线观测时，旁测线距主测线距离应不大于供电电极的 1/5；⑥偶极剖面法的电极距应大于探测对象埋深的 3 倍，供电偶极与测量偶极等长度；⑦对称四极剖面法的供电极距应根据不同探测目标体的埋深，合理选取并应满足供电极距为探测对象顶部埋深的 4～6 倍，测量极距不应大于探测对象顶部埋深且不应大于供电极距的 1/3。

3. 电测深法

电测深法装置类型一般采用对称四极装置，工作中装置应保持不变，外业装置布设时方向允许偏差 3°，极距允许相对误差为 ±1%，测点间距不应大于被探测目标体埋深的一半，且异常体上的测点数不少于 2 个。

电测深法极距选择应注意以下事项：①最大供电极距 AB 应满足探测深度的需要，最小供电极距 AB 应满足资料解释的需要；②测量电极 MN 与供电电极 AB 可采用等比或非等比的形式，MN/AB 比值应在 1/3～1/30 之间选择，不应大于 1/3 或小于 1/30；③供电极距点应在双对数坐标纸上均匀分布，相邻极距之间比值不宜大于 1.5；④三极测深"无穷远极 C"应位于测量中点中垂线上，距离宜大于最大 AO 的 5 倍，当不能垂直测线布设时，C 点距记录中点 O 距离要大于最大 AO 的 10 倍。

外业数据采集时，应注意以下事项：①测站摆站位置应远离高压线、变压器，并注意将电源和仪器分开放置；②测量电极 MN 宜使用不极化电极；③供电电极应垂直插入地面，当采用多电极供电时，电极应以接地点为中心呈环状，或垂直测线方向直线形布置，环形半径或线形长度应小于 $AB/2$ 的 1/20。

现场工作时，应及时计算视电阻率，并绘制电测深视电阻率曲线图，完整的电测深曲线一般分为首支、中段和尾支 3 段,并应达到以下要求:①曲线首支应能追溯第一渐近线;②当以穷大电阻率的高阻电性层作为底部电性标志层时,曲线尾支渐近线应呈 45°上升;③当以有限电阻率值电性层作为底部电性标志层时,进入曲线尾支渐近线应有明显的拐点。

4. 高密度电法

高密度电法装置形式常用温纳、对称四极、三极和偶极等,应根据探测目的、场地条件选择装置形式。排列长度应大于探测对象顶部埋深的 6 倍,电极距与隔离系数应根据探测对象的规模和埋深确定,最大隔离系数应满足勘探深度要求。

实施滚动观测时,每个排列剖面底边应至少有 1 个数据重合点;测线两端的探测范围应处于选用装置的有效探测范围内,两端超出测区的长度不宜小于装置长度的 1/3。外业工作时,同一排列装置宜呈直线形布置,电极位置和设计位置偏离值沿测线方向不宜大于电极距的 1/10,垂直测线方向偏离值不宜大于电极距的 1/5。

现场数据采集时,应注意以下事项:①遇强电干扰时,应加大供电电流以提高信噪比;②复杂地形地质条件,应采用两种装置形式进行观测,但数据不得相互替代;③观测坏点数不宜超过 1‰;④质量检查时,可选择两行或两列进行重复观测。

5. 激发极化法

激发极化法可根据需要选择剖面法或测深法,其装置形式与电剖面法或电测深法相同,所使用的仪器性能指标应满足以下要求:①极化率测量分辨率达到 0.01%;②延时与积分的时间应可调,允许相对误差为 1%;③极化率叠加次数不应小于 2,且可调;④具有测量二次电位衰变曲线的功能;⑤具有占空比 1∶1,供电周期 4s、8s、16s、32s 的标准供电制式。

外业数据采集时,应注意以下事项:①数据采集前应进行试验,了解区域激电特征,确定供电周期、断电延时;②应采用大电流方式激发,且供电电流变化不应大于 5%;③二次场电位差值应大于 0.5mV,干扰地区,二次场电位差信噪比应大于 3;④现场计算视电阻率、视极化率,并绘制曲线图,同时根据工作需要,观测其他参数;⑤观测过程中出现干扰数据或突变数据,或视激发比大于或接近于衰减度,应进行多次重复观测,取常见值作为观测结果。

重复观测数值取舍标准:①参与算术平均值计算的数据中,最大值与最小值之差不得大于 5%;②误差超限的数据可舍去,但舍去数不应超过总数的 10%。

(二)电磁法

目前,国外电磁法设备占主流,电磁测深法设备主要有 V8、EH4、GDP32 等,瞬变电磁法设备主要有 PEM、EM42 等,地质雷达设备主要有 SIR、EKKO 等。国产设备相对较少,但广域大地电磁设备已走在技术前沿。

1. 电磁测深法

电磁测深法属于频率域电磁法,工作方法主要以场源模式不同分为 3 种,接收模块和装置形式基本相同。技术设计时,仪器最低工作频率的选择应根据任务要求的最大探测深度确定,并采用下级低值,一般按式(1-4-15)估算最低频率。

$$f = \left(\frac{356}{h_{\max}}\right)^2 \rho \qquad (1\text{-}4\text{-}15)$$

式中:f 为最低工作频率;$h_{\max}$ 为最大探测深度;ρ 为探测深度范围内地层电阻率。

在同一工作场地采用两台及以上设备时,应进行一致性测量,仪器性能指标要求如下:①具有良好的屏蔽性能,仪器各观测道具有良好的一致性,通道与屏蔽层间的绝缘电阻应大于 $10\text{M}\Omega$;②输入阻抗大于 $10\text{M}\Omega$;③工作频率范围至少包括 $0.1\text{Hz}\sim100\text{kHz}$;④对 50Hz 工业频率抑制不小于 60dB;⑤输入端灵敏度应达到 $0.1\mu\text{V}$;⑥发射机电大输出电压不低于 1000V,最大电流不低于 10A;⑦磁探头的通频带灵敏度不低于 100mV/nT,噪声水平小于 120fT;⑧接收机和发射机宜具有 GPS 同步功能。

可控源音频大地电磁法(CSAMT),发射场源的外业布置一般要求如下:①发射场源位置可在一定范围内选择交通便利、地形平坦的场地布设;②供电偶极应平行测线方向布设,偶极距长度允许误差 5%,方向允许偏差 $\pm10°$;③供电偶极布设,宜避开河流、湖泊以及与之平行的断裂构造、电气化铁路等;④供电电极应埋设在潮湿土壤中,AB 极之间接地电阻宜小于 100Ω;⑤供电点应设明显标志,并应安排专人看护。

电磁测深法观测方式有张量、矢量和标量 3 种,观测装置布设有"一"字形、"十"字形、"L"形、"T"形和斜交形等,斜交布设斜交角度应大于 $70°$,方位偏差应小于 $1°$。具体采用何种观测装置或方式,宜根据现场实际情况确定,并符合下列要求:①探测一维层状地层或走向已知的二维地质体时,可采用标量观测方式,采用"一"字形装置,观测参数为 E_x、H_y 或 E_y、H_x;②地质条件复杂或需要提供地下二维、三维信息时,宜采用矢量观测方式,采用"十"字形装置,观测参数 E_x、H_y、E_y、H_x 或增加 H_z 的观测方式;③存在各向异性工作区或任务特殊要求时,宜采用张量观测方式,即使用两个场源,场源远离工作区,并与工作区两垂直侧边平行,采用"十"字形观测装置,观测 10 个分量:E_{x1}、H_{y1}、E_{y1}、H_{x1}、H_{z1}、E_{x2}、H_{y2}、E_{y2}、H_{x2}、H_{z2}。

观测装置的野外工作布置一般要求如下:①CSAMT 接收装置应布置在电磁场的远区,且收发距大于 5 倍最大探测深度;②测量电场分量的 E_x 偶极子应沿测线布设,测量 E_y 方向的偶极子应垂直测线布设,电极布置方位允许误差为 $\pm2°$,距离允许误差为 $\pm2\%$,在保证观测信号可靠的情况下,测量电场偶极距宜选择较小者;③测量水平磁分量的磁探头与对应的电偶极垂直布置并保持水平,方位角允许误差 $2°$,测量垂直磁分量的磁探头应保持铅垂,入土深度应大于磁探头长度的 $2/3$,磁探头距离接收距离应大于 10m;④矢量和张量观测时,磁探头应相互垂直,避开电极和电缆,并布置在不同象限内;⑤测量电极 MN 的连线电缆、磁探头的连线电缆均不能悬空、绕圈和平行放置,以免电磁感应干扰;⑥在地质条件简单、磁场平稳的工作区,多个电通道可以共用一个磁探头。

电磁测深法野外数据采集时,应注意以下事项:①测量电极 MN 宜使用不极化电极,极差小于 2mV,电极之间接地电阻小于 $5\text{k}\Omega$,基岩裸露点接地电阻小于 $10\text{k}\Omega$;②观测前应检查电极和磁探头的布置、电通道、磁通道的连接等是否正确;③观测前应进行噪声测试、增益测试、电极比较、极性比较等工作;存在工业频率干扰时,宜选取陷波滤波器抑制噪声,并选择干扰小的时段观测;④CSAMT 最大供电电压和供电电流不应超过设备额定值的 80%;⑤宜采用全频段采集数据,或者从高频到低频依次采集,实际最低频率应比预估最低频率低1~3个频点;⑥磁探头不得置于高压线附近,数据采集过程中,人员和车辆应远离磁探头,周围不得使用手机、对讲机等无线通信设备;⑦观测过程中,应根据信号强度大小,实时调整增益大小;⑧观测时应实时监视各道变化,发现记录反向、饱和、干扰严重时,应及时补测;⑨观测数据质量较差时,应采用加大供电电流、增加叠加次数等措施提高观测质量;⑩实时监视分析视电阻率、相位曲线质量,发现畸变点等不符合要求的测点时,应进行重复观测;⑪CSAMT发射机操作员应及时记录各频点发射电流情况,接收机操作员应及时记录测点附近地形、地物、地质特征和干扰情况等;⑫质量检查点应随机选取,检查曲线与观测曲线最大均方相对误差不得大于10%。

2. 瞬变电磁法

瞬变电磁法属于时间域电磁法,人工激励的电磁波在地下传播遇到低阻体,能产生较强的感应二次电场,因此瞬变电磁法对低阻体探测能力更强,所以常用其进行金属矿床、断层、岩溶和采空区的探测。瞬变电磁法激励场源可分为电偶源和磁偶源。国内一般应用电偶源方式,国际上磁偶源方式在俄罗斯应用较广。

瞬变电磁法对仪器的性能指标要求如下:①发射波形稳定,关断时间斜坡线性良好,能给出关断时间;②发射脉冲宽度、采样延时可选;③发射机和接收机同步性能良好;④测量参数不少于16道,通道分辨率不低于$0.5\mu V$;⑤发射机动态范围不宜低于140dB,频率范围满足$0.1\sim200Hz$,最大发射磁矩应与探测深度匹配;⑥对工业频率抑制不小于60dB,等效输入噪声不大于$1\mu V$;⑦接收机增益可调,有效动态范围不低于发射机动态范围,具有选频功能。

瞬变电磁法可根据工作任务要求,使用重叠回线装置、中心回线装置、偶极装置或大定源回线装置,一般偶极装置应用较少,重叠回线和中心回线装置的发射线框边长一般为探测目标最大埋深的0.5~1.0倍,大定源回线装置发射线框边长一般在100m×200m~300m×600m范围内选择。瞬变电磁法探测深度可通过下式估算:

$$\left. \begin{array}{l} h = 0.55 \left(\dfrac{L^2 I \rho_s}{\eta} \right)^{\frac{1}{5}} \\ \eta = R_m N \end{array} \right\} \tag{1-4-16}$$

式中:h为回线装置估算极限探测深度;L为发射回线线框边长;ρ_s为出露地层视电阻率;I为发射电流强度;η为最小分辨电平;R_m为最低限度信噪比;N为噪声电平。若探测深度已知,可通过上式确定发射线框边长。

瞬变电磁法野外数据采集时,应注意以下事项:①发射和接收线框应避开高压线、铁路、地下管线等,线框边长相对误差允许±5%,方向允许偏差1°,剩余导线不易过长,并呈"之"字形散开;②时窗大小等观测参数应通过现场试验确定;③数据观测应采用多次叠加方式,并根据干扰情况选择次数;④观测值应在噪声水平以上,信噪比应大于3;⑤重要异常点应进行重复观测,两次观测允许误差10%;⑥曲线发生畸变时,应查明原因并重复观测,或加密测点。

3. 地质雷达法

地质雷达中心频率介于 10～2000MHz 之间，探测深度一般在 0～30m 范围内，分辨率高，而对反射系数 R 要求大于 0.01 即可。

地质雷达仪器性能指标一般要求如下：①信噪比大于 60dB；②模/数转换位数不少于 16 位；③采样间隔不大于 0.5ns，扫描速率不低于 128 次/s；④具有实时监测显示功能；⑤系统增益不应小于 150dB，计时误差小于 1ns；⑥工作温度 -10～50℃，具有信号叠加功能。

野外工作时，地质雷达工作参数选择一般通过试验确定，并按下述内容进行估算。

(1) 天线中心频率 f 选择：

$$f = \frac{150}{x\sqrt{\varepsilon_r}} \quad (1\text{-}4\text{-}17)$$

式中：x 为分辨率；ε_r 为介质相对介电常数。

(2) 时间窗口长度 t 确定：

$$t = 1.3\frac{2h_{\max}}{v} \quad (1\text{-}4\text{-}18)$$

式中：$h_{\max}$ 为最大探测深度；v 为地层电磁波速度。

(3) 天线间距 S 确定：

$$S = \frac{2h_{\max}}{\sqrt{\varepsilon_r}} \quad (1\text{-}4\text{-}19)$$

地质雷达外业数据采集时应注意以下事项：①根据现场条件设置仪器参数，测试相对介电常数，推测电磁波速度，并在工作过程中及时调整仪器参数；②根据工作现场条件，确定采用连续测量还是点测的工作方式；③测量前应移除或避开附近金属物，电磁干扰强的工作区应采用屏蔽天线；④探测条件复杂时，应选择两种或以上频率天线进行探测，并对比探测结果；⑤连续测量时应匀速移动天线，并与仪器扫描率匹配，使用分离式天线时，应及时调整天线间距；⑥测量过程中应详细记录干扰点影响和位置；⑦使用测量轮时，应提前标定，并每 50m 校对一次。

三、电（磁）法勘探资料处理与解释

由于电（磁）法勘查方法众多，不同方法因用途、目的不同，处理方法亦不同，即使同一种方法，用途不同时处理方法也各不相同。电（磁）法勘查的资料处理和其他方法有共通之处，如滤波、叠加、校正等，也有不同之处，如频率测深法中的静态效应校正、"近区"校正等。因电（磁）场的复杂性，故资料处理也比较复杂，因此电（磁）法的处理方法也成为目前研究的热点。

（一）电（磁）法曲线特征及正演模拟

电（磁）法成果曲线一般绘制成视电阻率剖面图、视电阻率平面图和综合成果图等。视电阻率剖面图是以横坐标表示测点位置、纵坐标表示视电阻率大小，各测点间直线连接组成的图件。平面图是将各测线成果按一定比例尺绘制在平面图上的图件，工作中常用的是剖面图。

1. 联合剖面法视电阻率 ρ_s 曲线特征

1)陡立接触面的 ρ_s 剖面曲线特征

联合剖面法采用三极装置,ρ_s^A、ρ_s^B 曲线特征变不同。设陡接触面两侧 $\rho_1 > \rho_2$,无覆盖层,见图1-4-9,设装置由左向右移动,则曲线出现如下特征:

(1)当装置远离界面时,$\rho_s^A = \rho_1$,ρ_s^A 曲线出现数值 ρ_1 水平段。

(2)继续向右移动,逐渐接近接触面时,ρ_s^A 不断增加,当 MN 到达界面时,ρ_s^A 出现极大值。

(3)当 MN 跨过 ρ_1 进入 ρ_2 时,曲线过界面后发生 ρ_2/ρ_1 倍跃变,ρ_s^A 曲线呈现阶梯状异常。

(4)继续向右移动,在 A 极达到接触面前,ρ_s^A 曲线保持一段长度为 AO 的水平直线段。

(5)当 A 极进入 ρ_2 时,远离 ρ_1 时,出现 $\rho_s^A = \rho_2$ 的水平段;当 A 极刚进入 ρ_2 时,由于 ρ_1 排斥作用,引起 ρ_s^A 曲线小的转折。

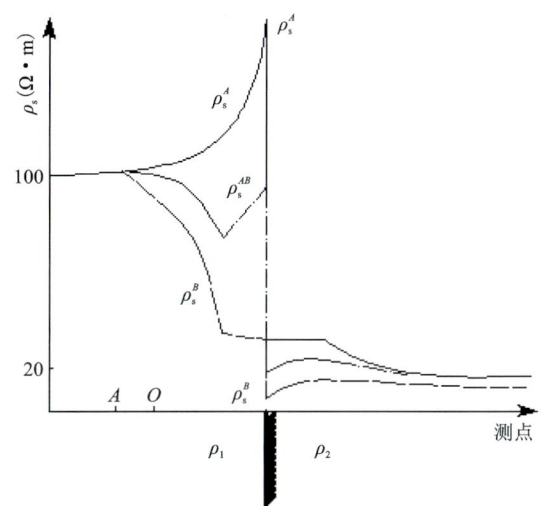

图1-4-9 联合剖面法陡立接触面视电阻率曲线

同理,ρ_s^B 曲线出现类似特征,只是出现极小值,阶跃相对较小。在陡立接触界面处,ρ_s^A、ρ_s^B 曲线纵向幅度差最大可达实际电阻率的两倍,界面附近两曲线均有一段长度等于 AO 或 BO 的水平段,异常带宽度大致等于 2 倍极距长度。ρ_s^A 比 ρ_s^B 阶跃明显得多,因此,确定陡立界面要尽量利用高阻一侧 ρ_s 曲线。

2)板状良导体上的 ρ_s 剖面曲线特征

设直立良导薄板(薄板指板厚远比极距小),埋深 h,电阻率 ρ_2,周围介质电阻率 ρ_1,见图1-4-10。装置由左向右移动,曲线特征如下:

(1)当装置在良导薄板左侧时,$\rho_s^A \approx \rho_1$。

(2)当装置靠近良导薄板时,MN 电流密度加大,$\rho_s > \rho_1$,ρ_s^A 曲线上升。

(3)继续向右移动,ρ_s^A 继续上升,当 MN 靠近良导体顶部时,ρ_s^A 曲线开始下降,并形成一处极大值,A 和 MN 分别处于良导体两侧时,ρ_s^A 曲线迅速下降,出现一段比较宽的低值段。

(4)当整个装置超过良导体后,ρ_s^A 曲线逐渐上升,直至 $\rho_s^A \approx \rho_1$。

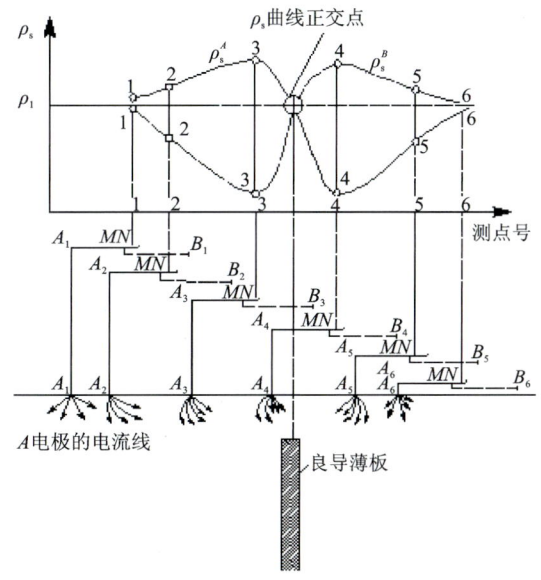

图1-4-10 联合剖面法良导薄板视电阻率曲线

同理可得出 ρ_s^B 曲线,显然 ρ_s^A、ρ_s^B 曲线相交,交点位于良导薄板顶上方,交点左侧 $\rho_s^A > \rho_s^B$,交点右侧 $\rho_s^B > \rho_s^A$,称为"正交点",两曲线以交点为中线对称,交点两侧两条曲线呈"∞"形分离,一个达到极大值,另一个则达到极小值。

倾斜良导薄板 ρ_s 曲线呈不对称状,但仍然存在正交点,交点位置在良导薄板顶部附近,稍向薄板倾斜方向一侧,见图 1-4-11。

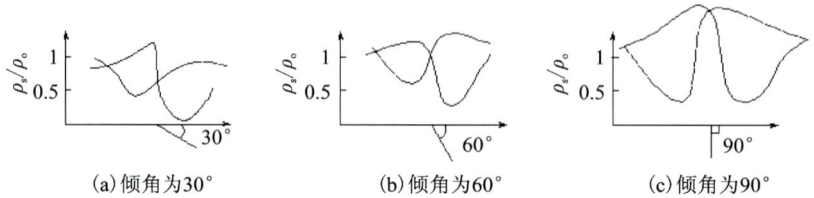

(a) 倾角为30°   (b) 倾角为60°   (c) 倾角为90°

图 1-4-11 不同倾角良导薄板视电阻率曲线

当板的厚度比极距 L 大很多时,可视作直立厚板。可以把 ρ_s 曲线视作由两个陡立接触面组成的曲线,装置距接触面足够远时,$\rho_s \approx \rho_1$,在厚板边界上,两曲线 ρ_s 值都明显下降,在厚板顶形成对称凹槽状,低阻带宽度大致等于板的厚度,在板的中部有明显正交点,见图 1-4-12,板体越厚,ρ_s 越接近板的电阻率 ρ_2。

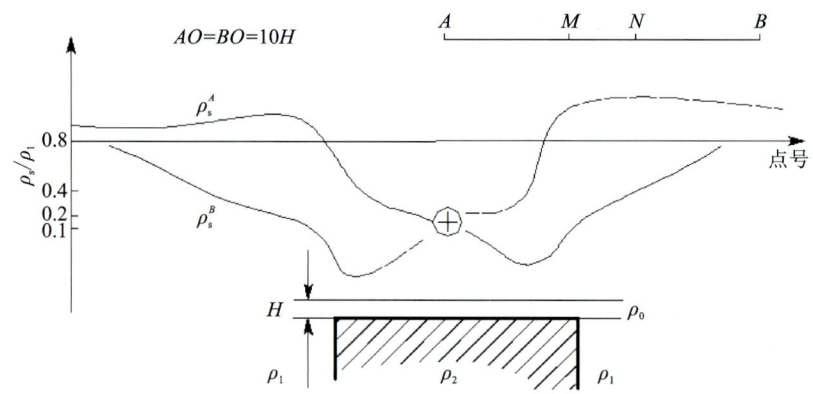

图 1-4-12 联合剖面法良导厚板视电阻率曲线

对于倾斜的良导厚板曲线,亦出现类似薄板的不对称 ρ_s 曲线形态,见图 1-4-13,倾斜良导厚板的视厚度等于 ρ_s 曲线极大值点与极小值点间的水平距离,在良导厚板倾斜方向上,ρ_s^A、ρ_s^B 曲线同时出现极小值,在相反方向上,靠近板边缘出现极大值,低阻正交点偏向倾斜方向一侧。

3)直立高阻板 ρ_s 剖面曲线特征

直立高阻板 ρ_s 曲线见图 1-4-14,设高阻板电阻率 ρ_2,埋深 h,ρ_s 曲线特征如下:

(1)测点远离高阻板时,$\rho_s^A \approx \rho_1$。

(2)AMN 装置接近高阻板时,出现下降段。

(3)当装置继续右移,MN 位于高阻板顶时,ρ_s^A 出现极大值。

(4)装置继续右移,A 和 MN 位于高阻板两侧时,由于高阻屏蔽作用影响,出现极小值。

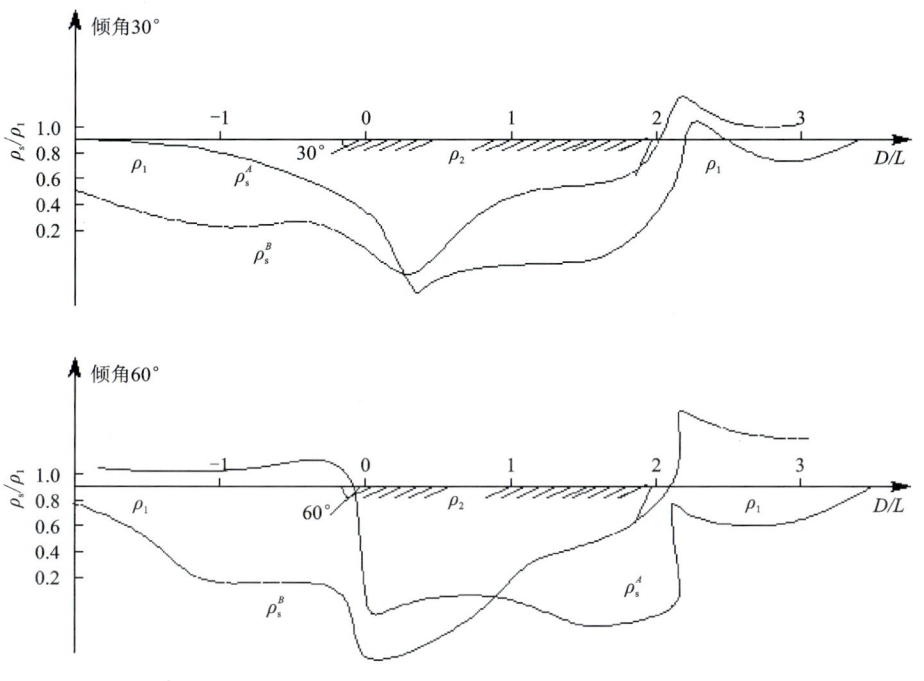

图 1-4-13 不同倾角良导厚板视电阻率曲线

(5) 当 A 极跨过高阻板顶时，曲线上升，由于高阻板排斥作用，出现第二个极大值。

(6) 继续右移，远离高阻板，$\rho_s^A \approx \rho_1$。

ρ_s^B 曲线分析方法同上，可看出高阻板 ρ_s 曲线有如下特点：① 直立高阻板顶上方有一个不很明显的"反交点"，反交点指高阻体左侧 $\rho_s^B > \rho_s^A$、右侧 $\rho_s^A > \rho_s^B$ 的曲线交点；② 直立高阻板顶，ρ_s^A、ρ_s^B 曲线同步上升出现高阻异常，在两侧又同步下降，各出现极小值，曲线分异性差，两侧尚有不明显的次级极大值。

当高阻板倾斜时，ρ_s 曲线不对称，板顶上方出现极大值，"反交点"出现在高阻板倾斜方向上。对于高阻薄板可用 ρ_s 曲线极大值大致确定板顶位置，对于高阻厚板可用 ρ_s 曲线极大值和极小值之间水平距离估计其厚度，见图 1-4-15。

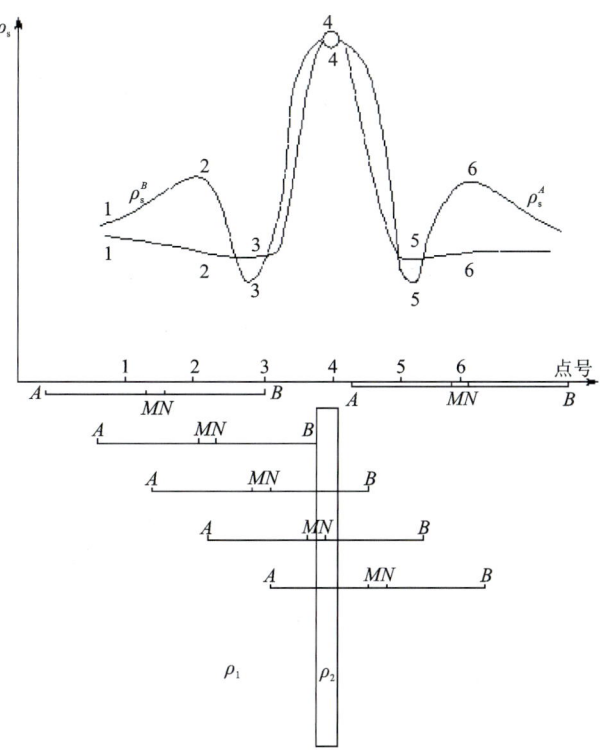

图 1-4-14 联合剖面法直立高阻薄板视电阻率曲线

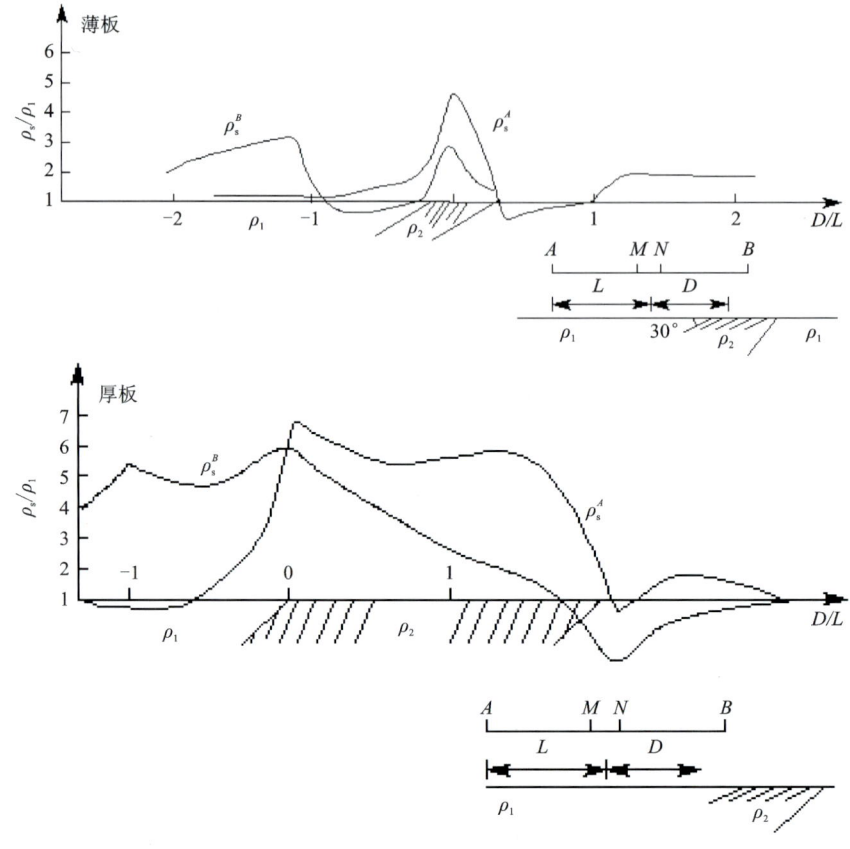

图 1-4-15 倾角 30°高阻板视电阻率曲线

4）良导球体 ρ_s 剖面曲线特征

良导球体 ρ_s 曲线如图 1-4-16 所示，假设球体半径为 a，球心埋深 $h_0=1.6a$，球体电阻率 ρ_2，周围介质电阻率 ρ_1。采用 3 种不同极距观测，ρ_s 曲线有如下特点：

(1) 当 $L=1.5a<h_0$ 时，ρ_s^A、ρ_s^B 曲线有一个低阻"正交点"，位于球心正上方，交点两侧曲线分开且对称，极小值在交点两侧。

(2) 当 $L=3a>h_0$ 时，两条 ρ_s 曲线极小值靠拢，且在两侧出现次一级极小点。

(3) 当 $L=10a>h_0$ 时，两条 ρ_s 曲线靠拢，极小点重合在一起，低阻带中心对应于球心上方。

理论计算表明，联合剖面法探测良导球体最大勘探深度不超过 $4a$。

2. 对称四极剖面法和中间梯度法

1）对称四极剖面法

对称四极剖面法视电阻率 ρ_s^{AB} 与联合剖面法视电阻率关系为

$$\rho_s^{AB} = (\rho_s^A + \rho_s^B)/2 \tag{1-4-20}$$

由上式可以看出，相同极距的对称四极剖面曲线是联合剖面法曲线 ρ_s^A 与 ρ_s^B 的平均值。ρ_s^{AB} 曲线特征见图 1-4-17，ρ_s^{AB} 曲线异常幅度和分辨能力都不及联合剖面曲线，但对称四极不设无穷远极，其工作效率较高，且异常简单、便于解释。

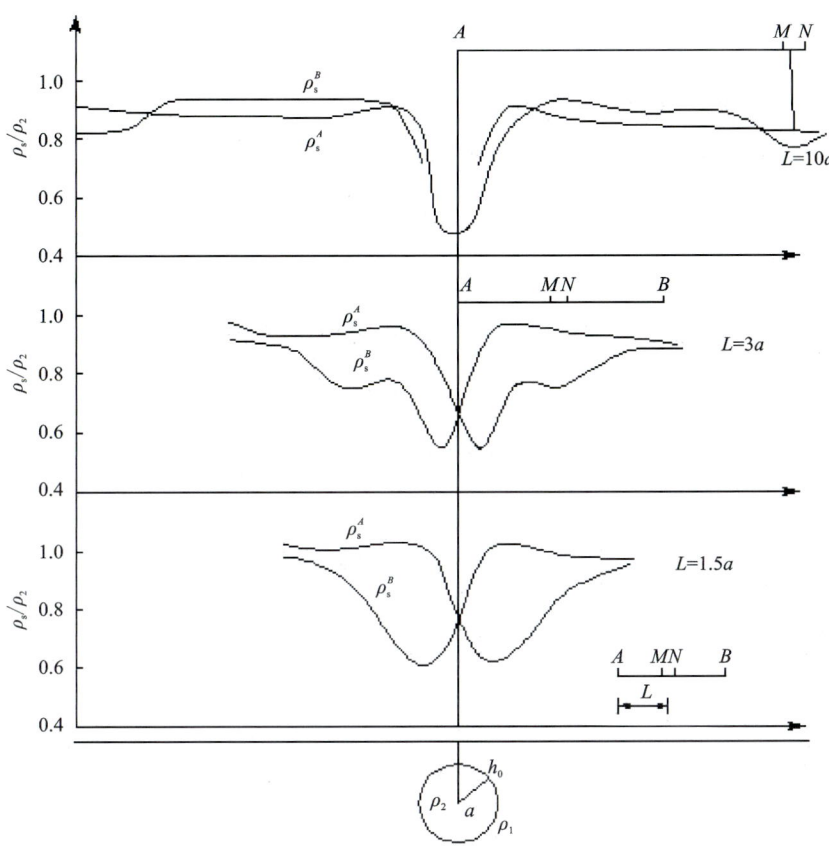

图 1-4-16 联合剖面法良导球体视电阻率曲线

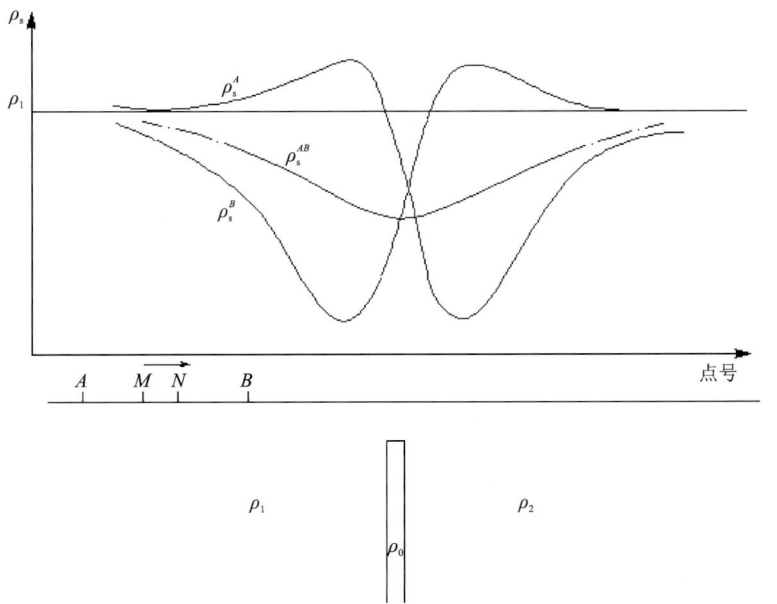

图 1-4-17 对称四极剖面法良导薄板视电阻率曲线

2)中间梯度法

中间梯度法由于 AB 很大，AB 中部的 1/3~1/2 范围内电场可认为是均匀电场，而 ρ_s 曲线反映 MN 电极附近地层阻率变化情况，对于高阻地层，ρ_s 曲线特征鲜明，所以寻找高阻岩脉可以取得显著效果；而对于低阻地层，ρ_s 曲线异常特征不明显。

3. 电测深法

1）电测深法水平曲线类型

电测深法水平曲线类型可分为 3 种：水平二层曲线、水平三层曲线和水平四层及多层曲线，详述如下。

（1）水平二层曲线类型主要有两种：当 $\rho_1 > \rho_2$ 时，为 G 型；当 $\rho_1 < \rho_2$ 时，为 D 型，见图 1-4-18。

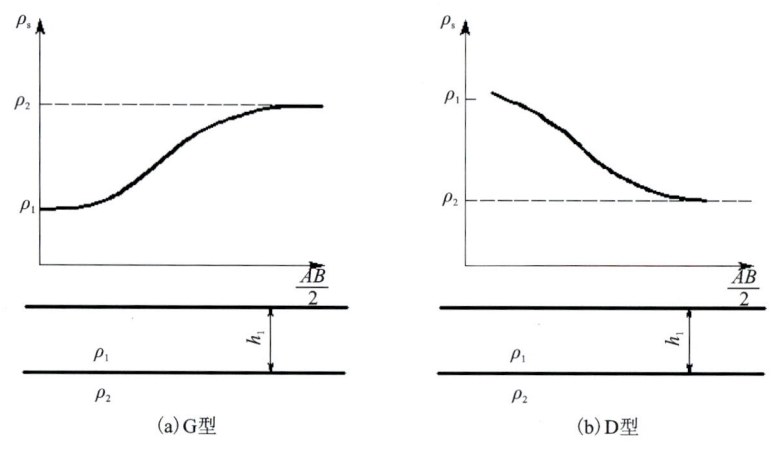

图 1-4-18　水平二层电测深理论曲线

（2）水平三层曲线类型主要有 4 种：H 型、K 型、A 型、Q 型，见图 1-4-19，参数包括 ρ_1、ρ_2、ρ_3、h_1、h_2 等 5 个。H 型：$\rho_1 > \rho_2 < \rho_3$；K 型：$\rho_1 < \rho_2 > \rho_3$；A 型：$\rho_1 < \rho_2 < \rho_3$；Q 型：$\rho_1 > \rho_2 > \rho_3$。

（3）水平四层曲线类型主要有 8 种，按 ρ_1、ρ_2、ρ_3、ρ_4 之间关系确定，分别为 HA、KH、HK、KQ、AA、QH、AK、QQ 等，见图 1-4-20。

  HA 型：$\rho_1 > \rho_2 < \rho_3 < \rho_4$　　　　KH 型：$\rho_1 < \rho_2 > \rho_3 < \rho_4$

  HK 型：$\rho_1 > \rho_2 < \rho_3 > \rho_4$　　　　KQ 型：$\rho_1 < \rho_2 > \rho_3 > \rho_4$

  AA 型：$\rho_1 < \rho_2 < \rho_3 < \rho_4$　　　　QH 型：$\rho_1 > \rho_2 > \rho_3 < \rho_4$

  AK 型：$\rho_1 < \rho_2 < \rho_3 > \rho_4$　　　　QQ 型：$\rho_1 > \rho_2 > \rho_3 > \rho_4$

由此可见，地层每多一层，测深曲线类型就多一倍。

2）电测深曲线特点

（1）水平地层电测深曲线。一般把电测深曲线分为 3 段进行分析：$AB/2 \ll h_1$ 的部分称为首支，$AB/2 \gg \sum h_i$ 的部分称为尾支，其余部分称为中段。

首支。不论二层、三层或多层曲线，电场有效范围只在介质 ρ_1 中，故 $\rho_s \approx \rho_1$，首支呈近于水平，以 ρ_1 值为渐近线的线段。

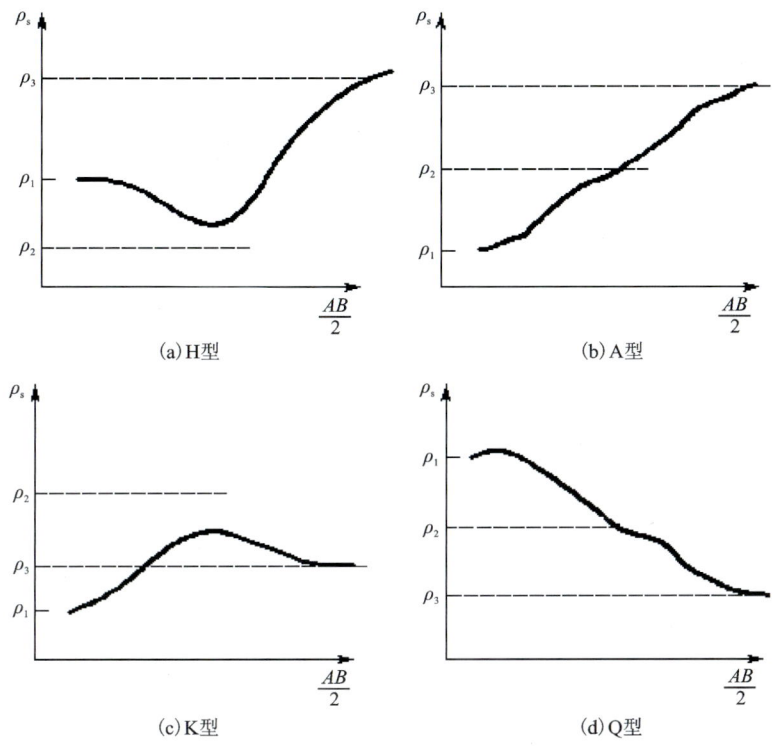

图 1-4-19 水平三层电测深理论曲线

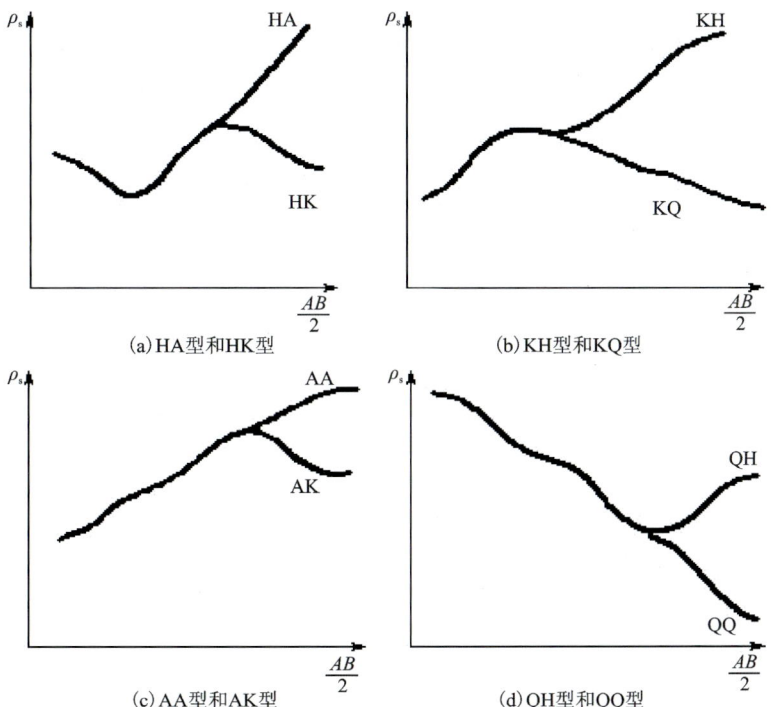

图 1-4-20 水平四层电测深理论曲线

中段。二层曲线中段是首尾支过渡段，若 $\rho_2>\rho_1$，则曲线上升，若 $\rho_2<\rho_1$，则曲线下降；三层曲线：H 型曲线中段有极小值，K 型曲线中段有极大值，极大、极小值，都随 h_2 厚度增加而变宽，A 型、Q 型中段通过 ρ_2，随 h_2 厚度增加，曲线中段平坦部加宽，反之，h_2 厚度越小，越不易显出曲线阶梯状转折。

尾支。ρ_n 有限情况，即 $\rho_n\neq 0$ 和 $\rho_n\neq\infty$，任何曲线类型尾支为近于水平的线段，ρ_s 渐近值均为 ρ_n；$\rho_n\rightarrow\infty$ 的情况，基岩电阻率为上覆土层的 50～100 倍时认为 $\rho_n\rightarrow\infty$，当 $AB/2\gg h_1$ 时，曲线尾支渐近线是与横轴相交成 45°角的斜线。

实际工作中，常遇到某些参数不同地电断面所对应的电测深曲线形状却基本一致，因而造成错误解释，这种现象被称为电测深曲线的等价现象，它可分为 S 等价现象和 T 等价现象。S 等价现象，在 H 型和 A 型曲线中出现，在 h_2/h_1 不很大时出现；T 等价现象，在 K 型和 Q 型曲线中出现，亦在 h_2/h_1 较小时出现。

（2）倾斜界面的电测深曲线。地下介质的界面为倾斜界面时，电测深曲线形状除与 $\mu_2=\rho_2/\rho_1$ 及界面倾角有关外，还与布设方向有关。如图 1-4-21 所示，$\mu_2=19$ 的倾斜面的平行布极电测深曲线，曲线的首支渐近线 ρ_1、尾支均与水平层状曲线相似，当 $\rho_2=\infty$ 时，没有与横轴呈 45°角的渐近线，而是趋于某一有限 ρ_s 值，该有限值随倾角增大而减小。

图 1-4-22 为布极方向垂直于倾斜面走向的电测深曲线，当装置接近倾斜界面时，若 $\rho_2=\infty$，无论岩层倾角如何变化，曲线尾支均出现与横轴呈 45°角的渐近线，若 $\rho_2\rightarrow 0$，则 ρ_s 曲线急剧下降，与横轴夹角达 60°以上。

（3）直立界面的电测深曲线。对于 ρ_1、ρ_2 两种垂直接触的介质，平行于直立界面布极，观测点 O 在 ρ_1 侧所测的电测深曲线如图 1-4-23 所示。当 $AB/2\ll D$（D 为装置中心距界面距离）时，ρ_2 的存在不影响电场分布，$\rho_s=\rho_1$，随着供电极距增大，ρ_2 影响增大，若 $\rho_2>\rho_1$，ρ_s 曲线上升，若 $\rho_2<\rho_1$，ρ_s 曲线下降；影响从 $AB/2$ 接近于 D 开始，当 $AB/2>10D$ 时，ρ_s 渐趋近于渐近值 $2\rho_1\rho_2/(\rho_1+\rho_2)$。

垂直于直立界面布极，电测深曲线如图 1-4-24 所示，当 $AB/2\ll D$ 时，ρ_2 的存在不影响电场分布，$\rho_s=\rho_1$，随着供电极距增大，在 $AB/2=(0.5\sim 0.6)h$ 时，分界面的存在已开始影响 ρ_s 曲线，当 $AB/2=D$ 时，影响最大，达到极大值（$\rho_2>\rho_1$）或极小值（$\rho_2<\rho_1$），当 $\rho_2\rightarrow\infty$ 时，$\rho_s=$

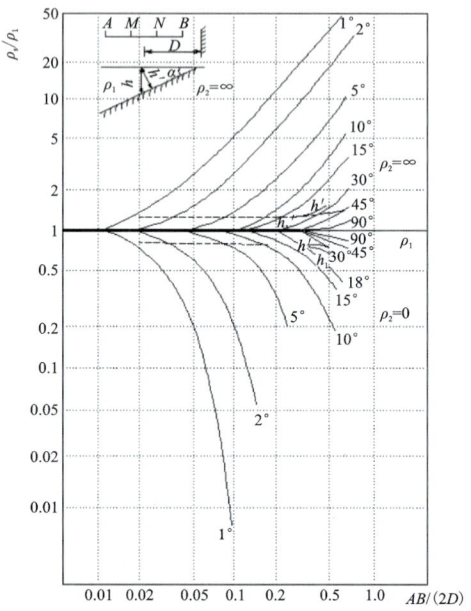

图 1-4-21 倾斜界面平行走向布极时的电测深理论曲线

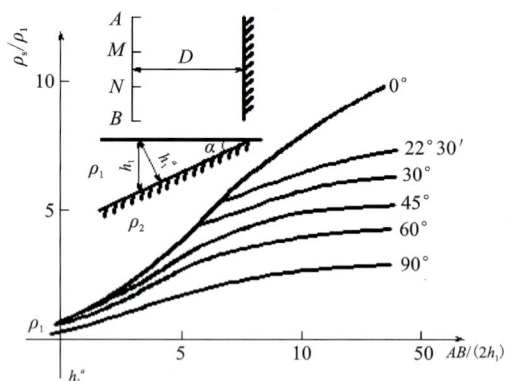

图 1-4-22 倾斜界面垂直走向布极时的电测深理论曲线

$1.45\rho_1$,当 $\rho_2 \to 0$ 时,$\rho_s = 0.54\rho_1$,供电电极过界面后,随着 AB 极距增大,ρ_s 曲线开始下降,当 $AB/2 > 10D$ 时,$\rho_s \approx \rho_1$。

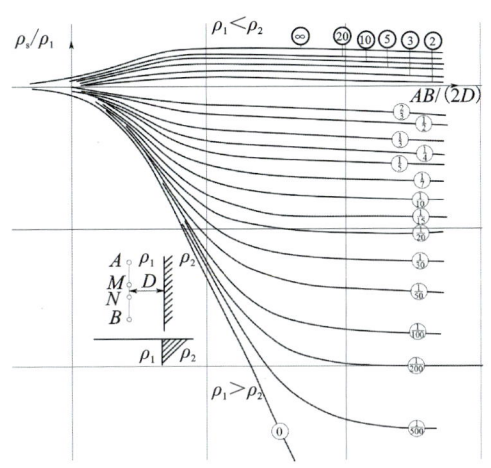

图 1-4-23　平行于直立界面布极时的电测深理论曲线

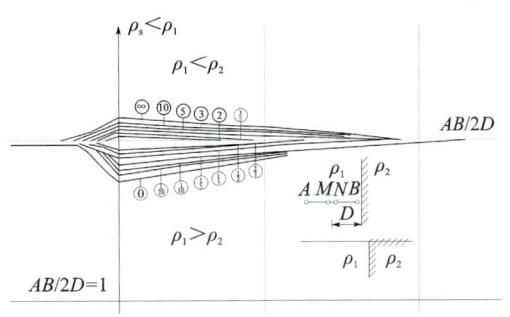

图 1-4-24　垂直于直立界面布极时的电测深理论曲线

4. 高密度电法

高密度电法的低阻球体异常特征见图 1-4-25,不同装置在低阻体上方不同极距均可获得明显异常,两侧伴有假异常,ρ_s^α、ρ_s^β 呈明显的低阻反映,Λ 曲线呈相对高阻反映,ρ_s^δ 呈倒"八"字形,在相同极距情况下,ρ_s^δ、ρ_s^γ 和 Λ 曲线异常幅度较大。随着极距增大,ρ_s^β 两侧极小值向外偏移,球体上方主异常逐渐隆起,ρ_s^δ 和 Λ 曲线异常幅度由小变大,到最佳极距时,异常幅度最大,然后逐渐变小,低阻球体断面图上呈现中间极小值和等值圈,两侧有幅度变化较小的高阻半封闭圈,异常呈上宽下窄的倒"八"字形。

低阻倾斜板 ρ_s 曲线异常特征与此类似。

根据基岩起伏模型正演结果,温纳、偶极和微分 3 种装置对基岩起伏均有反应,且极值大小在同一数值范围内,以偶极最为敏感。根据成像结果,反常还原的异常体视电阻率和正演拟

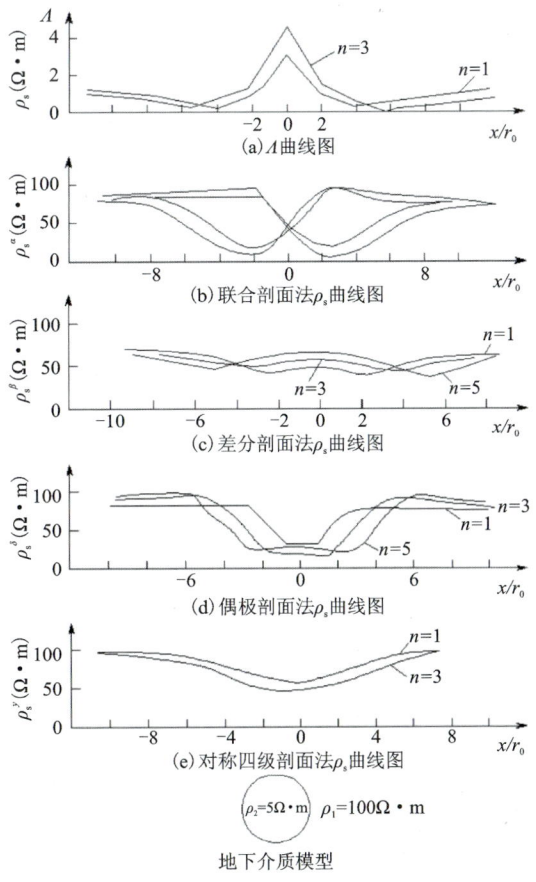

图 1-4-25　高密度电法良导球体理论曲线

合模型的真电阻率差异明显,反演还原异常体的视电阻率比正演电阻率要高。

5. 电磁测深法

电磁测深法曲线和电测深法曲线类似,曲线按层数分为二层、三层、四层和多层曲线,曲线特征也与电测深法相同。

6. 瞬变电磁法

瞬变电磁法虽然工作装置较多,但其成果剖面曲线形态基本相同,均为视电阻率断面图。

1) 水平圆柱体的曲线特征

根据物理试验模拟结果,不同测道的曲线均在圆柱体顶上方出现单峰异常,异常随时间延长而衰减,见图 1-4-26。研究表明,球状体曲线与之相似,也出现对称于球顶的单峰异常,但其衰减速度比水平圆柱体快很多,异常范围也小。

2) 板状体的曲线特征

(1) 不同产状导电薄板的曲线特征。导电薄板的曲线异常形态及幅度与导体的倾角有关,如图 1-4-27 所示,当倾角 $\alpha=90°$ 时,曲线形态为对称于导体顶部的双峰;当 $0°<\alpha<90°$ 时,随 α 的减小,异常响应增强,但双峰不对称,在导体倾向一侧峰值大于另一侧,极小值随 α 减小稍增大,并向反倾向侧有所移动;当 $\alpha=0°$ 时,异常幅度比直立薄板的幅度大许多,曲线呈单峰平顶状,在导体边缘外侧出现明显的次极值或挠曲。

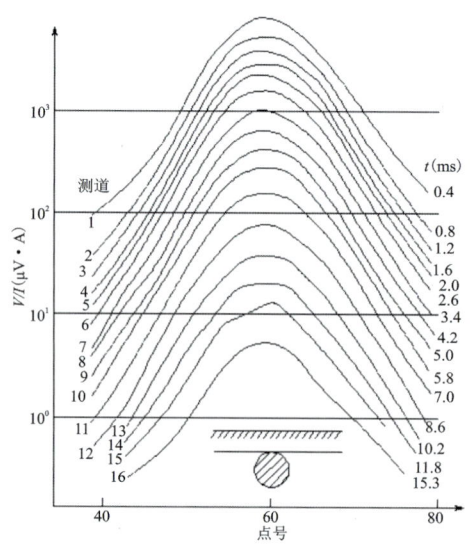

图 1-4-26 水平圆柱体瞬变电磁曲线

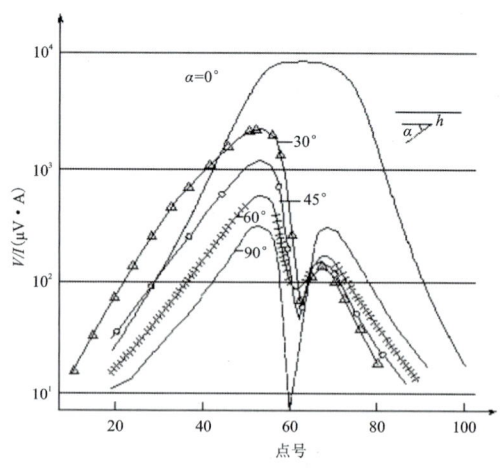

图 1-4-27 不同倾角导电薄板异常曲线

(2) 直立厚板的曲线特征。电磁法中,板状体的厚与薄是相对于趋肤深度而言的,若板厚达到趋肤深度的 1/10,则认为是厚板,曲线特征也随之变化,如图 1-4-28 所示。早期道曲线呈单峰对称形状,晚期道逐步转化为类似于直立薄板的对称双峰形状。

3) 覆盖层对曲线的影响

瞬变电磁法电期道反映覆盖层信息,呈平行或相近状态,随着测道增加,进入晚期道的曲线接近于水平圆柱体或球状体异常,如图 1-4-29 所示。

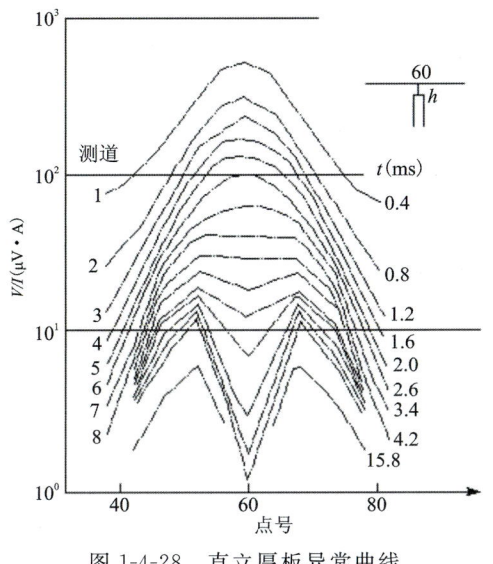

图 1-4-28 直立厚板异常曲线

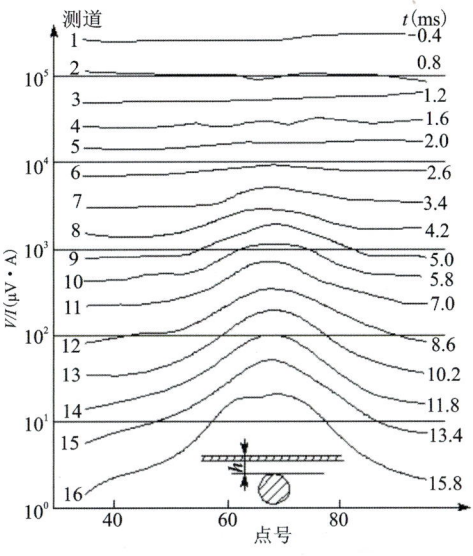

图 1-4-29 全覆盖下水平圆柱体异常曲线

4）起伏地形的影响

（1）高阻岩体条件下的地形影响。瞬变电磁法观测的是纯异常,不存在一次场背景,因此高阻岩体条件下,若地下无良导体时,纯地形起伏不会产生假异常,若地下有良导体,则曲线形态发生畸变。图 1-4-30 为山坡地形条件下良导直立板状体异常曲线特征,与平坦地形特征相似,只是响应变强。

（2）低阻良导岩体条件下的地形影响。在野外实际起伏地形条件下,异常曲线反映更加明显。图 1-4-31 为导电岩体山脊地形条件下水平板状体曲线,早期道反映地形起伏,在地形转折点出现局部起伏,由于一般情况下岩体导电性能较差,这种响应衰减较快,到中晚期道曲线逐步突出板状体特征,由于受地形影响,故呈现"V"字形。野外地形条件复杂,地形影响一般出现在早期道,中晚期道消失。

7. 地质雷达法

地质雷达成果是以图像形式呈现,体现了时距关系形式,类似于地震时间剖面记录,画面直观性强。波形图上同一起跳时间点所构成的同相

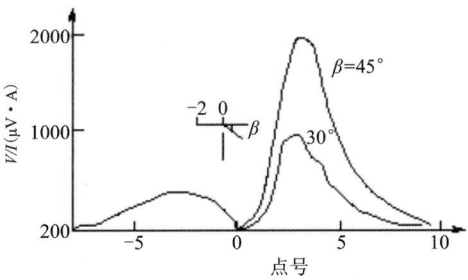

图 1-4-30 山坡地形条件下良导直立板状体异常曲线

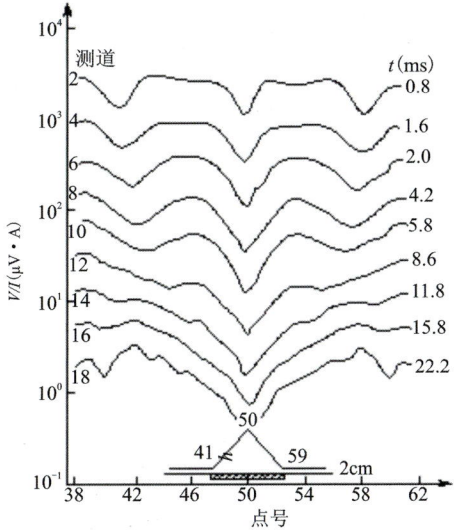

图 1-4-31 良导围岩山脊地形水平板状体异常曲线

轴,对应勾画出反射界面,在有限体边、角部位一般出现绕射等现象,从而使图像变得复杂。例如,球状体呈向上凸的弧形反射同相轴,埋深越小反射弧形越尖锐,埋深越大越平坦,为达到效果,故需对图像进行偏移归位、滤波等处理。

(二)电(磁)法资料处理

1. 直流电法

直流电法是建立在地表水平、地质体规则、岩体导体性分布均匀且各向同性的基础上,但实际地质情况变化复杂。这些复杂的地下介质改变了地下电场的分布状况,容易形成假异常,因此有必要认识各种干扰因素的影响特征和变化规律,在室内采用技术手段对其进行处理,以便消除影响,提高勘探效果。

1)比值法消除导电不均匀影响

比值法一般用于电剖面法,是采用较大供电极距(要求 AO 大于局部不均匀体半径的 10 倍)进行观测,并于每个测点计算比值参数 F,比值参数 $F_A = \rho_s^A / \rho_s^B$、$F_B = \rho_s^B / \rho_s^A$,绘制观测比值曲线,$F$ 比值曲线上消除了电性不均匀体的干扰影响,保留了良导体异常。

F 比值曲线具有以下性质:

(1)利用了局部或高阻薄脉状电性不均匀体和大型良导体 ρ_s 曲线异常特征的差别,以消除电性不均匀体对观测结果的影响。

(2)ρ_s 曲线上出现交点时,F 比值曲线上也必在同一位置出现交点,且两者正交点或反交点亦相同出现。

(3)F 比值大小由 ρ_s^A、ρ_s^B 比值决定,而与测点 ρ_s 值大小无关。

(4)F 比值曲线可避免因测量电极 MN 大小、方位不准等造成的观测误差。

(5)F 比值曲线可应用于所有电剖面法。

2)地形起伏影响及消除方法

自然界中地形起伏千变万化,因地而异,与水平地面情况相比,地形不平时,电法观测结果既混合有地质体异常形态,又有地形影响,故成果解释时不容忽略,并尽量在室内进行外业成果资料处理,以消除地形的影响。

根据山脊、山谷处联合剖面法 ρ_s 曲线特征(图1-4-32),地形起伏影响有如下特点:

(1)山脊顶部 ρ_s 曲线出现极小值,并有反交点,山谷底部 ρ_s 曲线出现极大值,并有正交点。

(2)山脊和山谷引起的地形异常均随坡角减小而减小。

(3)在地形坡角和供电极距一样条件下,山脊影响大于山谷。

(4)测点距山顶约 $2AO$ 处,开始出现明显的地形异常,当坡长大于 $4AO$ 时,可视作无限长斜坡情况。

实际工作中,山脊往往基岩出露,ρ_s 值有所提高,山谷土层较厚,而 ρ_s 值有所下降,因此工作中必须结合实际条件具体分析。

其他方法中,也应考虑地形起伏对 ρ_s 值的影响,如电测深法工作中,避免测点布置在山脊、山脚或山谷、山口等地形转折处,尽量沿地形走向布极等。

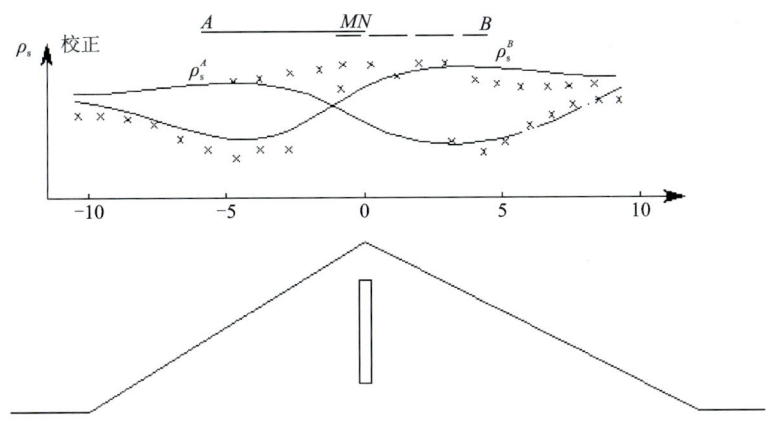

图 1-4-32　比较法消除地形影响示意图

近年来,消除地形起伏影响的研究越来越多,以比较法为主,其基本思路是事先在室内直接求出实际地形影响值 ρ_s^D(即纯地形影响 ρ_s 值),这样在实际外业观测值中去掉地形影响值,突出有效数据。

1)比较法原理

实际地形条件下,即使地下只有一种电阻率 ρ_s 的均匀岩石,实测的电阻率 $\rho_s^{实}$ 也不是真电阻率,以 K_D 表示地形起伏对外业观测结果的影响系数,ρ_s^D 表示单纯地形条件下观测的视电阻率值,则

$$\rho_s^D = K_D \rho_1 \tag{1-4-21}$$

不难看出,只要求得单纯地形影响的视电阻率曲线,将实测值与影响系数相比,即可消除地形影响,比较法地形改正公式为

$$\rho_s^{校} = \rho_s^{实}/(\rho_s^D/\rho_1) \tag{1-4-22}$$

2)K_D 的确定

显然比较法消除地形影响的关键是事先确定 ρ_s^D/ρ_1 的值,常用方法主要有两种:一是模型试验法;二是理论计算法。

(1)模型试验法。将野外地形起伏按一定比例尺缩制成单纯地形模型,并在模型上进行实测,求取各点 ρ_s^D 值,便可用于比较法改正。根据试验条件不同,试验法分为 3 种方式:土槽模型试验法、水槽模型试验法和导电纸(薄水层)模型试验法。

(2)理论计算法。采用数值模拟技术,求解均匀、各向同性介质起伏表面下的点电源场的分布情况,从而获得 K_D。

2.电磁测深法

电磁测深法解释资料处理一般利用专业软件进行,在对获得的时间记录作傅立叶变换后进行标定、校正,求得电磁场频谱,采用数值方法获取张量阻抗,再分解之后计算各种参数。

为提高野外观测精度,对每个频率的阻抗要素都要至少计算 3 个独立数据,然后进行叠加,高频数据叠加次数不少于 1000 次,低频数据至少叠加 3 次才能保证数据的精度。目前,

电磁测深设备都采用多道连续测量系统,具有卫星同步功能,有条件实现"远参考道测量",以提高原始数据质量。

电磁测深法应用之初,室内阻抗张量元素的求取一般采用"Robust 估算"。现在,在数据采集方面,强调记录"时间序列"作用,为"Robust 估算"提供足够长的"时间序列"。"Robust 估算"处理电磁测深数据,对噪声含量低于 50% 的信号是有效的,并取决于"时间序列"长度,对输入端噪声作用不大,因此,实际工作中,往往采用"远参考道测量"和"Robust 估算"方法结合进行阻抗张量元素的求取。

电磁测深法外业实测数据为非电性主轴数值,需要计算电性主轴的方位角 θ,从而计算相应主轴方向上阻抗张量元素。为进一步判断介质水平均匀程度,还需要倾子、扭曲度 S 和偏心率 β 等其他参数,当对一个频率完成以上计算后,转至下一个,如此循环后,可得出如下处理信息:①视电阻率曲线;②相位曲线;③电性主轴方向;④倾子;⑤相干度;⑥信噪比;⑦功率谱;⑧水平非均匀程度;⑨Bostick 反演,等等。

(三)电(磁)法资料解释

电(磁)法资料解释一般是利用正演模型曲线特征,应用于外业采集数据,进而和地质条件相结合,推断地下地质体的分布特征,一般分为定性解释和定量解释。一般来说,电测深可以进行半定量至定量解释,电磁测深法和地质雷达法可进行定量解释,其他方法仅可进行定性至半定量解释。一般定量解释是在定性解释的基础上进行,从而确定各电性层或地质体的埋深、厚度和视电阻率等数据。

定性解释:依据电(磁)法异常特征,在分析资料的基础上,概括了解测线上地电断面的水平和垂直方向情况,从而对地质情况进行初步了解,初步判断引起异常的原因,大致判断异常源的形状、大小、产状和埋深等,并制作各种图件,包括视电阻率断面图、平面图或曲线类型图等。

定量解释:虽然定性解释对异常体进行了解释或计算,因使用条件严格,实际工作中定性解释精度是不能满足工作需要的,只能在趋势上进行参考,因而必须进行精度更高或更加准确的定量解释。定量解释在定性解释的基础上进行,目的是准确计算各电性层和异常体的埋深、厚度和电阻率数值等几何参数和物理参数,一般采用反演等方法进行解释。

地质推断与解释:任务是在定性和定量解释的基础上,根据地质体的地质-地球物理概念模型,结合工作区的地质情况,运用地质学的基本原理将这些物探成果转化为地质体或地质现象,使其在空间和时间上符合地质学规律。所有物探的解释仅得到工作区地下介质电性分布及差异,必须结合地质情况进行地质推断。推断解释必须围绕地质任务和目标进行,主要研究解决的地质问题包括:①研究地层电性结构,进行地层岩性推断分层及埋深解释;②研究异常特征与地质构造的关系,推断断层位置及产状;③研究异常特征与矿体的关系,进行矿体的推断解释;④研究异常特征与不良地质体界面的关系,进行不良地质体的推断。

资料解释时,须注意以下事项:

(1)绘制各类成果图件,包括剖面图、曲线图、平面图等,图件应 100% 检查,同一工作区采用相同的比例尺。

(2)利用各方法正演曲线特征,研究不同地下介质的电性特征和变化规律。

(3)结合相关资料和工作条件,分析研究和判断目标异常。

(4)研究目标体异常特征,采用正演、反演等方法确定异常体性质及平面位置、埋深等。

(5)若有钻孔资料或地质资料,宜进行约束反演并校核结果。

因电测深法、电磁测深法和地质雷达法可进行定量半定量解释,本书主要对上述3种方法进行研究,资料定性解释和定量解释时应注意进行下列工作:①绘制解释图件,分析断面电性结构特征;②分析对比工作区曲线类型,总结利用相同类型曲线分布规律;③研究电性层与地层对应关系,确定测区地电模型;④定性解释和定量解释相互结合;⑤确定定量解释方法,并进行反演。

1. 电测深法

电测深法定量解释方法很多,主要有量板法、简捷定量法和数值解法3种。

1)量板法

量板法是利用理论曲线与实测曲线对比进行求解的方法。理论曲线在已知水平层状地电断面中各厚度和电阻率情况下,根据电测深公式计算并绘制出许多理论曲线,装订成册形成量板。目前常用二层量板、三层量板和辅助量板,量板如图1-4-33、图1-4-34所示。用量板法对二层和三层断面解释准确度较高,对四层和多层曲线解释成果误差较大。

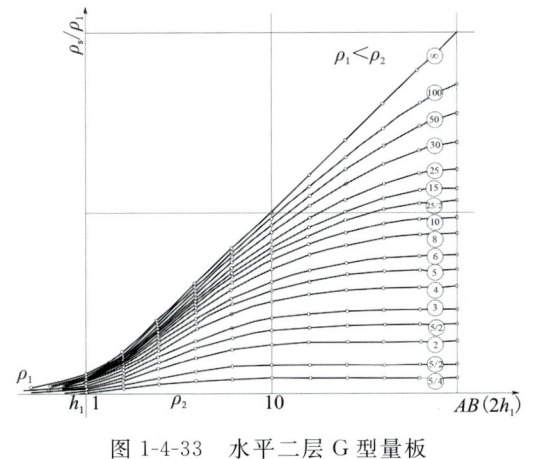

图1-4-33 水平二层G型量板

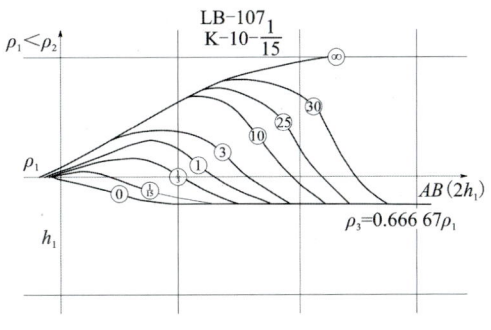

图1-4-34 水平三层K型量板

量板法解释电测深曲线的前提是:①地形平坦;②岩层倾角小于20°;③各层电阻率均匀且各向同性;④已知可靠的中间层电阻率参数;⑤电测深曲线完整,质量可靠。若不能满足上述条件,需进行综合改正,一般是在钻孔或已知地质资料旁进行电测深工作,并与电测深曲线对比,计算改正系数,其余测点乘以改正系数,量板法具体解释过程在此不再赘述,读者自行参考其他资料。

2)简捷定量法

简捷定量法主要有两种解释方法:纵向电导率解释法和电反射系数法。

(1)纵向电导率解释法。纵向电导率解释法又称渐近线解释法,其原理是在高阻区,断面

底层电阻率 $\rho_n \to \infty$，当 $AB/2 \gg h_1$ 时，电测深底部渐近线与横轴夹角呈 $45°$，作实测曲线尾部渐近线，使之与 $\rho_s = 1\Omega \cdot m$ 的水平直线相交，则交点的横坐标 $AB/2$ 即为基底以上各层的总纵向电导 S，见图 1-4-35，通过 S 计算各层的埋深 h 和视电阻率 ρ_s。

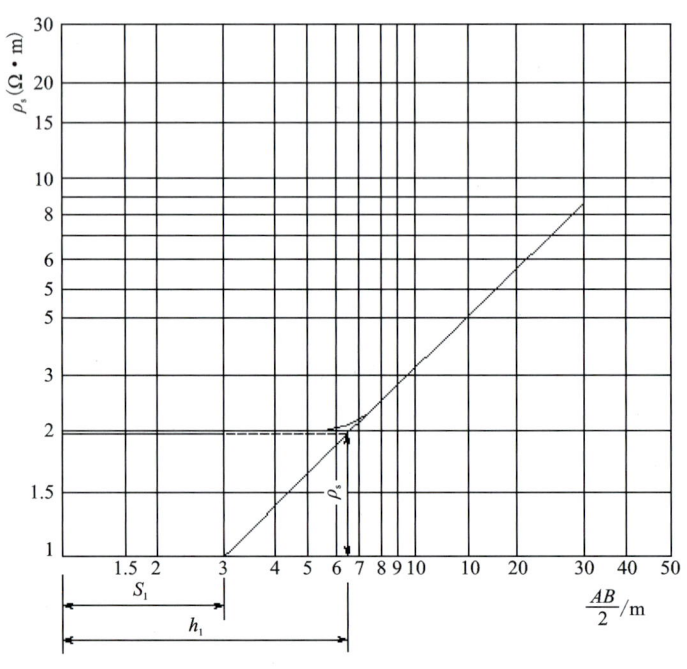

图 1-4-35　用 S 法求 h_1

（2）电反射系数法（K 剖面法）。将野外电测深曲线的一次微分称为视反射系数 K_s，其与反射系数 K 有简单的对应关系，在单对数坐标纸上以 $AB/2$ 为对数横坐标，K_s 为算术纵坐标，将得出的 K_s 值绘制出单支 K 曲线，利用各测点 K 值绘制 K 剖面，从而可求解 ρ_s、h，见图 1-4-36。

3）数值解法

目前多采用最优化分层解释法，利用计算机求取理论曲线和实测曲线之间的拟合差，认为该拟合差为极小值的电性层参数，从而可求解 ρ_s、h。具体做法分两种：一种是把理论曲线和实测曲线直接比较；另一种是先从野外实测值导出电阻率转换函数值，再与理论电阻率转换函数值比较。两者可结合使用。

2. 电磁测深法

电磁测深法半定量解释时，采用 Bostick 反演方法，可较好地反映待求地质模型的基本特征，利用理论上测深曲线低频段的渐近线性质，将视电阻率周期变化曲线变为随深度变化的曲线，可较清楚地反映地电断面的形态，复杂条件下，其不能完全准确地反映地电断面的结构特征，只有通过定量解释才能起到准确解释的作用。

定量解释方法主要有一维反演和二维反演。

一维反演方法很多，主要有广义反演法、连续介质反演法、垂直时距反演法和马夸特法等。为减少多解性，应使用多种一维反演方法对比。一维反演方法均需要利用计算机技术反

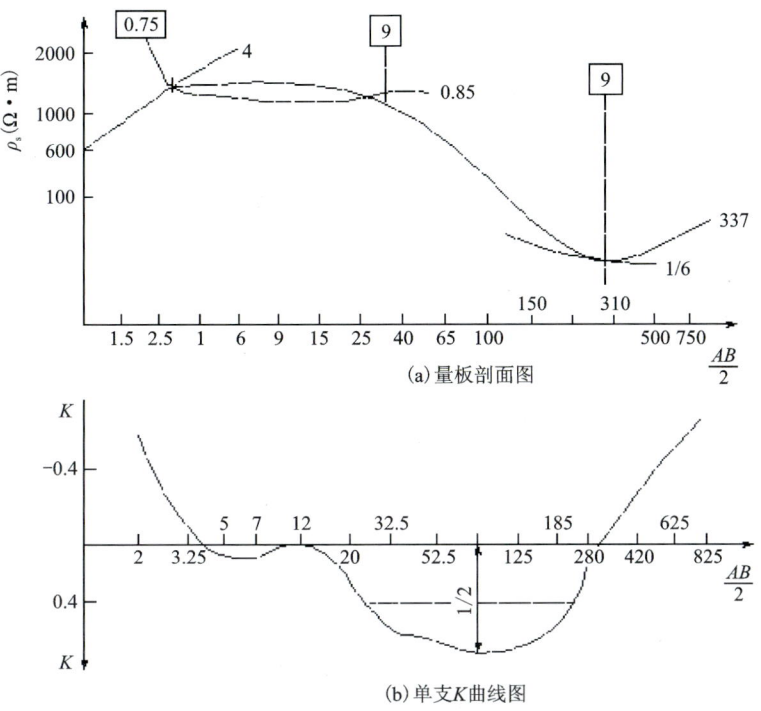

图 1-4-36　K 剖面法解释示意图

复迭代,直至收敛和满足解释工作要求。

一维反演结果与真实地电情况不完全一致,因此必须结合其他多种参数进行二维反演。常用二维反演有快速松驰反演,简称 RRI,该方法设定初始模型为均匀半无限空间,采用有限差分法计算模型对应数据、各测点的积分函数及数据残差,然后使目标函数取极小值,得到目标改正量和新模型,接着进行插值形成新的二维地电断面,以此作为新的初始模型。重复上述迭代过程,直至满足一定的拟合精度,数据收敛,从而得到最终二维反演成果。此外,快速松驰反演同时自动进行静态位移校正,故该方法应用广泛。

3. 地质雷达法

地质雷达图像时间窗口为双程走时,电磁波旅行时 t 为

$$t = 2\sqrt{z^2 + (x/2)^2}/v \approx 2z/v \tag{1-4-23}$$

式中：z 为地下介质体的埋深；x 为发射、接收天线的距离；v 为电磁波在介质中的传播速度。

地质雷达时深转换关系式为

$$z = C \times t/(2\sqrt{\varepsilon_r}) \tag{1-4-24}$$

式中：t 为双程走时。

当地下介质中的波速 v 已知时,可根据测得的精确 t 值,求得反射目标体的深度,从而达到地质解释的目的。

第五节　地震勘探

地下介质可以看作是具有弹性或主要为弹性的介质,因而在地球内部传播的机械波都可以被认为是弹性波,统称地震波。地震波的传播构成地震波场,研究不同类型地震波的激发、接收和在不同介质中的传播特征,是其研究的主要内容。按照震源的不同,地震波的激发可以是天然地震、火山爆发,也可以是人工爆炸、可控震源等。天然地震是人们较为熟悉的一种天然场源,是通过感觉或仪器观察到的地壳局部震动,是地壳运动的一种表现形式;人工激发产生的地震波或声波则是进行勘探和测试所广泛运用的弹性波,人工震源具有可控、高精度的特点。由此出现了地震学的两个分支:天然地震和地震勘探,二者虽研究对象不同,所使用的方法也有一定差异,但理论基础基本相同。

一、天然地震

地震主要是地应力的局部积累和突然释放,岩石在弹性固态下进行运动,引起弹性波的传播。根据成因,天然地震可分为构造地震、火山地震和陷落地震。此外,水库蓄水、深井注水和核爆炸等人类活动可导致诱发地震。因地壳运动引起的构造地震是全球规模最大、数量最多、危害最严重的地震。在地壳内部振动的弹性波发源地称为震源,震源在地表的垂直投影称震中,震中到震源的距离称震源深度,按震源深度可将地震分为浅源地震(0~70km)、中源地震(70~300km)和深源地震(300~700km)。大多数地震发生于地表下数十千米以内的地壳内,破坏性地震一般为浅源地震。

我国地处环太平洋地震带和地中海-喜马拉雅地震带之间,是世界上最大的大陆地震区,是一个多震的国家,具有地震活动分布广、频度高、强度大和震源浅的特点。

(一)地球的速度与分层

地震波的传播速度总体上随深度增加呈递增变化,在其中出现2个明显的一级波速不连续界面、1个明显的低速带和几个次一级的波速不连续面。

(1)莫霍洛维奇不连续面(简称莫氏界面、莫氏面,为地壳、地幔分界面,深度5~60km、平均约33km)附近,纵波的速度从7000m/s左右突然增加到8100m/s左右;横波的速度也从4200m/s突然增至4400m/s。

(2)古登堡不连续面(为地幔、地核的分界面,深度约为2600km)上下,纵波速度由13 640m/s突然降低为7980m/s,横波速度由7230m/s向下突然消失。该不连续面上地震波出现极明显的反射、折射现象。

(3)低速带(或低速层)出现的深度一般介于60~250km之间,接近地幔的顶部。在低速带内,地震波速度不仅未随深度而增加,反而比上层减小5%~10%。低速带的上、下没有明显的界面,波速是渐变的;同时,低速带的埋深在横向上呈起伏不平的变化,厚度在不同地区也有较大变化。横波的低速带是全球性普遍发育的,纵波的低速带在某些地区可能缺失或处于较深部位。

（二）地震波

地震时所释放的应变能以弹性波形式向四周传播，这种弹性波为地震波。地震波是建筑物破坏的原动力，主要包括两种在介质内部传播的体波和两种限于界面附近传播的面波。

体波包括纵波（又称压缩波、Primary Wave、P波）和横波（又称剪切波、Secondary Wave、S波），纵波是由震源产生的压缩波，质点运动方向与前进方向一致，一密一疏向前推进，周期短、振幅小；横波是震源产生的剪切波，质点运动方向与波前进方向垂直，传播时介质体积不变但形状改变，周期较长、振幅较大，根据质点运动方向分为SH波和SV波；横波是切变波，所以不能通过没有抵抗力的液体。纵波、横波速度见第一章第一节式(1-1-45)。

面波是体波到达地表后激发的次生波，限于地面运动，向地下或离开界面迅速消失。该类波分为两种：一种是在地面上滚动传播的波，称瑞利波（R波、或称瑞利波），质点在平行于波传播方向的垂直平面内做椭圆运动，长轴垂直于地面，与P波的辐射有关；另一种是在地面上做蛇形运动的波，称勒夫波（Q波），质点在水平面内垂直于波前方向做水平振动，面波传播速度比体波慢，瑞利波速 $v_R \approx 0.93 v_S$。地震仪记录最先到达的是P波，S波其次到达，但S波破坏能力比P波强，P波与S波之间的时间差，随震中距加大而加大，最后到达的是面波。

（三）地震震级和地震烈度

地震震级和地震烈度是衡量地震强度与破坏程度的两把标准尺度，其含义并不相同，但相互之间有一定的联系。

1. 地震震级

地震震级是衡量地震本身大小的指标，由地震所释放出的能量大小来决定。一次地震释放出的能量是由地震仪记录的地震波最大振幅确定的。由于波动离开震源会衰减，不同地震仪性能不同，记录的波动振幅亦不同，所以必须采用标准地震仪（周期0.8s、阻尼比0.8、放大倍率2800倍）和标准震中距的记录为准。一般定义震级（M）为距震中100km的标准地震仪所记录的最大振幅A的对数值，即

$$M = \log A \tag{1-5-1}$$

实际上距震中100km处不一定有地震仪，也不一定都采用标准地震仪，而是根据任意震中距任意型号地震仪的记录经修正而得的震级。我国规定，计算近震（震中距<1000km）震级用体波震级 M_L，则

$$M_L = \log A_\mu + R(\Delta) \tag{1-5-2}$$

式中：A_μ 是以 μm 为单位表示的实际地震位移；$R(\Delta)$ 为起算函数。

计算远震震级用面波震级 M_S，则

$$M_S = \log \left(\frac{A_\mu}{T}\right)_{max} + \sigma(\Delta) + C \tag{1-5-3}$$

式中：T 为被测的面波周期；$\sigma(\Delta)$ 为面波起算函数；C 为台站值。

震级与震源释放能量之间有如下关系：

$$\log E = 1.5M + 11.8 \tag{1-5-4}$$

一级地震释放能量相当于 2×10^6 J，震级每增大一级，释放能量增大约 30 倍，一个六级地震释放能量相当于一个两万吨原子弹的能量。小于二级的地震人体一般感觉不到，称为微震，三～四级地震称为有感地震，五级及以上地震称为破坏性地震，七级及以上地震称为强烈地震。

2. 地震烈度

一次地震震级是固定的，但随着震中距的增大，地震所引起的地表震动的强烈程度是递减的，因此，为表示和震中距一定距离的震动的强烈程度，需要另外一个指标，即地震烈度。地震烈度一般采用由弱到强的划分法，分为Ⅰ～Ⅻ度。一次地震震中周围不同烈度的分界线为等震线，多呈不规则形状的封闭曲线，长轴方向大致与地震断层走向一致。烈度划分见表 1-5-1。

表 1-5-1 地震烈度划分表

烈度	人的感觉	一般房屋		其他现象	参考物理指标	
		大多数房屋震害程度	平均震害		加速度（水平向）（cm/s²）	速度（水平向）（cm/s）
Ⅰ	无感					
Ⅱ	室内个别静止中的人感觉					
Ⅲ	室内多数静止中的人感觉	门窗轻微作响		悬挂物微动		
Ⅳ	室内多数人感觉，室外少数人感觉，少数人梦中惊醒	门窗作响		悬挂物明显摆动，器皿作响		
Ⅴ	室内普遍感觉，室外多数人感觉，多数人梦中惊醒	门窗、屋顶、屋架颤动作响，灰土掉落，抹灰出现微细裂缝		不稳定器物翻倒	31（22～44）	3（2～4）
Ⅵ	惊慌失措，仓皇逃出	损坏——个别砖瓦掉落，墙体微细裂缝	0～0.1	河岸和松软土上出现裂缝，饱和砂层出现喷砂冒水，地面上有的砖烟囱轻度裂缝、掉头	63（45～89）	6（5～9）

续表 1-5-1

烈度	人的感觉	一般房屋		其他现象	参考物理指标	
		大多数房屋震害程度	平均震害		加速度（水平向）(cm/s²)	速度（水平向）(cm/s)
Ⅶ	大多数人仓皇逃出	轻度破坏——局部破坏、开裂，但不妨碍使用	0.11~0.30	河岸出现坍方，饱和砂层常见喷砂冒水，松软土上地裂缝较多，大多数砖烟囱中等破坏	125 (90~177)	13 (10~18)
Ⅷ	晃动颠簸，行走困难	中等破坏——结构受损，需要修理	0.31~0.50	干硬土上亦有裂缝，大多数砖烟囱严重破坏	250 (178~353)	25 (19~35)
Ⅸ	坐立不稳，行动的人可能摔跤	严重破坏——墙体龟裂，局部倒塌，复修困难	0.51~0.70	干硬土上有许多地方出现裂缝，基岩上可能出现裂缝，滑坡、坍方常见，砖烟囱出现倒塌	500 (354~707)	50 (36~71)
Ⅹ	骑自行车的人会摔倒，处不稳状态的人会甩出几米远	倒塌——大部倒塌，不能修复	0.71~0.90	山崩和地震断裂出现，基岩上的拱桥被破坏，大多数砖烟囱从根部破坏或倒毁	1000 (708~1414)	100 (72~141)
Ⅺ		毁灭	0.91~1.00	地震断裂延续很差，山崩常见，基岩上的拱桥被毁坏		
Ⅻ				地面剧烈变化，山河改观		

我国地震部门多采用以下经验公式表示震中烈度（I_0）与震级（M）之间的关系：

$$M = 0.68I_0 + 0.98 \tag{1-5-5}$$

（四）我国地震地质的基本特征

地震并非均匀分布于全球各地，而是集中于某些特定条带，称地震带。世界范围内主要地震带有环太平洋地震带、地中海-喜马拉雅地震带（亦称欧亚地震带）和大洋中脊地震带。全世界大多数地震发生于环太平洋地震带，其次为地中海-喜马拉雅地震带。

我国处于环太平洋地震带和地中海-喜马拉雅地震带之间,除台湾东部、西藏南部和吉林东部外,其他地区地震均属大陆板块内部地震,可划分为 23 个地震带,影响较大的地震带有台湾与东南沿海地震带(属环太平洋地震带组成部分)、西藏滇南地震带(属地中海-喜马拉雅地震带组成部分)、郯城-庐江地震带、中部南北向地震带、华北地震带和天山南北地震带等。

利用地质学判别发生破坏性地震的危险构造或能动断层,为地震研究提供了基础。我国地震地质的基本特征主要有以下三个方面:

(1)强震活动受活动构造严格控制,如中部南北向地震带,自云南东部向北,经四川、陕西,到六盘山、贺兰山一带,沿南北向一系列断裂——红河断裂、安宁河断裂、鲜水河断裂、龙门山断裂和六盘山断裂等活动断裂展布。

(2)受控于现代构造应力场,经常发生于断裂带应力集中地段。断裂带应力集中地段有断裂转折点、端点、分支等部位,以及不同方向断裂交会点等。

(3)绝大多数强震发生在一些稳定断块边缘的深大断裂上,稳定地块内部很少发生强震或基本没有,且裂谷盆地边缘强震发生较多。如 2008 年发生的四川盆地边缘的汶川地震。

综上所述,我国绝大多数强震都发生于稳定地块边缘的一些规模巨大的深大断裂上或断陷盆地边缘,主要地震区与活动构造带关系密切。

二、地震勘探基本理论

地震勘探是利用地下介质的弹性,人工方法激发地震波,观测地震波在岩体内的传播情况,以研究、探测地质结构和分布为目标的一种地球物理勘查方法,通过仪器设备(地震仪、检波器等)记录振动(地震记录),通过分析解释地震记录的特性(传播时间、振幅、相位及频率等),就能确定分界面的埋藏深度、岩石的组成成分和物理力学性质。地震勘探理论基础是地震波场,通常把地下介质看作各向同性的弹性介质,这样的假设虽不符合真实情况,但有很高的相似性,通过对复杂问题的简化,起到利用其性质进行研究和勘查的作用。

(一)地震波的传播

地震波自震源向四周传播,在存在波速或波阻抗差异的岩层、各类目的体分界面上会发生反射和折射,然后返回地面,引起地面振动,传播过程中遵循波传播的基本原理。

1. 惠更斯-菲涅尔原理(波前原理)

把某一时刻刚刚振动的点连成曲面,该曲面为此时间的波前,某一时刻刚停止振动的点连成的曲面为波后。

惠更斯-菲涅尔原理是指在弹性介质中,在任何时刻波前的每一个质点都可视为一个新的点震源,由它产生的二次振动形成子波前,而后波前位置可以认为是该时刻各子波波前的包络面,如图 1-5-1 所示。假设 t_1 时刻,S_0 面为新的震源点,以它们为圆心,以 $\Delta t \cdot v$ 为半径做出一系列波前面,则 S 面即代表后一时刻 $t_1 + \Delta t$ 的新的波前面位置。在均匀各向同性介质中,波前是以震源为中心的一系列球面,当半径很大时,球面波上很小一部分可以视作平面波。菲涅尔补充了惠更斯原理,认为由波前面各点所形成的新振动在空间上相互干涉叠加,其叠加结果成为该点的总振动。

2. 射线原理(费马最小时间原理)

射线是指一点到另一点传播的路径。弹性波沿射线传播的旅行时间与沿任何其他路径传播时间相比是最小的,称为射线原理,亦称为费马最小时间原理。在均匀各向同性弹性介质中,射线为自震源发出的辐射状直线,并垂直于波前,如图1-5-2所示。用射线和波前对波动进行描述是一种简便而又清晰明确的方法。

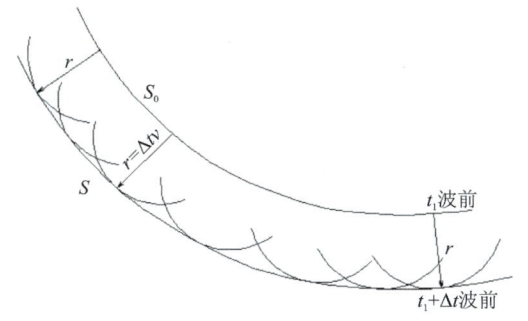

图 1-5-1　波前原理示意图

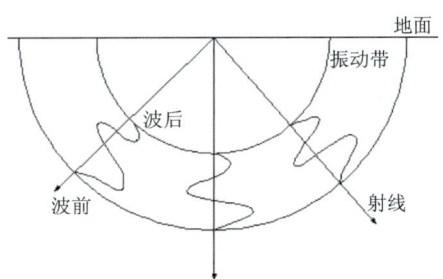

图 1-5-2　地震波传播示意图

3. 叠加原理

几个震源产生的波在同一介质中传播,在空间某点相遇,相遇处质点的振动是各个波所引起的分振动的合成,介质中某质点在任一时刻的位移是各个波在该点所引起位移的矢量和,这种性质称为叠加原理。地震勘探中,采用叠加技术可以有效地压制干扰、提高有效波的信噪比。

4. 视速度定理

地震波在介质中传播是沿射线方向传播的,因此沿射线方向传播的波的速度是真速度,用 v 表示。而沿其他方向传播的波的速度为视速度 v_S,视速度与真速度的关系为

$$v_S = v/\sin\alpha \tag{1-5-6}$$

式中:α 为视速度与真速度的夹角,称为入射角。该式称为视速度定理。

由于震源出射至地表的射线一般与地面不是垂直的,在地面观测的地震波速度为视速度,视速度与真速度之间的关系与夹角 α(入射角)有关,由视速度定理可知:

(1)$\alpha=90°$时,即波沿射线方向传播到观测点,$v_S = v$,视速度等于真速度。

(2)$\alpha=0°$时,波沿垂直射线方向传播到传播,$v_S \to \infty$,此时波前同时到达各观测点。

(3)一般情况下,多为 $0°<\alpha<90°$,视速度总是大于真速度 v。

(4)若真速度 v 不变,视速度的变化反映了入射角 α 的变化,根据视速度的变化可推测地下介质产状的变化。

所以严格来说,描述地震波时,使用视速度、视波长、视振幅等名词更为确切。

5. 互换原理

互换原理是指地震波的激发点位置和接收点位置互换后波的旅行时间不变，即激发点和接收点可以互换而不影响波的旅行时间。

（二）地震波的折射、反射与透射

按照波与介质界面的关系，地震波可分为入射波、反射波、折射波和透射波等。

1. 反射定律及反射、透射

每一介质的密度 ρ 与波在介质中传播的速度 v 和乘积（$\rho \times v$）称为波阻抗，波阻抗界面一般情况下与地下介质界面对应。当地震波入射到介质界面时，在界面上产生反射和透射，当地震波以某个入射角 α 射到介质界面时，一部分能量被反射，以 α' 角（反射角）出射形成反射波，另一部分能量穿透过界面以 β 角折射去下一层介质，形成透射波，β 角为折射角，如图 1-5-3 所示。入射线、反射线、透射线和界面法线在同一平面内，此平面称射线平面，一般入射角等于反射角，入射波速度等于反射波速度，该规则称反射定律，地震波服从反射定律。

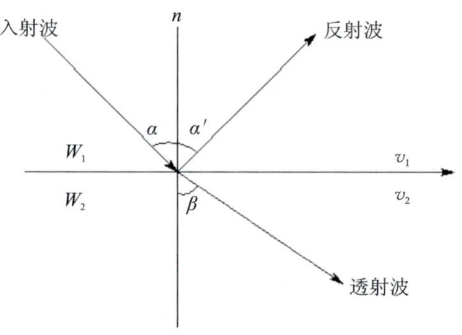

图 1-5-3　反射波与透射波的形成

2. 斯奈尔定理及折射

入射波透过界面形成透射波，由于界面上下两侧波速不同，透射波的射线发生偏折，偏折程度大小决定于透射定律。入射线、透射线和界面法线在同一射线平面内。入射线、透射线位于法线两侧，入射角 α 的正弦和透射角 β 的正弦之比，等于入射波的速度与透射波的速度之比，或者说入射角、反射角和透射角的正弦，以及它们各自相应的速度的比值等于一个定值，这个定理称为斯奈尔定理，公式为

$$\left. \begin{array}{l} \dfrac{\sin\alpha}{\sin\beta} = \dfrac{v_1}{v_2} \\ \dfrac{\sin\alpha}{v_1} = \dfrac{\sin\beta}{v_2} = P \end{array} \right\} \tag{1-5-7}$$

当 $v_1 > v_2$ 时，$\alpha > \beta$，透射线向法线偏折；当 $v_1 < v_2$ 时，$\alpha < \beta$，透射线远离法线、向界面偏折。多层介质中若速度是递增的，则透射线一直呈向界面偏折的折线。当 α 增大到一定角度 i 时，$\beta = 90°$，这时透射波沿交界面滑行形成滑行波，这时的入射角 i 称为临界角，则

$$\sin i = \dfrac{v_1}{v_2} \tag{1-5-8}$$

由波前原理，界面上质点振动形成新的波动，这种波的传播方式称折射波。折射波的射线是垂直于现波前面的一组平行直线，地面上某点（M 点）开始出现折射波，称 M 点为折射波始点，自震源 O 到 M 点范围内不存在折射波，该范围称为折射波的盲区，盲区的半径为

$$X_M = 2h\tan i = \frac{2hv_1}{\sqrt{v_2^2 - v_1^2}} \tag{1-5-9}$$

X_M 随 h 减少和 v_2 增大而减少,当 $v_2/v_1 = 1.4$ 时,$X_M = 2h$。因此作为经验法则:折射波只有在炮检距(震源点到检波接收点)大于两倍折射界面埋藏深度时才能被观测到。

3. 波的绕射和散射

前述为理想条件下地震波的传播规律,在实际工作中,地下界面往往不是那样完整和平滑的,如断层或尖灭等会造成界面突然中断、界面起伏不平等,这种情况下,在界面突然点和不平段会产生波的绕射和散射,如图 1-5-4 和图 1-5-5 所示。

图 1-5-4 表示了地震波在断层点产生的绕射现象,震源点为 O,在 OD 区间内能接收到反射波,在 D 点以外 A、B、C 点只能接收到以 R 点为新震源的绕射波,其地震记录特征是正上方信号最强,两侧逐渐减弱。

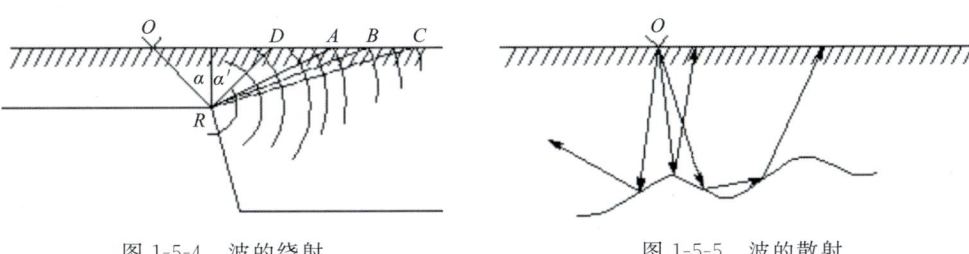

图 1-5-4　波的绕射　　　　图 1-5-5　波的散射

图 1-5-5 显示局部起伏不平的地层界面产生的地震波散射现象,界面无规律,使得反射波传播方向没有规律,射线交叉呈散乱状,形成散射,从而在地面上有些地段观测不到反射波,反射记录呈现为断断续续的反射波。

(三) 理论时距曲线

为了更好地了解、识别反射波和折射波的特征,首先必须理论上认识它们在各种地质界面中出现的形态、时间变化特点和规律,以便指导地震勘探。

1. 直达波理论时距曲线

直达波为从震源出发不经界面反射、折射而直接到达各接收点的地震波。设地面以下为均匀介质,波传播速度为 v,在地面上各点接收地震波信号,则地震波旅行时间为

$$t = \frac{x}{v} \tag{1-5-10}$$

该式为直达波时距曲线方程,为一直线方程。

以时间 t 为纵坐标,以接收点到 O 点距离为横坐标,可绘出直达波时距曲线,见图 1-5-6。直达波时距曲线为一直线,斜率 $m = 1/v$。

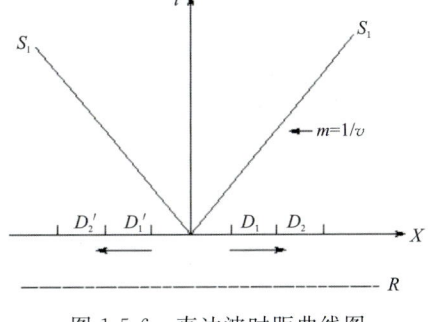

图 1-5-6　直达波时距曲线图

2. 折射波理论时距曲线

1) 二层水平界面的折射波时距曲线

设地面下深度 h 处有一水平的两种介质的分界面 R，上下层速度分别为 v_1、v_2，且满足 $v_1 < v_2$ 的条件。通过震源 O 点布设观测线 OX，在测线上 x_1、$x_2 \cdots x_n$ 等点安放检波器拾震，见图 1-5-7，根据斯奈尔定理，入射波达到临界角 i 产生折射波，设在点 D 处接收到折射波，其炮检距为 x，则折射波旅行路线为 O→K→E→D，旅行时间为

$$t = \frac{OK}{v_1} + \frac{KE}{v_2} + \frac{ED}{v_1} = \frac{x}{v_2} + \frac{2h\sqrt{v_2^2 - v_1^2}}{v_1 v_2} \tag{1-5-11}$$

这就是水平二层介质的时距方程，时距曲线亦是一直线，斜率为 $1/v_2$，该直线斜率延长与 t 轴相交于 t_0，称截距时间，则 t_0 为

$$\left. \begin{array}{l} t_0 = \dfrac{2h\cos i}{v_1} = \dfrac{2h\sqrt{v_2^2 - v_1^2}}{v_1 v_2} \\[2mm] h_0 = \dfrac{t_0 v_1}{2\cos i} = \dfrac{v_1 v_2}{2\sqrt{v_2^2 - v_1^2}} t_0 \end{array} \right\} \tag{1-5-12}$$

可见，利用直达波时距曲线求出 v_1，利用折射波时距曲线求出 v_2 和截距时间 t_0，则可按上式求出震源 O 处界面埋藏深度 h_0。

2) 二层倾斜界面的折射波时距曲线

如图 1-5-8 所示，界面倾角 φ，其他条件同上，当在炮点的下倾方向接收折射波时，旅行时间为

$$t = \frac{\sin(i+\varphi)}{v_1} x + \frac{2h_1 \cos i}{v_1} \tag{1-5-13}$$

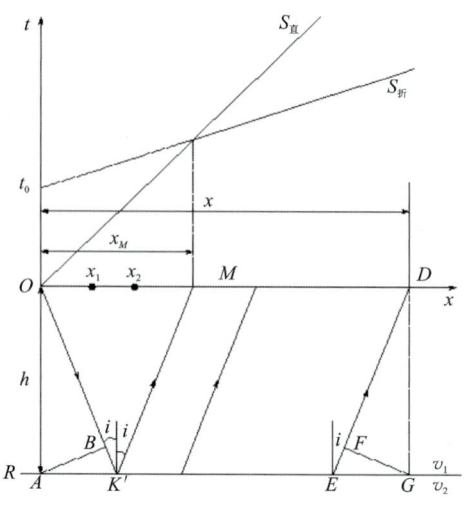

图 1-5-7　水平二层介质折射波时距曲线图

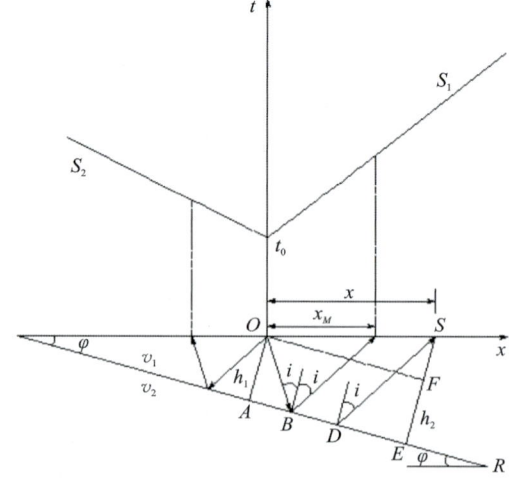

图 1-5-8　倾斜二层介质折射波时距曲线图

当在炮点的上倾方向接收折射波时，旅行时间为

$$t = \frac{\sin(i-\varphi)}{v_1} x + \frac{2h_1 \cos i}{v_1} \tag{1-5-14}$$

由上两式可以看出,时距曲线方程亦为直线方程,直线的截距时间 t_0 为 $2h_1\cos i/v_1$,斜率分别为 $\sin(i\pm\varphi)/v_1$。下倾方向时斜率大、速度小、曲线陡,上倾方向时斜率小、速度大、曲线缓。因此,可从两条时距曲线陡缓情况判断地下介质界面倾斜方向。

联上两式,可推导出:

$$\left.\begin{array}{l} i = \dfrac{1}{2}\left(\sin^{-1}\dfrac{v_1}{v_\text{下}} + \sin^{-1}\dfrac{v_1}{v_\text{上}}\right) \\ \varphi = \dfrac{1}{2}\left(\sin^{-1}\dfrac{v_1}{v_\text{下}} - \sin^{-1}\dfrac{v_1}{v_\text{上}}\right) \end{array}\right\} \quad (1\text{-}5\text{-}15)$$

从而通过 i、v_1 求得界面速度 v_2,而折射波时距曲线盲区分别为

$$\left.\begin{array}{l} \text{下倾方向} \quad X_{M\text{下}} = \dfrac{2h_1\sin i}{\cos(i+\varphi)} \\ \text{上倾方向} \quad X_{M\text{上}} = \dfrac{2h_1\sin i}{\cos(i-\varphi)} \end{array}\right\} \quad (1\text{-}5\text{-}16)$$

故在进行地震折射勘探时,应满足 $i+\varphi<90°$。

3)三层及多层界面的折射波时距曲线

对于多层介质,满足地下深处各层速度递进条件,可形成折射波,如图 1-5-9 所示,其时距曲线方程为

$$t_3 = \dfrac{x}{v_3} + \dfrac{2h_1\sqrt{v_3^2-v_1^2}}{v_1 v_3} + \dfrac{2h_2\sqrt{v_3^2-v_2^2}}{v_2 v_3} \quad (1\text{-}5\text{-}17)$$

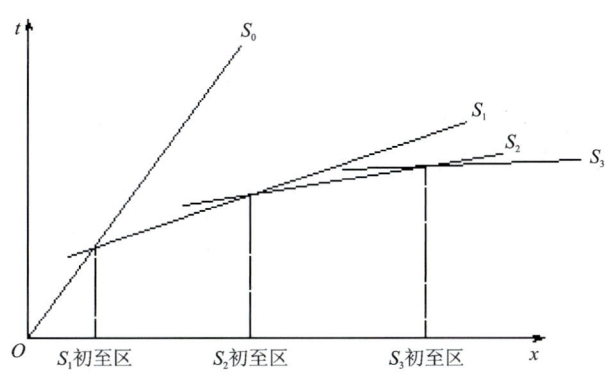

图 1-5-9　水平三层介质折射波时距曲线图

多层介质时距曲线方程为

$$t_n = \dfrac{x}{v_n} + 2\sum_{k=1}^{n-1}\dfrac{h_k\sqrt{v_n^2-v_k^2}}{v_n v_k} \quad (1\text{-}5\text{-}18)$$

4)弯曲界面的折射波时距曲线

实际情况中,界面总有不同程度的弯曲,而折射波时距曲线亦呈曲线状。当界面为凸形时,时距曲线呈向下弯曲的凹曲线,反之,当界面为凹形时,时距曲线呈向上弯曲的凸曲线,如图 1-5-10 和图 1-5-11 所示。当凸形界面曲率半径减小,折射波出现一个特殊现象,即穿透现象,无法得到真实的时距曲线,如图 1-5-10 所示。外业工作时,在同侧不同地段激发地震波,

对同一地段观测,称追逐时距曲线,若没有穿透,两条曲线是平行的,若存在穿透现象,则两条时距曲线不会平行。

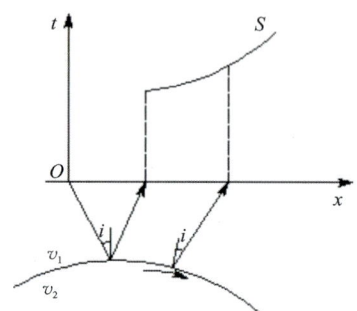
图 1-5-10 凸界面折射波时距曲线图

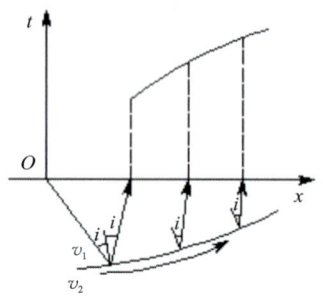
图 1-5-11 凹界面折射波时距曲线图

5) 直立界面的折射波时距曲线

设有直立界面 W,分隔速度分别为 v_2、v_3 的介质,$v_3 > v_2$,如图 1-5-12 所示。当震源位于 v_2 介质侧时,折射波旅行段为 BC 段,经 A 点后进入 v_3 介质,临界角发生变化,D 点后接收 v_3 折射波,CD 段产交叉重叠现象,时距曲线陡度变小,转折点位置在曲线上偏向 v_3 一侧,容易误认为三层介质。当震源位于 v_3 介质侧时,时距曲线与 O_1 点激发相反。如果出现断层或阶梯状构造,则在转折点出现绕射波,如图 1-5-13 所示,时距曲线出现脱节现象,当 Δt 清晰时,可求出阶梯高 Δh。

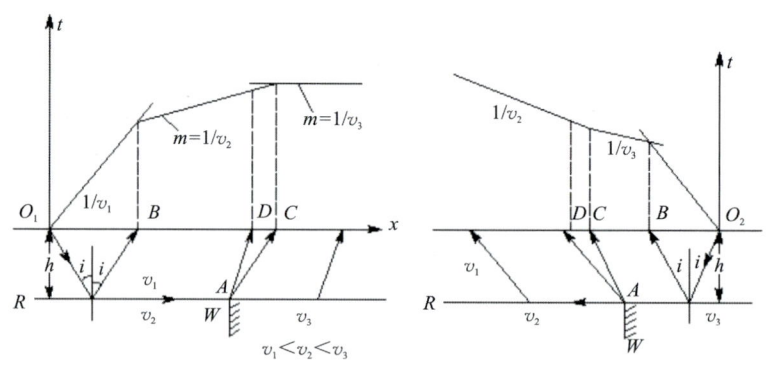

图 1-5-12 直立界面折射波时距曲线

3. 反射波理论时距曲线

1) 二层水平界面的反射波时距曲线

只要地下介质的波阻抗不相等,即 $\rho_1 \times v_1 \neq \rho_2 \times v_2$,则入射到界面上的地震波即按反射定律产生反射波。地下界面 R,埋深 h,上层介质波速 v_1,O 点为震源,地面上设若干观测点接收地震波,如图 1-5-14 所示。设与 O 点对称的 O' 点为虚震源,则 $OO' = 2h$,于是有反射波旅行时

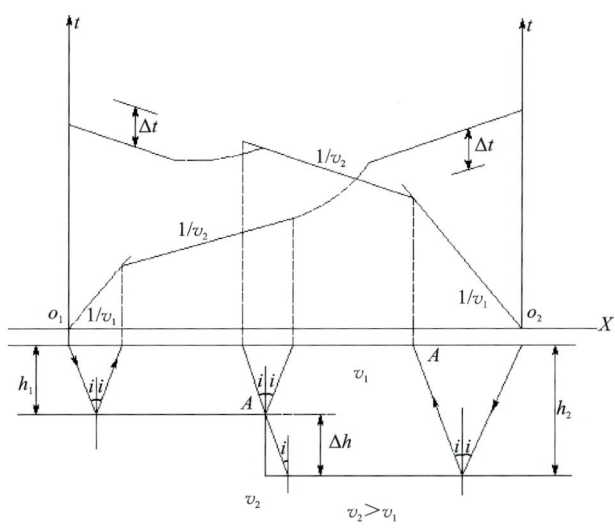

图 1-5-13　阶梯状界面折射波时距曲线

$$\left.\begin{array}{c}t=\dfrac{OC+CS}{v_1}=\dfrac{\sqrt{4h^2+x^2}}{v_1}\\ \text{或}\dfrac{t^2}{\left(\dfrac{2h}{v_1}\right)^2}-\dfrac{x^2}{(2h)^2}=1\end{array}\right\} \tag{1-5-19}$$

该式为水平二层界面反射波时距曲线方程。可见反射波时距曲线为双曲线,且对称于 t 轴,极小点坐标为 $(2h/v_1,0)$。在震源 O 接收到的反射波到达时间称双程垂直时间 t_0,也是最小反射时间,$t_0=2h/v_1$,根据 t_0 可求得震源 O 点处界面埋深 $h=v_1 \cdot t_0/2$。令上式左端为 0,经简化,可得双曲线的渐近线公式 $t=x/v_1$,即直达波时距曲线是反射波时距曲线的渐近线,双曲线上各点斜率范围在 $0\sim 1/v_1$ 之间。

对上式两边取平方,可得

$$t^2=\left(\dfrac{2h}{v_1}\right)^2+\dfrac{x^2}{v_1^2} \tag{1-5-20}$$

以 x^2 为横坐标,t^2 为纵坐标,如图 1-5-15 所示,图中直线斜率为 $1/v_1^2$,即可求出上覆层速度 v_1。

2) 倾斜二层界面的反射波时距曲线

设倾斜界面 R,倾角 φ,震源 O 点到界面法线深度 h,虚震源与震源以倾斜界面为对称线,如图 1-5-16 所示,则反射波时距曲线见式(1-5-20)。

时距曲线仍为双曲线,极小点坐标为:$x_m=\pm 2h\sin\varphi$,$t_m=2h\cos\varphi/v_1$。极小点位于界面上倾方向,随着界面埋深和倾角的加大,极小点也越远离震源 O 点。实际工作中,可根据极小点位置来判断反射界面倾斜方向。

$$\left.\begin{array}{c}t=\dfrac{\sqrt{4h^2+x^2-4hx\sin\varphi}}{v_1}\\ \text{或}\dfrac{t^2}{\left(\dfrac{2h\cos\varphi}{v_1}\right)^2}-\dfrac{(x-2h\sin\varphi)^2}{(2h\cos\varphi)^2}=1\end{array}\right\} \tag{1-5-21}$$

震源点双程时间、法线深度求法与水平二层界面相同。

3) 多层界面的反射波时距曲线

不难得出,对于多层水平介质,见图 1-5-17,反射波旅行时 t 为

$$\left. \begin{array}{l} t^2 = t_{0n}^2 + \dfrac{x^2}{\bar{v}_n^2} \\[2ex] \bar{v}_n^2 = \sqrt{\dfrac{\sum\limits_{i=1}^{n} t_i v_i^2}{\sum\limits_{i=1}^{n} t_i}} \end{array} \right\} \qquad (1\text{-}5\text{-}22)$$

式中:$\bar{v}_n$ 为均方根速度。可见,水平多层介质时距曲线为多个双曲线。

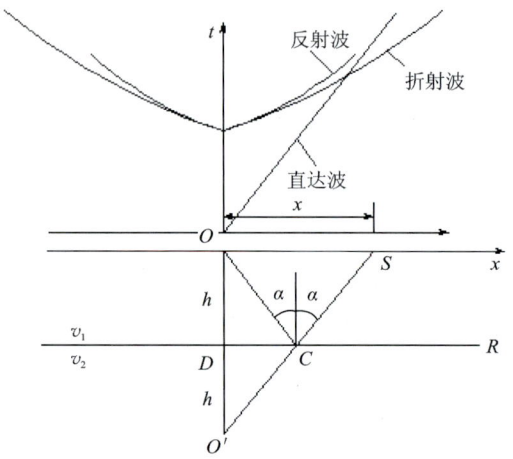

图 1-5-14　水平二质介质反射波时距曲线

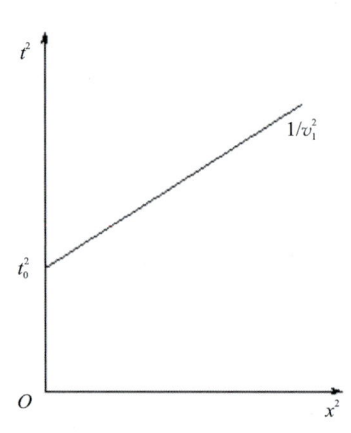

图 1-5-15　$x^2\text{-}t^2$ 曲线

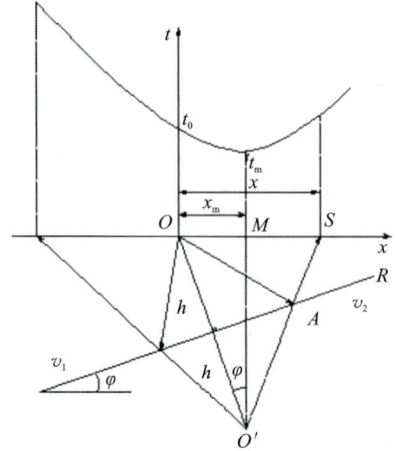

图 1-5-16　倾斜二层介质反射波时距曲线

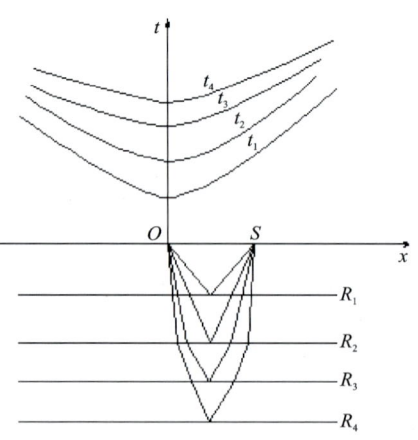

图 1-5-17　水平多层介质反射波时距曲线

4）断层的反射波时距曲线

直立断层附近设震源 O 点，假设两侧界面水平，震源在下降盘一侧，如图 1-5-18 所示，因界面在 A 点断开，故 S_1 点右侧观测不到反射波，所以反射波时距曲线仍是双曲线，极小点位于 t 轴，且 $t_0 = 2h_1/v_1$。同样，设震源 O 点在上升盘一侧，在 S_2 点左侧无上升盘反射波，这样 S_1S_2 两点之间无法得到反射波，地震波记录上同相轴在 S_1S_2 两点之间断开，出现空白带，并且 S_1S_2 两点前后错开一段时差为 Δt，而断层附近出现绕射波干扰，从而出现复杂干涉现象。

三、地震勘探野外工作方法

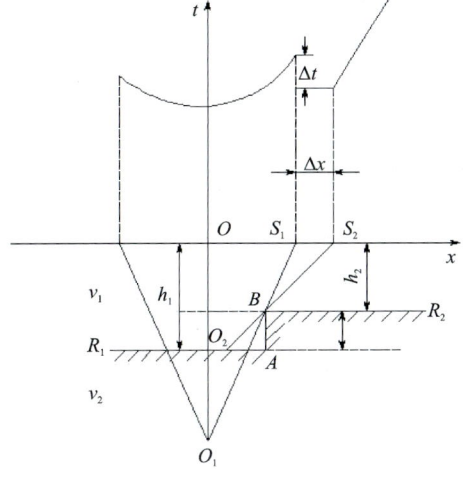

图 1-5-18　直立断层反射波时距曲线图

根据利用地震波的类型不同，地震勘探的工作方法可分为反射波法、折射波法和面波法。

（1）反射波法：由地面测线上的各测点接收各类波阻抗界面反射波旅行时，根据旅行时与地面各接收点间的位置关系，确定波在介质中的传播速度、反射界面的埋深和形态等。

（2）折射波法：由震源产生向地下半无限空间入射的地震波，在界面处产生折射波，根据旅行时时距曲线，可求得形成折射波的地层界面的埋藏深度和起伏形态。

（3）面波法：亦称瑞利波法，分为稳态瑞利波法和瞬态瑞利波法两类。研究面波在地表和地下一定范围内层状介质中传播特征和频散现象，以便了解地层的面波速度和厚度分布情况。

一般来说，地震勘探野外工作大体分为 3 个阶段：首先是了解现场条件，确定地震勘探可能达到的预期效果；其次是进行试验工作，选择最佳激发方式、观测系统和接收条件等；最后是在试验的基础上，设计整个工作区勘查方案，并进行野外数据采集，为内业处理提供原始数据。

（一）数据采集设备

1. 震源

震源激发方式是地震勘探获取数据好坏的重要条件，其激发方式主要有爆炸（民爆物品）、锤击或夯击、震源枪、气爆气动震源、电火花震源和可控震源等。

（1）爆炸。主要由民爆物品的雷管击发炸药一起爆炸，产生尖脉冲，具有能量大且可调、频带范围宽等特点，是目前地震勘探中最优的震源。炸药是一种化学物质或化学混合物，常用的有 TNT 和硝氨。炸药震源自地震勘探问世之初一直被作为激发地震波的主要震源。炸药是通过雷管引爆的，以雷管线断开时间作为地震波起始记录信号时间，表明地震波已被激发开始传播。缺点是现今难以获取民爆物品，办理手续复杂、安全风险大。

（2）锤击或夯击。利用大锤或标贯器（自由落体）、金属垫板等激发，成本低，但能量小。

（3）震源枪。类似猎枪的装置，配有专用子弹，效率高，但能量偏小，办理手续复杂。使用时需要在地面挖一深40～80cm的孔(坑),孔中注水改善耦合,然后向孔中激发,尤其适合软土地区工作。

(4)电火花震源。主要用于江河湖海等水上激发的震源,利用电容中储存的高压电能,通过水中电极间隙瞬时放电激发,能量大小可调,成本相对低廉。

(5)气爆气动震源。利用密闭的圆柱状爆炸室,与水面直接接触,将混合气体(丙烷和氧气)导入爆炸室,用电火花引爆,驱动爆炸室底板撞击地面产生地震波。压缩空气枪震源是其中一种,一般用于水上勘探,装置成枪状,容量达数10L空气从压力机送入装置,向水下触发,高压空气产生冲击力,从而激发地震波。

(6)可控震源。一种新型震源,利用激发装置产生一个延续时间从几秒到数十秒,频率随时间变化的正弦振动,可事先控制激发时长、激发频率和能量大小等。优点是频率可调,成本相对较低,但能量偏小。

以上震源激发的都是纵波,所以地震勘探一般都是指利用纵波的勘探方式。野外震源选择一般应注意以下事项:①应根据勘查目的、作业环境和施测条件,并通过试验确定震源激发方式;②震源激发的地震波主频应满足分辨率要求;③震源激发能量应可控,并满足探测深度要求。

2. 检波器

检波器又称拾震器,是把地震波微弱信号转换成电信号的换能装置。常用检波器一般由线圈、弹簧片和永久磁钢架及外壳组成,当地震波到达时检波器内线圈随之振动,由于惯性作用,线圈与磁钢发生相对运动而产生感应电流和电压,传输至地震仪记录电压信号,从而拾取地震波。每种检波器均设有固定频率,分为5Hz、18Hz、28Hz、38Hz、60Hz、100Hz等,频率越低,灵敏度越高,如主频5Hz检波器一般用于面波勘探,主频18Hz、28Hz、38Hz的检波器一般用于折射波勘探等。

目前使用的地震检波器几乎完全是动圈式(用于陆地工作)和压电式(用于水上工作),从结构上看,主要有两大类:引线簧结构(不旋转)和簧片接触式结构(可旋转)。引线簧结构检波器,结构简单、零件少、稳定可靠。簧片接触式检波器零件多,接触导电的环节多,工艺复杂,因而稳定性差,成本高,适合做高频检波器。检波器的主要类型和工作原理如下。

(1)动圈式地震检波器,其机电转换通过线圈相对磁铁往复运动而实现。线圈及线枢由一个弹簧系统支撑在永久磁铁的磁极间隙内,组成一个振动系统。当线圈在磁极间隙中运动时线圈切割磁力线,同时在线圈两端产生感应电势,感应电势的大小与线圈切割磁通量的速度成正比,也就是说,与其相对于磁铁的运动速度成正比。因此,动圈式检波器也称为速度检波器。

(2)动磁式检波器,由磁铁及固定在磁铁上的线圈、弹性垫片、软铁隔板组成。主要用于地震测井。地震波到达时使水压发生变化,水压变化引起软铁隔板相对磁铁发生位移,进而导致磁路的长度变化,引起磁路中磁阻差改变,磁阻变化使磁通改变,结果在线圈中产生感应电势。

(3)压电式检波器,这种检波器一般用于水下一定深度接收地震波,它是用压电晶体(或压电陶瓷)传感元件,当它受到压力形变时(如水压力变化),会产生一个与瞬时压力成正比的电压,因此,这种检波器也称压力检波器。

(4)涡流地震检波器,这是日本公司研制成的一种检波器,它利用惯性部件和固定在机壳里永久磁场作相对运动产生涡流,涡流又使固定在机壳里的线圈感应出电流的原理而制成。

每一种检波都具有方向特性,而地震波的频率和方向性都不一样,如浅层有效地震波频率在80~300Hz之间。进行地震勘探时,故宜选用固有频率较高的检波器。检波器的方向特性,主要指检波器最灵敏的接收方向,当地震波震动方向与检波器最灵敏方向一致时,所接收的信号最强,对于纵波来说其最灵敏方向,就是波的传播方向,对于横波来说其最灵敏方向,就是垂直波的传播方向,因此,外业布置检波器时,对于纵波勘探检波器应垂直于地面,对于横波勘探检波器应平行于地面。实际工作中,常用多个检波器一起构成一个接收地震道的输入记录,称组合检波,可起到很好的压制干扰的效果。

地震检波器的主要性能参数有灵敏度、频率、阻尼、直流电阻和一致性等,一般要求相同主频检波器应有良好的一致性,固定频率允许偏差±10%,振幅允许偏差±10%,相位允许偏差±0.5ms;失真度不大于0.2%;绝缘电阻不小于10kΩ。

检波器主频选择需要注意以下问题:①折射波法宜选用固有频率10~40Hz的垂直检波器;②纵波反射法宜选用固有频率60~100Hz的垂直检波器;③横波反射法宜选用固有频率40~60Hz的水平检波器;④面波法宜选用固有频率1~10Hz的垂直检波器。

外业检波器的安放需要注意下列问题:①检波器应安置牢固,并清除周边杂草,风力过大时应掩埋等;②在水田、沼泽、浅滩等处安置时,应使用长尾锥,并注意防水;③在道路硬化路面上安置时,应使用石膏、橡皮泥等黏结物品,将检波器牢固粘在地面,保证检波器与地面耦合良好;④接收横波时,应保证检波器水平安置,并垂直测线方向,且方向一致;⑤可在垂直测线方向上测线两侧移动,移动距离不大于1/5道间距;⑥水中接收时,宜沉放于水面1m以下。

3. 地震仪

地震仪是将检波器输出的电信号进行放大、显示并记录的专门仪器,一般具有滤波、放大、叠加和实时显示等功能。地震仪一般性能指标要求如下:①A/D转换器不低于16位;②动态范围不低于120dB;③仪器采样率可调,最小采样间隔不大于50μs;④应具有良好的道一致性,各道振幅相对误差不应大于10%,相位相对误差不应大于采样间隔的一半;⑤通频带宽度宜为0.5~4000Hz。

仪器触发装置是在震源点安装的触发器,给地震仪信号,开始同步记录数据,仪器触发装置指标一般应满足如下条件:①触发信号延迟时间不大于0.5ms;②起跳尖锐,振幅足以触发仪器内计时电路。

4. 电缆

电缆是连接地震仪和检波器的电线组,其指标要求一般如下:①电缆不得有破损、断道、串道、短路等故障;②大线电缆间绝缘电阻不得小于10MΩ,对地绝缘电阻不得小于20MΩ。

随着检波器技术的发展,无线检波器应用越来越广泛,外业生产可省去放置电缆环节,生产效率得到较大提高,缺点是有时无线连接不太稳定。

(二)观测系统

1. 排列长度与道间距

外业地震勘探测线一般布置成直线,而排列长度 L 是指每次接收地震波记录的第一道检波器到最后一道检波器之间的距离。设道间距(两个相邻检波器之间的距离)为 Δx,接收检波器的数量为 n,则排列长度为 $L=(n-1)\Delta x$,很显然,Δx 越大 L 越大,但 Δx 超出某一数值,则相邻道间波的相位就难以追踪,所以 Δx 的选择是要能连续追踪到信号为佳,一般道间距选择为 5m、10m。

2. 观测系统的选择

为了有效地接收不同的有效波,震源点与检波点的布置应保持必要的相对位置,通常把激发点与检波点之间的相对位置称为观测系统,野外一般采用直线型纵测线进行观测。根据勘探方法和地质情况的不同,采用不同的观测系统。

折射波法观测系统分为以下三类。

(1)单支曲线观测系统。在测线一端激发,得到单支时距曲线的观测系统。本系统适用于地质条件简单的情况,当界面起伏较大或地质条件复杂时,解释成果误差会很大。

(2)相遇时距曲线观测系统。如图 1-5-19 所示,在测线一端 O_1 点激发时,得到时距曲线 S_1,在测线另一端 O_2 点激发时,得到时距曲线 S_2,S_1 和 S_2 这一对时距曲线称为相遇时距曲线观测系统。满足时距曲线互换关系,即两侧时间轴与曲线交点时间 T 相等,T 称互换时。

(3)追逐相遇时距曲线观测系统。如图 1-5-20 所示,在一个排列上接收同一侧不同震源点所激发的折射波,不论震源在何位置激发,均有曲线 S_3、S_4 分别与 S_1、S_2 平行。曲线平行,说明未发生波的穿透。

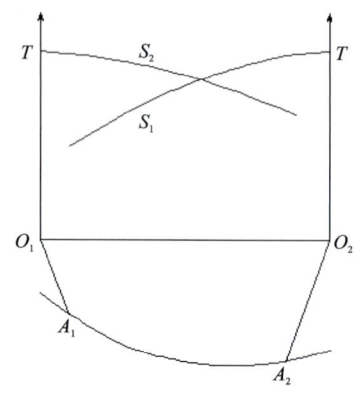

图 1-5-19 相遇时距观测系统

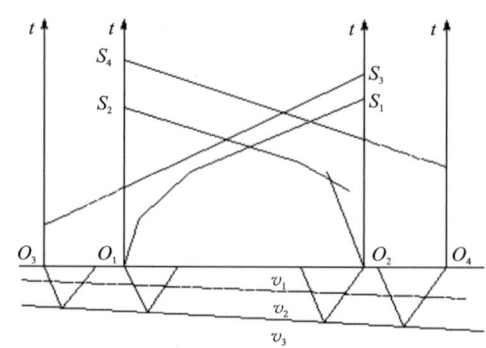

图 1-5-20 追逐相遇时距观测系统

反射波法观测系统分为以下两类。

(1)单次覆盖观测系统。地下地层一般是连续的,为了解界面形态,在一定长度的测线上,使用连续观测系统对界面进行观测,如图 1-5-21 所示,在 O_1 点激发,O_1O_3 接收,然后在 O_2 点激发,仍然在 O_1O_3 接收,保持 O_2O_3 不动,O_1O_2 移至 O_3O_4,这样不断移动激发点和接收点位置,即可追踪到反射界面 R,这即为单次覆盖(简单连续)观测系统。缺点是对干扰信号的抑制能力差。

(2)多次覆盖观测系统。多次覆盖是指被追踪界面观测次数在二次以上,若同一界面被追踪观测六次,则称六次覆盖观测系统,如图 1-5-22 所示。为了解 R 点情况,依次在 O_1、O_2、O_3 点激发,并依次在 D_1、D_2、D_3 点接收,R 点(中心点)与地面上投影 M 点重合,并且每次观测到 R 点的反射信号,这些反射道信号称为共反射点道集。

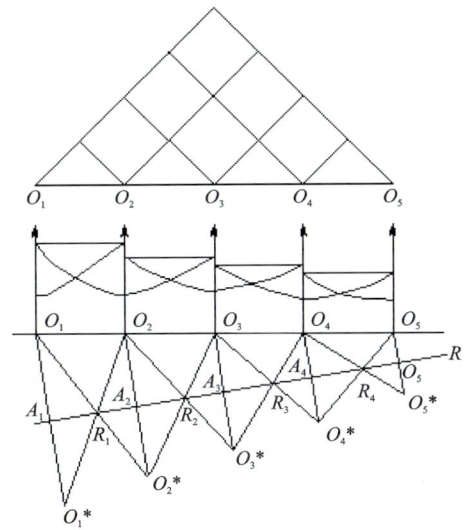

图 1-5-21 单次覆盖观测系统

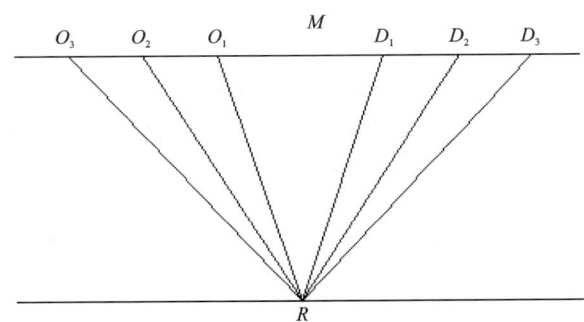

图 1-5-22 六次覆盖共中心点道集

以单边放炮 24 道接收、六次覆盖观测系统为例进行说明,如图 1-5-23 所示,炮点位于排列左侧,炮检距为一个道间距,每放完一炮,炮点和检波点一起向右移动两个道间距,这样便组成了六次覆盖观测系统。将所有炮点标在水平线上,然后向上呈 45°角做前进方向的直线,将 24 道分别投影到 45°斜线上,即每一根斜线表示一个排列,获得一项原始记录。从图 1-5-23 中可以看出,O_1 炮第 21 道、O_2 炮第 17 道、O_3 炮第 13 道、O_4 炮第 9 道、O_5 炮第 5 道、O_6 炮第 1 道都是接收来自 A 点的反射,形成共反射点道集,显然,A 点以后每一个反射点都可以被观测六次。其他次数更多的观测系统与此情况类似。在多次覆盖观测系统中,常用下式计算每炮移动道数。

$$m = \frac{SN}{2n} = \frac{d}{\Delta x} \tag{1-5-23}$$

式中:S 为放炮系数(单边激发 $S=1$、双边激发 $S=2$);N 为一个排列接收道数;n 为覆盖次数;d 为激发点间距离;Δx 为道间距。

此外,还有三维反射观测系统,在此不作介绍。

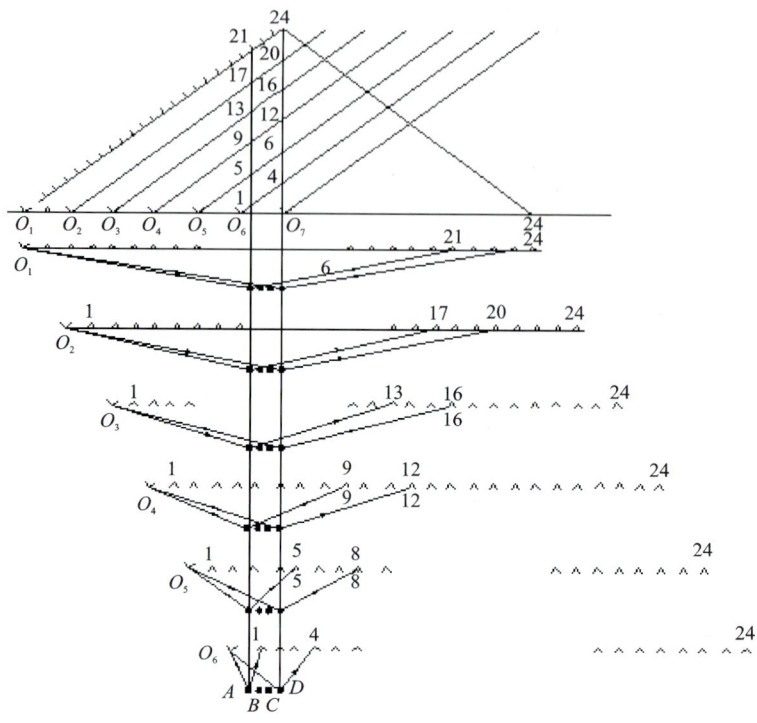

图 1-5-23 单边激发六次覆盖观测系统

(三)有效波与干扰波的识别

对于地震勘探而言,有效波和干扰波是相对的概念,如进行反射波勘探,视声波、面波和折射波为干扰波。因此,勘探工作中,不被利用的波才属于干扰波,再如声波、多次反射和一些随机干扰信号等,地震勘探的效果如何,关键在于能不能有效压制干扰波,加强有效波。

1. 声波

爆炸和锤击激发地震波同时产生声波,声波速度340m/s,稳定延续、频率高,持续时间长,地震记录上呈现尖锐的波形。

2. 面波

地震波激发后,在大地表面处产生面波,速度小于横波,能量沿垂直方向衰减快,水平方向衰减慢,强度大、频率低,具频散特征,在地震记录上呈扫帚状。常利用其频散性质研究浅层构造和提取物性参数。

3. 工业电干扰

测线经过高压线时,工作电缆或检波器会感应50Hz电压,形成全部或部分道出现50Hz正弦强干扰,振幅大小受电压、电线粗细及两者间距离等制约,有时强度可超过有效波许多倍,若干扰太大,可采取炮点多次激发叠加技术压制干扰。

4. 多次反射

当地下存在强阻抗界面时易产生多次反射波,特点是与正常一次反射波相似,只是传播速度低于正常一次波,时距曲线低斜率大,时间上是一次波的倍数。目前常用方法是用数字处理的反褶积技术消除其影响。

(四)地震勘探的分辨率

分辨力是指分离两个十分靠近物体的能力,一般用距离来表示,大于某个特定距离,可以辨认出是两个物体,小于该距离就不再能辨认出是两个物体。分辨力的倒数称为分辨率,一般不对二者加以区分。

1. 地震波频率与纵向分辨率

纵向分辨率指在纵向上能分辨岩层的最小厚度,纵向分辨率能力与地震波的频率关系密切。在数据采集中,重要工作内容之一是得到尽可能多的地震波高频成分,但很难做到,因此,常常从地质任务出发,达到最小分辨能力的高频 f_{max} 成分或最短波长 λ_{min},可按下式计算。

如图 1-5-24 所示,设要分辨的最小地层厚度为 Δz,层速度为 v_z,一般情况下,可分辨的最小地层厚度为主波长 λ_m 的 1/4,即

$$\Delta z = \lambda_m/4 = v_z T_m/4 = v_z/4f_m \tag{1-5-24}$$

式中:λ_m 为地震波主波长;T_m 为地震波主周期;f_m 为地震波主频率。

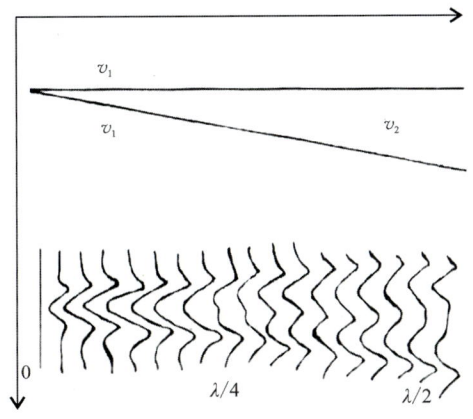

图 1-5-24 纵向分辨率计算示意图

主频率 f_m 与最高频率 f_{max} 一般有如下关系:

$$f_{max} = 1.43 f_m \tag{1-5-25}$$

则

$$\left.\begin{array}{l} \Delta z = 1.43 v_z/4 f_{max} \\ f_{max} = 0.358 v_z/\Delta z \\ \lambda_{min} = 2.8 \Delta z \end{array}\right\} \tag{1-5-26}$$

例：层速度 $v=1800\text{m/s}$，主频率 $f=50\text{Hz}$，主波长 $\lambda=v*T=v/f=1800/50=36\text{m}$，最小分辨厚度为 $\Delta z=\lambda/4=9\text{m}$。

2. 地震波主频率横向分辨率

横向分辨率（水平方向分辨率）为沿水平方向可以区分出两个地质体之间的最小距离，或所能分辨的最小地质体的宽度，用第一菲涅耳区的宽度进行确定。第一菲涅耳区的宽度由1/4的波长在水平面内切割长度确定，如图1-5-25所示，频率越高，分辨率越高。一般认为，第一菲涅耳区宽度的一半 L 为可水平分辨的宽度，采用下式计算

$$L=\sqrt{\left(h+\frac{\lambda}{4}\right)^2-h^2}=\sqrt{\left(\frac{vt}{2}\right)^2-\left(\frac{vt}{2}-\frac{v}{4f_m}\right)^2} \tag{1-5-27}$$

由此，可得到地震波主频为

$$f_m=\frac{v}{2vt-(8vt-16L^2)} \tag{1-5-28}$$

式中：L 为可分辨的地质体宽度；v 为速度；t 为半波带处的到达时。

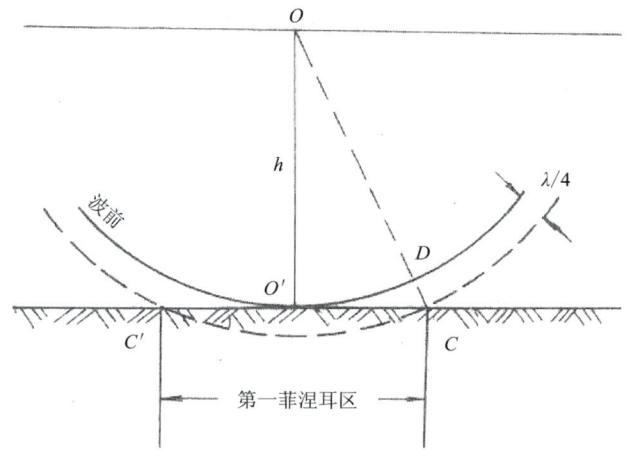

图 1-5-25 第一菲涅耳区宽度图示

由式(1-5-28)，可根据式(1-5-25)求出最高频率 f_{max}。比较纵横向分辨率对 f_{max} 的要求，取大者为数据采集时的选择对象。

例：$v=1800\text{m/s}$，$f=50\text{Hz}$，$h=1500\text{m}$，则 $L=164\text{m}$。

(五) 地震勘探野外工作其他注意事项

1. 折射波法

采用折射波法的野外观测系统能够连续对比追踪目的层的折射波，实现完整对比或不完整对比，并注意以下事项。

(1) 采用追逐相遇时距曲线观测系统时，相遇段内接收来自同一折射面的检波点数不应少于4个，两个平行时距曲线接收同一界面折射波检波点数不应少于3个。

(2) 检波点应确保边道、互换道和相邻两道不出现坏道。

(3) 同一排列,时距曲线互换道时间差不应大于 5ms,经校正后不应大于 3ms。

(4) 抽检时宜采用重复观测方式,抽检量不应少于测线总长的 5%。

2. 反射波法

反射波法应通过试验确定最佳时窗、偏移距、道间距、最大炮检距、采样率和记录长度等参数,并注意以下事项。

(1) 目的层厚度应大于有效地震波长的 1/4。

(2) 倾斜地形,应在地形下倾方向激发。

(3) 反射波同相轴应清晰、连续、能对比追踪。

(4) 外业检查应采用重复观测方式,检查量不应小于总工作量的 5%。

(5) 水域反射波法,接收排列和震源应实时定位。

3. 最佳窗口接收技术

反射波法野外工作时,最大炮检距需大致等于最深目的层的深度 h,偏移距即为最小炮检距,偏移距大些易消除声波和面波干扰,但太大易损失浅层有效波,且炮点耗费的能量成倍增加,若道间距过小,虽横向分辨高,但勘探费用成倍增大,所以野外工作时,一般采用"最佳时窗接收技术",以确定偏移距、道间距等参数。图 1-5-26 展示了勘探工作中各类波时距曲线,图中面波曲线与基岩面反射波曲线交于 C 点,折射波在 D 点出现,在 D 点处折射波曲线与反射波曲线相切,CD 段内仅接收反射波,C、D 点在横轴上投影点分别为 A、B,称 AB 段长度为"最佳时窗",该段内即无面波影响又无直达波或折射波的影响,利用"最佳时窗"的实际长度,可以确定工作参数为:震源 O 点,OA 为偏移距,排列长度等于"最佳时窗"AB 段长度,最大炮检距等于 OB。

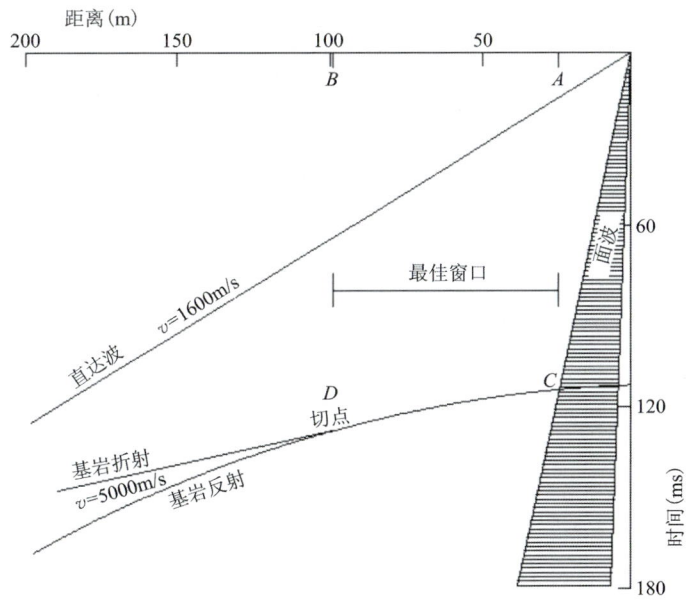

图 1-5-26 最佳时窗接收技术

四、地震勘探数据处理与资料解释

地震勘探工作一般包括 3 个环节:野外数据采集、室内数据处理和资料解释。随着计算机技术的发展,地震勘探成果的数据处理基本实现了自动化或半自动化,还实现了人机对话。

（一）折射波法

折射波法能从折射信息中提取下伏界面的速度,可同岩性直接联系起来,从而可以区分地下不同岩性、查找其分界面,寻找断层,并可准确判断断层宽度等。折射波法资料处理是对初至折射波而言,必须对地震记录进行波的对比分析,从中识别并提取波的初至时间和绘制相应时距曲线,该过程可由人工或计算机完成,若初至区干扰严重,可采用滤波、切除或均衡等方式压制干扰波,或读取波峰或波谷时间,通过时差对比,从而读取干扰道的初至时间。

不同的折射波法处理和解释方法,都是根据地震波射线传播原理和几何关系得出的,本书仅介绍几种常用解释方法:截距时法、t_0法（差数时距曲线法）和时间场法。

1. 截距时法

由前文直达波时距曲线特征,我们已知时间轴上的截距时间,截距时法适用于界面为平面的条件,若两端放炮,则可得两侧时间轴上的截距时间,如图1-5-27所示,根据截距时方程,上覆地层速度可用平均波速或交点速度作为有效速度 v_1,则可得截距时处界面埋深为

$$h = \frac{v_1 v_2 t_0}{2\sqrt{v_2^2 - v_1^2}} \tag{1-5-29}$$

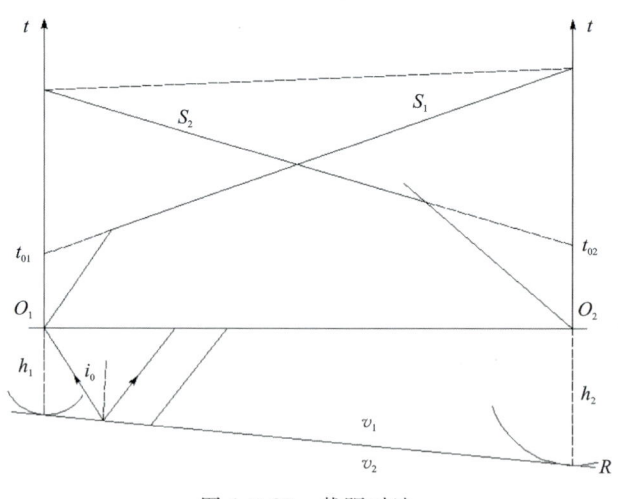

图1-5-27　截距时法

2. t_0法（差数时距曲线法）

t_0法是常用折射波法解释方法,一般适用条件如下:折射界面曲率半径比其埋藏深度大得多,波沿界面滑行,没有穿透现象。

如图1-5-28所示,图中为相遇时距曲线,取曲线上任一点S,在相遇时距曲线上相应旅行时为t_1、t_2,在炮点O_1、O_2处的互换时为

$$T = t_{O_1 AB} + t_{BC} - t_{O_2 CD} \tag{1-5-30}$$

三角形△BSC近似为等腰三角形,经S点做BC的垂直平分线,则$SM=h$,可得到

$$t_0(x) = t_1 + t_2 - T = t_{BS} + t_{CS} - t_{BC} = 2h\cos i / v_1 \tag{1-5-31}$$

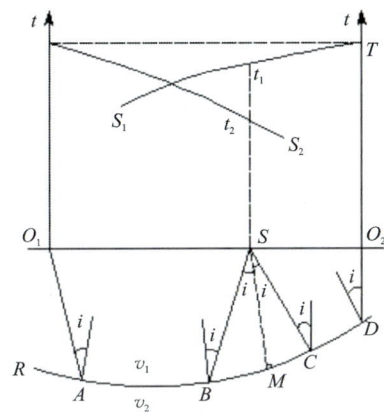
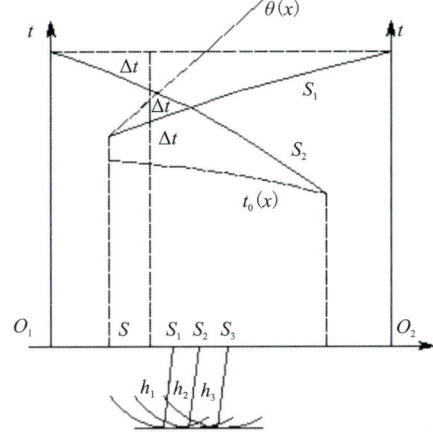

图 1-5-28 t_0 和差数时距曲线法

因此，S 点法线深度为

$$h = v_1/(2\cos i)t_0(x) = kt_0(x) \tag{1-5-32}$$

$$k = \frac{v_1 v_2}{2\sqrt{v_2^2 - v_1^2}} \tag{1-5-33}$$

当 $v_2 \gg v_1$ 时，上式可简化为 $k = v_1/2$。

为求得 v_2 值，引入差数时距曲线

$$\theta(x) = t_1 + (T - t_2) \tag{1-5-34}$$

则

$$v_2 = 2\cos\varphi \cdot \Delta x / \Delta\theta \tag{1-5-35}$$

式中：φ 为界面倾角，当 φ 小于 15°时，$\cos\varphi \approx 1$，则 $v_2 = 2\Delta x / \Delta\theta$。

上述过程可以归纳为以下几步：①由相遇时距曲线 S_1、S_2 做出 t_0、θ 曲线；②由 θ 曲线求出 v_2，用交点法求出 v_1，利用式(1-5-33)求得 k 值；③计算每一测点处界面法线深度，$h = kt_0$；④以每测点地面点为圆心，以每测点法线深度 h 为半径，做出圆弧，圆弧的公切线即为折射界面的位置。

3. 时间场法

时间场法较适用于各种地质情况，不均匀体、不规则界面等，且不需要对界面性质和下伏介质速度作出任何假设，其根据实测时距曲线，绘制出波的时间场，从而勾绘出折射界面。但处理过程稍复杂，需要借助计算机进行解释。

如图 1-5-29 所示，$O_1 O_2$ 激发，互换时为 T，两个震源激发的折射波能够在界面上任意点 C 相遇，且 C 点上两个折射波旅行时之和等于互换时 T，即

$$T = t_{O_1 AC} + t_{O_2 BC} \tag{1-5-36}$$

即为时间场法作折射界面基本关系式，只有知道 v_1，即可对 S_1、S_2 分别作出其时间场。

做 S_1 时间场时，一般等时线采用时间差 $\Delta t = 4\text{ms}$，在时间轴上以 Δt 分割 S_1 曲线，并在 x

轴对应 x_1、x_2…各点。设通过 x_1 点的等时曲线时间为 t_k^1，在经过 x_2、x_3…等各点时间分别为 $t_k^1+\Delta t$、$t_k^1+2\Delta t$…，分别以 x_2、x_3…为圆心，以 $\Delta t v_1$、$2\Delta t v_1$…为半径作弧，再做这些弧的包络线，即为 t_k^1 时刻点的等时线，同理，可做出 $t_k^1+n\Delta t$ 时刻的等时线，构成 O_1 点激发的时间场。同理，做出 O_2 点激发的时间场。在两个时间场中，找出满足式(1-5-30)条件的两条等时线交点 a、b、c…等，把各点连接起来就是折射界面 R。以界面 R 上距离为横坐标，以滑行波到达各点时间为纵坐标，绘出滑行波时距曲线，则 $v_2=\Delta R/\Delta t$。

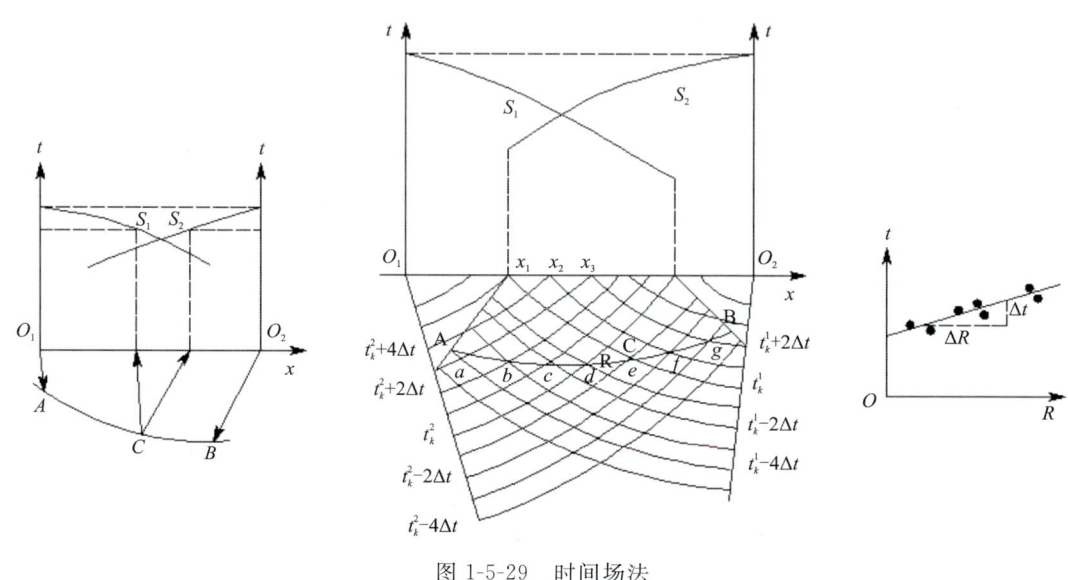

图 1-5-29 时间场法

(二) 反射波法

地震反射现场采集系统一般为多次覆盖观测系统，一般无法直接解释，因此必须进行资料处理，得出地震反射波时间剖面图，再进一步做出解释。

1. 反射波法数据处理

随着计算机技术的发展，很多公司、科研院所和生产部门开发出多种地震反射波处理软件，但各种处理方法均包括以下基本内容：预处理、抽 CDP 道集、静校正、速度分析、动校正、滤波、叠加、偏移和反褶积等。

1) 预处理

预处理是在正式处理之前为满足计算机及处理方法要求，对原始数据完成的一些准备工作，主要处理内容包括以下几个方面。

(1) 资料输入和数据重排。首先将原始数据传入计算机，并进行格式转化，按照处理软件要求的一定顺序进行数据重排。

(2) 不正常道、炮处理。对于空炮、空道、废炮、废道，可以借用相邻道(炮)的数据替代，或采用相邻道(炮)的平均值，或干脆置为零值。对于极性反道，乘以负号加以改正。

(3) 增益恢复。地震仪外业数据采集时，一般会对地震信号进行增益控制，将地震记录恢复到检波器接收到的振幅值称增益恢复。

(4)切除。地震记录上波的类型包括直达波、浅层折射波、面波、声波等,它们具有一定的延续时间,对反射波有干涉和破坏作用,对这些波一般采用切除的方法,即将这些波置为零值。

2)静校正

当地形起伏较大时,各炮检点不在同一水平面上,或表面介质速度差别较大时,这些地震波走时出现"超前"或"滞后"现象,严重影响处理效果,需要对起伏地形和表层速度变化引起的时差进行校正。校正时,需取得各点的坐标、高程、炮点深度、速度等资料。

3)频谱分析及滤波

不同类型地震波一般具有不同的频率成分,当有效波和干扰波具有明显差异时,则可采用频率滤波方式压制干扰波。处理时首先需了解各类波频段范围,具体方法是采用数学方法傅立叶变换(FFT)将时间域地震记录变换成频率域函数,包括振幅随频率变化的函数称振幅谱,相位随频率变化的函数称相位谱,该变换过程称频谱分析,通过频谱分析后,可得有效波的主频,为滤波提供参数选择。

数据处理时,根据解决问题的不同,可设计不同特性的滤波。在时间域进行的滤波称褶积滤波;有效波和干扰波之间存在视速度差别,利用视速度差别进行滤波的方法称视速度滤波;还可将频率滤波与视速度滤波结合起来,即二维滤波,既可在时空域又可在频率波数域进行滤波。一般数据抽CDP道集叠加前采用褶积滤波,叠加后采用二维滤波。

4)抽道集、动校正和水平叠加

(1)抽道集。由多次覆盖观测系统可知,现场采集的数据是共炮点地震记录,而共反射点记录是分散在不同记录中的,不便于后续处理。为此,必须将各共反射点记录道从共炮点记录中抽离出来,并按一定顺序构成共反射点道集(CDP道集),如图1-5-30所示,为一个由四次覆盖组成的CDP道集及时距曲线图,A为共反射点,O为共中心点。共反射点时距曲线方程见式(1-5-37)。

$$t_0 = \frac{\sqrt{4h^2 + x^2}}{v_1} \tag{1-5-37}$$

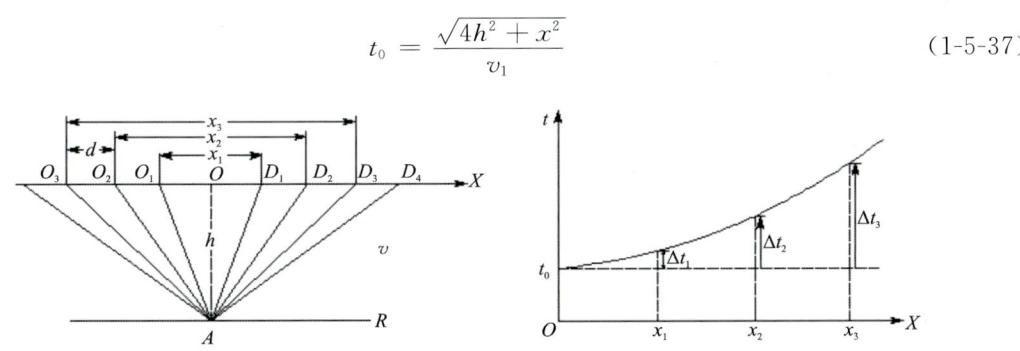

图1-5-30 共反射点道集和时距曲线图

(2)动校正和水平叠加。根据共反射点时距曲线方程可知,偏移距$x=0$时,有$t_0=2h/v_1$,t_0相当于在中心点O处激发记录的时间。对于同一反射面,v_1是定值,t_0的变化反映了界面深度的变化,如图1-5-31所示。如果将CDP道集中各种不同偏移距的记录道,全部变换成零偏移距的记录,然后进行叠加,这样不但得到了直接反映深度变化的地震时间剖面,而且在叠加过程中压制了干扰波,从而大大改善了地震时间剖面质量。将上述CDP道集中各种不同偏移距记录变换成零偏移距记录的过程称动校正,或称正常时差校正,叠加处理称水平叠加,简称叠加。

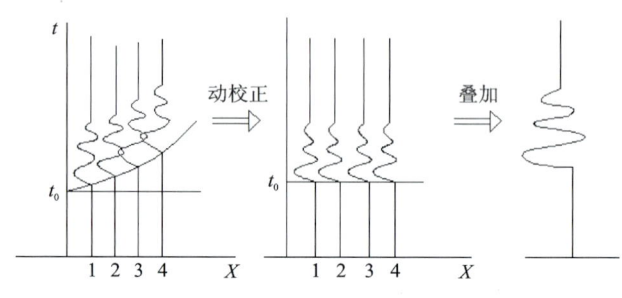

图1-5-31　动校正和水平叠加示意图

5)速度分析

速度分析是资料处理的重要过程,动校正和其他处理结果直接依赖于速度值,取得准确的速度值是长期研究的重要课题。在具有钻孔的条件下,利用地震测井获得速度,无测井数据而在室内资料处理时,通过软件中的速度分析功能来求取最佳速度。最常用的方法是做速度谱,根据动校正原理,采用一系列速度值对共反射点时距曲线进行动校正,观察经过动校正后的时距曲线是否被拉平,拉平时,各道反射波对应最好,叠加后能量最强,这时的速度为最佳速度,亦称最佳叠加速度。在界面水平的情况下,此速度接近于均方根速度。

6)偏移

一般来说,叠加处理是以层状介质为基础的,当反射界面起伏变化较大时,这时CDP道集不是真的共反射点道集,致使叠加剖面反射界面失真,偏移处理就是把这种失真的反射剖面归位到真实的位置,偏移可在叠加前进行,也可在叠加后进行。

偏移处理的方法很多,最基础的为叠后二维偏移,基本思想是认为叠加剖面为自激自收剖面,处理过程相当于把检波器不断地向地下移动的过程,也称为向下延拓。偏移方法包括绕射扫描叠加偏移和波动方程偏移等,波动方程偏移法中又有频率波数域偏移法和克希霍夫偏移法等。

2. 反射波法资料解释

经室内资料处理后,得到叠加(偏移)后地震时间剖面图,是反射波法资料解释的基础图件。一般情况下,通过时间剖面的对比,可以确定反射层的形态、接触关系以及断层分布等情况。地震时间剖面图纵轴垂直向下,表示时间t,剖面两侧0ms、10ms、20ms等时间刻度值,对应反射波双程时间,并每隔10ms设一条水平计时线,横坐标为各CDP点在地面的位置排列,两个CDP点距离为道间距的一半。每个记录道用波形和变面积形式显示(波的半周由黑色填充),既能显示波形特征又便于对比追踪。由于反射界面总有一定的稳定延续范围,来自同一反射界面反射波形态具有相应稳定性。

1)反射波的对比与识别

在时间剖面图中,出现负相位起跳、起跳时间近似相同的连续波形,称为同相轴,同相轴可认为是地下界面的连线，t 越大，则界面埋深越大，因此，可根据同相轴定性了解岩层起伏和地质构造等情况。时间剖面上反射波的追踪实际上是同相轴的对比，因此可以根据反射波的延时及波形相似的特点来识别同一界面的反射波。因而，时间剖面对比的主要任务是：确定反射标准层位，选择对比相位，进行相位对比和相位闭合，识别时间剖面上各种波的类型，分析波与波之间的关系，推断时间剖面所反映的地质内容等。

(1) 波的对比。属于同一界面的反射波同相轴有以下特征：①强振幅特性，经处理后，时间剖面上同一同相轴都具有较强且差不多相同的能量；②波形相似性和同相性，同一界面反射波到相邻检波器的路径是相近的，因而同相位反射波相邻接收点的记录时间是相近的，波形起跳时间基本相同，起跳方向相同（一般为负相位起跳），波形亦非常相似。

波的对比标志，从不同方面反映了同一反射波特征，它们不是彼此孤立、一成不变的，追踪反射波同时，应注意波形突变、振幅突变、视周期突变及同相轴交叉、合并、错动等，所以，波的对比时应善于总结各种因素，观察整体变化，分析和查找同相轴变化原因。

(2) 多次波和特殊波的识别。多次波前文已有叙述，可根据时间倍数关系和速度变化等进行识别，在此不再介绍。特殊波一般指剖面上的绕射波、断面波和回转波。

绕射波在时间剖面上形态为近似双曲线，"似背斜"构造形状，在断层处断点绕射波与反射面反射波相切，切点处能量增加，然后向两边衰减。

断面波特征是同相轴出现错断、或较陡，能量时强时弱，这是断层断面一般较陡、断层面附近岩石较破碎所致。

回转波在时间剖面图上呈蝴蝶结形状，易于识别，一般为地质界面上出现"凹"状地形时，影响所致。

2) 时间剖面的地质解释

(1) 地层标准层的确定与追踪。结合已有地质资料和钻孔资料，在时间剖面上找出特别明显、易于追踪的且具有地质意义的同相轴，作为全工作区地质解释可对比的标准层位。因外业地质条件复杂，资料处理时，参数往往并不相同，从而使同相轴发生变化，造成假像，解释时应避免出现此现象。

(2) 断层的识别。断层处反射波的主要特征有：①反射波同相轴错位，根据断层规模不同，中、小型断层表现为反射层错断和同相轴的错位，但断层两侧同相轴连续稳定、特征清楚，断距不大，延伸短，破碎带窄；②反射波同相轴突然增减或消失，波组间隔突然变化，往往是大断层的标志（这类断层一般上升盘大幅抬起，上部沉积很少，因而同相轴减少或缺失，而下降盘大幅下降，沉积厚度大，因而反射同相轴增多，反射波齐全）；③反射波同相轴突变，反射波形凌乱，出现空白带，这是由于断层突变错动引起两侧地层产状突变，相应在时间剖面上同相轴形状发生突变，由于断层屏蔽作用，构成断面下反射层次不清、紊乱，甚至出现空白带；④标准反射同相轴出现分叉、合并、扭曲、强相位转换等现象，一般是小断层的反映（但应注意，地表条件变化或岩性变化，波的干涉都可能出现此现象，解释时要注意结合上下波组地层情况具体分析）。

上述同相轴变化特征是识别断层的重要标志，断层附近常伴有绕射、断面波、挠曲反射等现象，从而可确定断层产状要素。

3）背斜、向斜与挠曲的识别

背斜是褶皱构造中岩层向上弯曲的部分,时间剖面上主要形状呈凸界面或水平界面反射,有时伴有回转波,复杂背斜,如地垒式背斜或者地堑式背斜,往往伴随断层,在时间剖面上,反射波同相轴被分成几段,波组明显错开,各断点均有绕射现象,由于断面陡,很少有断面波。

向斜是褶皱构造中岩层向下弯曲的部分,凹界面反射波反映了向斜构造形态,中心埋藏深度不同,凹界面反射波不同。一般情况下,浅层是平缓向斜型、中层是聚焦型、深层则为回转波型,反射波特点是振幅强、连续性好,在回转波出现的部位,常伴有干涉现象。对称向斜构造,波的关系也是对称的,非对称向斜构造往往伴生断层,波的关系不对称,并伴有断面波和绕射波。

挠曲是褶皱的一种,挠曲现象一般出现在断层附近,又称断层牵引,分正牵引和逆牵引两种。正牵引是正断层两盘受断层面牵引力作用产生的,逆牵引是断层下降形成的,是和正牵引方向相反的现象。正牵引在断层上升盘出现,在上升盘内出现凸界面反射波,逆牵引在断层下降盘出现,在下降盘内出现聚焦型、回转型或凹界面反射波。

4）不整合面的识别

沉积岩中不整合面往往是侵蚀面,波阻抗变化大,反射波的波形和振幅变化亦较大,特别是当角度不整合时,常出现多组有明显差异的反射波,沿水平方向出现并逐渐合并。

5）超覆和退覆

超覆和退覆现象出现在盆地边缘和斜坡带。超覆是海平面上升时,新地层沉积范围扩大,依次超过老地层;退覆是海平面下降时,新地层沉积范围缩小,依次小于下伏老地层。这两种都可认为是角度不整合的一种特殊形式,在时间剖面上基本特点相同:都是几组互不平行的反射波同相轴逐渐靠拢,和地层尖灭点的绕射波相切而并在一起。不同的是,超覆时,不整合面以上反射波依次被不整合面反射波替代,退覆时,不整合面以上地层,较新地层反射波依次被下伏老地层反射波替代。

6）时深转换

若已知平均速度,可根据各界面反射波同相轴时间,根据公式 $h=vt/2$,求得各点埋藏深度,以各点为圆心,以 h 为半径做圆弧,圆弧的包络线即为反射界面。

综上所述,时间剖面地质解释是十分复杂的工作,除分析时间剖面特点外,还应注意与实际地质条件的结合,并充分利用已知地质、钻孔和其他物探资料。

五、面波法

面波勘探是近些年发展起来的浅层地震勘探方法,是利用人工震源,通过测量不同频率面波的传播速度来探测不同深度的地质情况。面波的运动学、动力学特征同样包含地下介质的丰富信息。随着仪器设备和数据处理技术的发展,将人工激发的面波,用于解决地下浅部地质、工程与环境地质问题,应用越来越广泛。

（一）面波形成与特征

如图 1-5-32 所示，厚度为 H 的覆盖层模型，如果一平面体波在覆盖层中传播，满足全反射条件，其传播射线路径为 $ABCDEF$，因波前面与射线垂直，虚线 CF 代表波路径 C、D、E 和 F 两次反射后到达 F 的波前面，也可以表示由 A 传播到 C 的后续振动波阵面。当波前面和波阵面时程差 $CDEF$ 正好等于波长的整数倍，则两者相位完全相同，其合成或叠加构成相长干扰，并形成沿着层间行进的面波，且波的能量主要集中在地表附近。面波沿自由表面传播，其振幅随深度大体呈指数衰减。面波在地表面的质点运动轨迹为逆进椭圆，垂直方向振幅约为水平方向振幅的 1.5 倍，在大约 1/5 波长的深度下，质点振动轨迹变为顺进椭圆，其具有能量强、频带宽、速度低和衰减慢等特点。面波的速度变化及其衰减特性使它在传播过程中携带了来自地层的大量信息，从而能探测地下浅层结构。

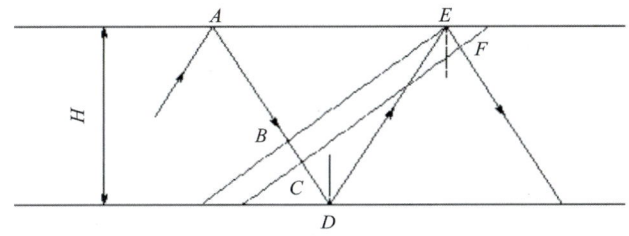

图 1-5-32 面波的形成

在竖向激振作用下，均匀弹性介质中主要存在着纵波（P 波）、横波（S 波）和面波（又称瑞利波）三种波。P 波与 S 波以半球形的波阵面在空间中传播，而面波则是以圆柱形波阵面的方式传播，且面波占据了波场中 67% 的能量，因此相比于传统地震勘探，面波勘探获取的实际数据信噪比高，这成为了面波勘探的又一大优势。

最早证明面波存在是基于均匀半空间介质的假设，该假设为研究面波的传播特征和某些特性提供了简便方法，但其是一种理想化的介质模型，均匀弹性半空间面波相速度与频率无关，不存在频散特性，要利用面波进行勘探，必须解决其在非均匀介质中的传播问题，尤其是在层状介质中的传播问题和频散特性。层状介质中的面波在平面内传播时，其边界条件有：①在任意两层介质的分界面处的两个位移分量是连续的，两个应力分量也是连续的；②在自由表面处，两个应力分量相等且等于零。

面波主要有三大传播特征。

1. 位移特征

波动方程中 P 波、S 波用位函数表示，如果存在 P 波和 S 波叠加形成的面波，则 x、z 方向的位移分量为

$$\left. \begin{array}{l} \mu_x \mid x=0 = 0.42 C \mathrm{e}^{\mathrm{i}\left[\omega\left(t-\frac{x}{v_R}\right)-\frac{\pi}{2}\right]} \\ \mu_z \mid z=0 = 0.62 C \mathrm{e}^{\mathrm{i}\omega\left(t-\frac{x}{v_R}\right)} \end{array} \right\} \tag{1-5-38}$$

式中：v_R 为面波速度；C 为任意常数，与震源强度和介质吸收特性有关；ω 为角频率；x 为地表

距；z 为深度；t 为传播时间。

由上式可以看出，地表质点位移水平分量与垂直分量幅值之比为 2∶3，且水平分量滞后 $\pi/2$，因而质点位移呈绕其平衡位置震动的椭圆。在平衡位置正上方时，质点运动方向与波的传播方向相反，波的幅值随深度增加按指数迅速衰减。

2. 传播速度与穿透深度

波速是反映介质的重要参数，由介质弹性模量和泊松比 σ 之间换算关系，面波速度与横波速度之间关系为

$$v_R = \frac{0.87 + 1.12\sigma}{1+\sigma} v_S \tag{1-5-39}$$

故 $v_R \approx (0.93-0.95)v_S \approx 0.53 v_P$，一般岩石泊松比在 0.25 左右，而土体泊松比在 0.4～0.49 之间，可以认为对土体而言 $v_R \approx v_S$，两者误差在 5% 左右，故在难以获得介质横波波速的地区，可以通过测量面波获取。

一般来说，面波传播深度不超过一个波长，但主要能量集中在半个波长内。因此，实际工作时常激发不同频率的面波，波长随频率变化，从而可以获得反映不同深度地质特征的面波速度 v_R。

3. 面波的衰减与频散特性

P 波和 S 波波前在均匀介质中为球面，能量按 $1/r^2$ 的规律衰减，即波的振幅以 $1/r$ 方式减小。瑞利面波的波前在介质内约是高度一个波长的圆柱面，波的能量按 $1/r$ 的规律衰减，即振幅按 $1/\sqrt{r}$ 的规律衰减，比体波衰减速度慢很多。

实际介质中面波波动很少是单频波，往往是由于不同频率单频波叠加而成的复合波，每个单频波传播速度称为相速度 v，复合波的传播速度称为群速度 U，二者之间关系为

$$U = v - \lambda \frac{dv}{d\lambda} \tag{1-5-40}$$

式中：λ 为单频波的波长。

若波动的相速度随频率发生变化，则该波动具有频散现象，频散现象为面波特有性质。

（二）面波勘探的数据采集

在地面沿波的传播方向，以一定的道间距 Δx 设置检波器，即可检测到面波在排列长度范围内的传播过程，设面波频率为 f_i，相邻检波器记录的面波到时时间差为 Δt 或相位差为 $\Delta \varphi$，则相邻道长度内面波的速度为

$$v_R = \frac{\Delta x}{\Delta t} = \frac{2\pi f_i \Delta x}{\Delta \varphi} \tag{1-5-41}$$

面波勘探震源主要为人工震源，人工激发面波主要有两种方式：稳态激振法和瞬态激振法。

（三）视电阻率测井的常见应用

视电阻率测井可以用来划分井孔剖面,确定岩层真实电阻率、含水层位等。

1. 划分井孔剖面

从对视电阻率测井理论曲线特点的分析我们可以看出,视电阻率测井曲线对高阻厚层有明显的反应。

应用梯度电极系 ρ_s 测井曲线划分高阻厚层上界面时,从 ρ_s 曲线极值点处向着由单个电极指向成对电极的方向移动 $MN/2$,以此确定界面位置;划分底界面时,亦是由 ρ_s 曲线极值点处向着由单个电极指向成对电极的方向移动 $MN/2$ 来确定界面位置,如图 1-6-4(a)所示。对于岩层厚度小于极距的薄层,可利用 ρ_s 曲线 2/3 极大值点的位置确定高阻岩层界面,如图 1-6-4(b)所示。

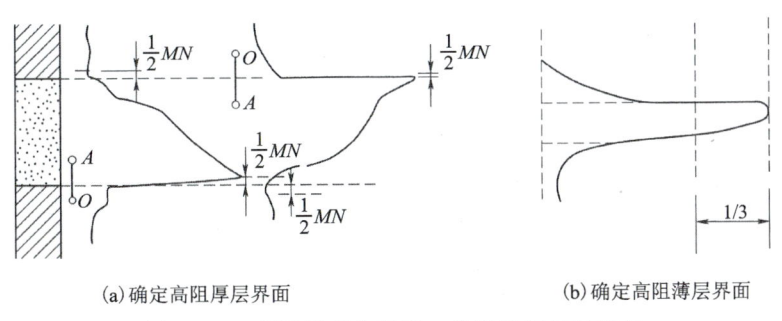

(a)确定高阻厚层界面　　　　　(b)确定高阻薄层界面

图 1-6-4　利用梯度电极系 ρ_s 曲线确定岩层界面

当使用电位电极系测井 ρ_s 曲线划分界面时,对于高阻厚层($h>5AM$),可根据 ρ_s 曲线拐点位置确定岩层界面,如图 1-6-5(a)所示。对于中厚层($AM<h<5AM$),可以利用 ρ_s 曲线半极值点位置确定岩层界面,如图 1-6-5(b)所示。

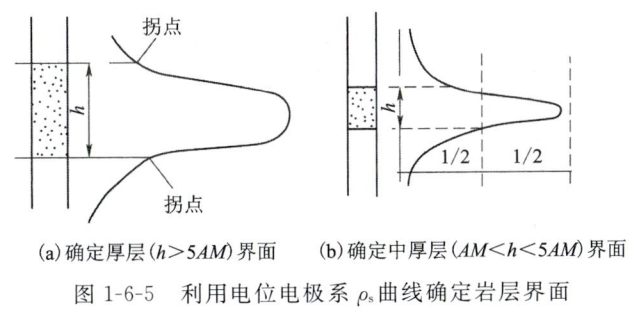

(a)确定厚层($h>5AM$)界面　　(b)确定中厚层($AM<h<5AM$)界面

图 1-6-5　利用电位电极系 ρ_s 曲线确定岩层界面

2. 确定岩层电阻率近似值

视电阻率测井所测得的视电阻率值大小受诸多因素影响。但是,当岩层厚度比电极距大很多时,围岩影响可以忽略不计;当电极距比起井径还大很多时,井孔影响可以忽略不计。所以当岩层厚度相当大时,可将电位电极系测得的 ρ_s 极大值作为岩层电阻率的近似值。亦可利用梯度电极系测得的 ρ_s 极大值对着岩层的 ρ_s 曲线的平均值,并作为该岩层的电阻率近似值。

3. 确定含水层及咸淡水分界面

在一定条件下,视电阻率测井所测得的 ρ_s 值主要取决于岩层电阻率大小,而岩层电阻率的大小又主要取决于岩性、孔隙率、含水程度和水的矿化度。这样同一地区视电阻率的变化反映了地层岩性(如黏土或是砂层等)的情况,而对同一类岩层(如砂层)视电阻率的变化则反映了该层含水的矿化度变化。由此,可以利用视电阻率测井 ρ_s 曲线并配合其他测井方法(如自然电位测井)确定含水层位及咸淡水分界面。

二、井液电阻率测井

(一)工作原理

井液电阻率测井采用与普通视电阻率视测井相同的测量线路。它们的基本工作原理是相同的,只是井液电阻率测井使用专门的井液电阻率计代替普通的电极系,仅对井液进行测量。井液电阻率计与普通的电极系结构不同,井液电阻率计内部由 3 个间距很小的电极(电极为环形或圆柱形)组成一个电极系,外部有一个上、下开口的圆筒形金属罩做成的外壳,见图 1-6-6。

这样做成的井液电阻率计可以防止井壁及其周围岩层对观测结果的影响。井液电阻率测井工作时,测量供电电流和 MN 极之间的电位差,然后将其代入式(1-6-2),求出 ρ 值。电极系数 K 值通过试验方法求出。

(二)井液电阻率测井的应用

1. 确定含水层位置

已知井液电阻率值大小和井液中盐的浓度大小有关,盐浓度越大,井液电阻率越小。向清洗过的井孔中注入与地下水盐浓度不同的水(或泥浆),也就是与地下水电阻率值有明显不同的水(或泥浆),然后每隔一定时间间隔测量一条沿井轴变化的井液电阻率曲线,直到能够明显地反映出电阻率异常为止。由于岩层中地下水盐浓度和注入井孔中的水的盐浓度不同发生扩散作用,同时因地下水流动,含水层附近井液盐浓度不断变小,从而使该井段所测得的电阻率值不断变大,由此根据不同时刻测得的井液电阻率曲线的变化情况确定含水层位置。

为明显地测出电阻率异常,对地下水流入量较小的井孔可采用提捞法,即井孔中充满与地下水电阻率不同的井液后,立即进行首次井液电阻率测量——控制测量,之后用水泵从井孔中抽水,降低井孔液面,进行第二次测量,并于 1～2h 后再进行测量。然后再抽水,重复前述做法,直至在电阻率曲线上明显地反映出水层位置为止。当出水量大时,亦可采用注入法,即改抽水为周期性的注水,并进行测量,直至井液电阻率变化停在某一深度上,不随注水而变化,这个深度即是出水层下界面。当地下水为淡水或弱矿化水时,可选用静止水位法(自然扩散法)。观测人工盐化了的井液被运动的地下水冲淡的情况,以确定含水层位置,如图 1-6-7

所示。曲线旁所注 t_0、t_1…为各该曲线的测量时刻。t_0 表示刚注入盐水后的时刻。

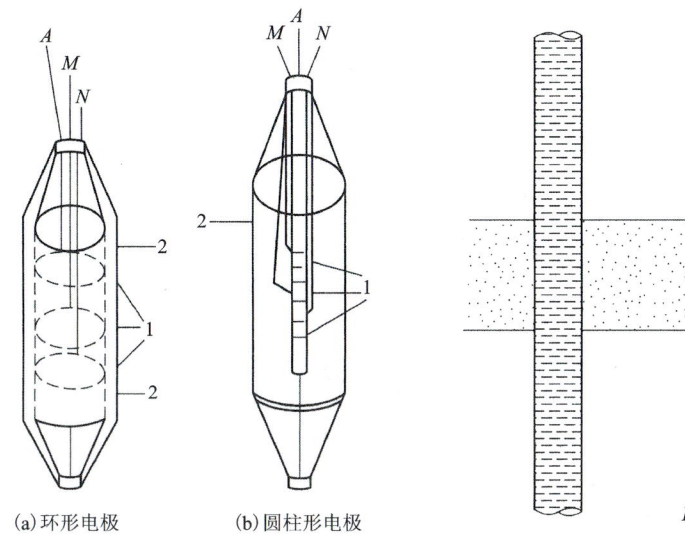

(a)环形电极　(b)圆柱形电极

1.电机系；2.外壳

图 1-6-6　井液电阻率计

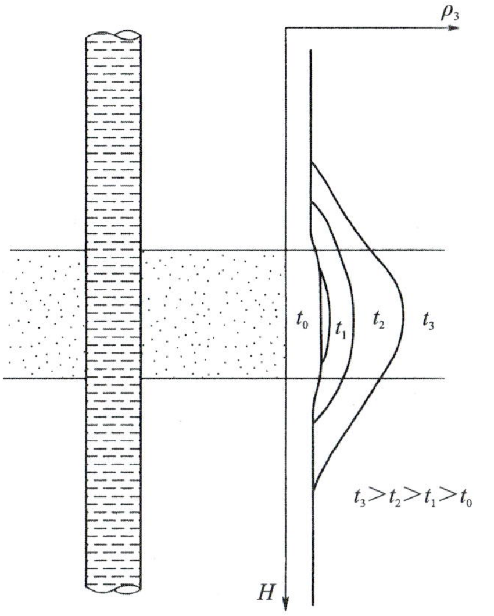

图 1-6-7　采用静水位法、利用井液电阻率确定含水层原理图

2. 判断各含水层之间补给关系

当井孔穿过多层含水层时,将井液局部盐化,形成盐水柱,测量不同时刻井液电阻率变化。根据沿井轴井液电阻率值的低值段位移情况,判断盐水柱的升降以及升降速度,从而判断地下水沿井孔的运动情况,由此确定不同含水层的补给关系,原理如图 1-6-8 所示。井液电阻率测井还可用来检查套管止水效果。

3. 应用实例

图 1-6-9 为利用井液电阻率测井确定出水层位的实例。井孔由黄土状亚黏土、渗透性好的砾石层及渗透性不好的砾石层组成。向井孔中注入盐水,并分别测出井液盐化前及盐化之后不同时刻井液电阻率沿井轴的变化。结合视电阻率测井曲线,划分出 99～112m 处为出水层位。

三、井中电视

井中电视不同于地球物理测井反映的是井壁岩性和井液的物理特性,而是采用摄像镜头直接观察井壁,直接显示不同深度井壁和下部的表层图像。

(一)井下视频成像基础

井下视频成像是利用安装在井下设备前端的摄像机,在可见光源照明下,对井壁或井下光学信号进行采集,然后进行处理并直观呈现出来,从而对井下情况进行评定。不同厂家的井下电视的现场施工工艺略有不同。现今主流的新一代井下电视成像测井系统的工作流程

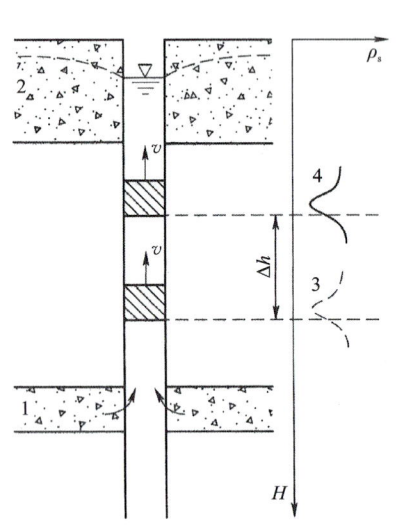

1.承压含水层;2.潜水含水层;3.t_1 时刻的盐水柱及相应的 ρ_s 曲线;4.t_2 时刻的盐水柱及相应的 ρ_s 曲线

图 1-6-8 利用井液电阻率变化判断地层水补给关系原理图

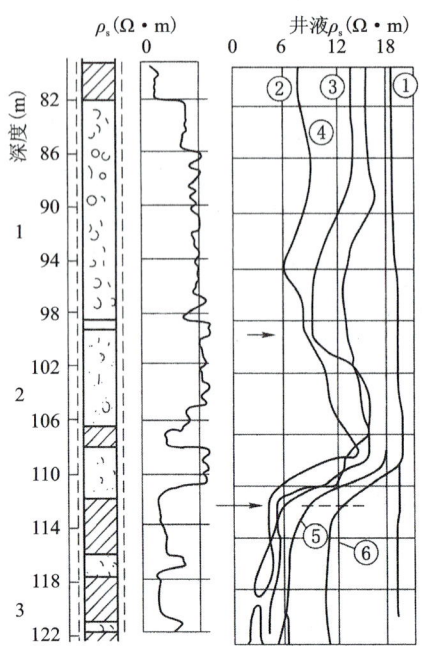

1.渗透性不好的砾石层;2.渗透性良好的砾石层;3.黄土状亚黏土;①盐化前井液电阻率曲线;②~⑥盐化后在 1′、16′、24′、44′和 61′时测得的井液电阻率曲线

图 1-6-9 利用井液电阻率测井判断出水层位图

如图 1-6-10 所示,井下检测设备通过摄像头采集井下视频信号,经过视频编码压缩处理,经井下传输模块后由测井电缆传至地面系统接收模块,进而对井下视频信号进行解压解码,并在磁盘存储或显示器呈现出来,从而完成井下观测任务。

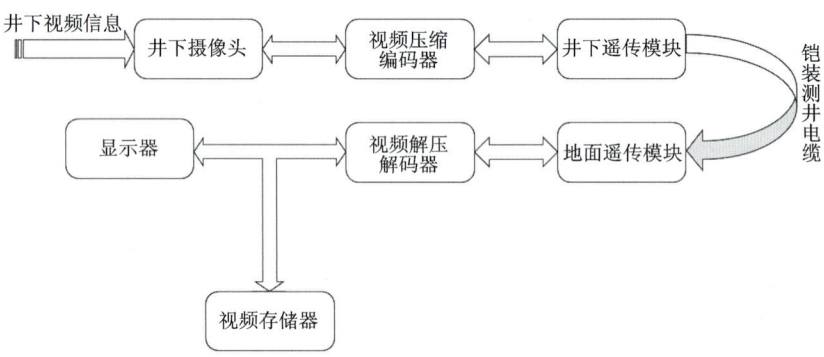

图 1-6-10 井下电视成像测井系统基本成像流程图

1. 视频信号采集

是否能够采集到清晰流畅的井下视频是井下电视成像测井系统测井成功与否的关键,摄

像机采集井下视频信号的原理如图 1-6-11 所示。光源安装在井下设备前端,对称或环形分布于镜头周围,为采集清晰的井下视频信息提供足够的亮度,光源的选择直接影响测井效果。

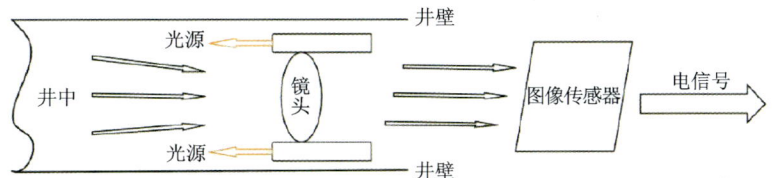

图 1-6-11　摄像机井下视频信号采集原理图

图 1-6-11 显示,图像传感器是获取视频信号的重要采集部件,也被称为光感元件,其工作原理或方法主要是利用内置的光电转换功能将光感面上所获取的井下光学信号转换为能够稳定输出的电信号,从而便于后期处理和远距离传输,是井下视频信号采集的重要部件之一,它的性能优劣决定了测井信号的成像质量。目前在市场上以及工业应用中,通常能够使用到的的图像传感器主要分为光导摄像管和固态图像传感器两种类型。其中,光导摄像管是一种将感光面所接收到的光信号转换成专用电子信号的真空光电器件,通常拥有固定的电子信号传输方式,主要分为外光电摄像管和内光电摄像管两种,应用最多的是在电视机摄像方面;固态图像传感器是依靠许许多多的光敏单元与移位寄存器来实现图像信号采集和转换的装置,具有体积较小、功耗低、研发成本不高且应用寿命较长的特点,手机中的相机功能模块、普通相机等大部分视频成像设备中很常见,根据工作原理及器件结构的差异,主要分为 CCD(电荷耦合器件,Charge-Coupled Device)图像传感器和 CMOS(互补金属氧化物半导体,Complementary Metal-Oxide-Semiconductor)图像传感器两种类型。

CCD 图像传感器虽然开发成本较高且工作功率大,但具有解析度强、感光面积大、噪声低、灵敏度高且成像质量高等优点,目前主要应用于摄像摄影方面。与 CCD 相比,CMOS 图像传感器有着明显的优势,该传感器的结构体积小、集成度高,且价格低、低功率,几乎没有静态电量消耗情况,主要存在的不足是图像成像质量相对不高,目前,该传感器已被广泛应用。

由于钻井筒内光线较暗,且环境复杂,得到高质量的图像是优先要考虑的,功耗大、成本高等因素可以作为其次考虑因素,因此,新一代井下电视成像测井系统通常选择具有 CCD 图像传感器的摄像头作为视频图像采集部件。

2. 视频信号处理

测井时,获取到井下图像信号后需要将其传输至地面并被接收,才能进行实时观看和监测,但是通过测井电缆传输未处理的原始视频数据时,数据量很大,而且会因受到电缆过长、传输速率有限的制约,从而出现卡顿或堵塞跳帧现象,如果将采集到的视频信号立即保存至硬盘,则对硬盘容量的要求将会特别高,因此对视频信号进行初步处理是很有必要的。另外,当井下初步处理后的视频数据通过测井电缆传输至地面时,由于数据类型、数据格式等不同,并不能被直接显示,还需采取必要的技术措施进一步处理后才能还原到原来的真实视频信息。因此,在井下将采集到的视频信息进行压缩编码处理,然后再进行传输更利于在传输介质中高质量传输和保存,当信号通过传输介质传输至地面后,再由对应的视频解码器进行解码操作,这样将会更利于实时显示和观测井下视频,判断具体情况,也可实时控制测井设备。

H.264视频编解码标准是目前在相关技术领域和市场上被广泛采用的视频数据技术,该技术在压缩数据的效率和传输数据的可靠性等方面均有较好的性能。

(二)井下电视成像测井系统

井下电视成像测井系统的基本结构和原理与大多数的井下电视基本一致,其基本结构如图1-6-12所示,由地面系统和井下检测仪器组成,利用测井电缆作为数据传输的介质,由井下检测设备获取井内视频信息,在井下系统中对视频数据进行压缩编码处理,然后经测井电缆高速遥传系统传输至地面系统,由绞车控制系统承担设备下放和上提工作,由地面系统将接收到的压缩视频数据解压解码,然后进行存储和实时显示,同时根据视频显示内容向绞车工作人员实时反馈井下情况,工作人员对绞车控制系统进行实时调控,完成井下视频成像测井任务。

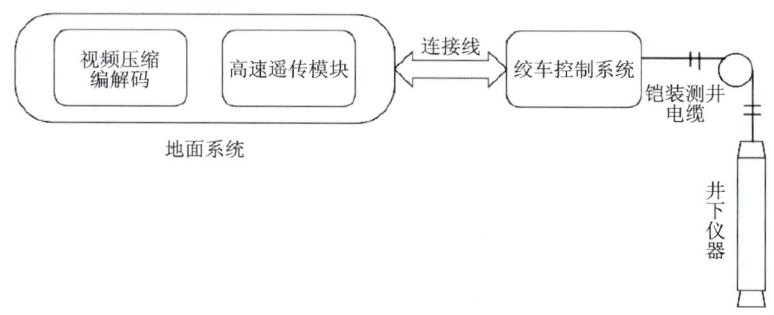

图1-6-12 井下电视成像系统基本结构示意图

(三)井下电视外业工作要求

井中电视观测系统主要由探头、电缆、电子计数绞车、深度计数视频控制器、摄像机和监视器等组成,井中工作时一般要求如下。

(1)探头下井时,要求速度缓慢、均匀。

(2)观察井内落物和钻孔变径情况,做好记录。

(3)测试时,探头应从井口向孔底测试,不能相反,否则会使井水产生搅动而变浑。

(4)在浑水孔测试。①将孔中浑水置换出,方法有两种:一是将钻孔中混水用泵抽出来,二是向钻孔中注入清水,直至孔口返出清水为止;②采用净水剂净化混水;③将井中电视探头加上侧视功能,使摄像头与井壁之间距离相对近一些。

(5)在无水孔测试。对于水平孔、倾斜角小于30°的孔,需采用专用水平推进装置。

（四）井下电视成像的应用

1. 水利工程勘察中的应用

在某大型水电站的坝址勘察中，由于岩石破碎，局部存在软弱层及强烈风化作用等特殊地质情况，钻孔取芯率极低，为探明地下地层信息及结构面产状信息，利用全景式井中电视对坝址区的钻孔进行了井中电视摄像，具体过程分为以下几步。

（1）数据采集前做好相关准备工作：包括钻孔的清洗、三角架（绞车）的固定、仪器的连接、探头的安装。所有准备工作完成后，把探头放入钻孔内部，孔口计数为零，打开摄像头，探头缓慢下放同时计数器和电脑开始工作。

（2）资料处理和解释采集工作完成后，需对所采集的图像进行无缝拼接、进行宽度标定、结构面产状信息及按深度进行地质解释等处理步骤。若有必要，进行岩芯的还原模拟。

（3）典型电视图像展示及岩芯的还原。对坝址区钻孔内进行全景式电视摄像后，在坝址区发现了不同程度的卸荷裂隙和层面裂隙以及风化夹层等重要的地质信息，图1-6-13为对钻孔内部分典型的裂隙等进行的形态描述和岩芯三维还原图像。

当钻孔岩芯取样率低，不能用岩芯来反映地下地质特征时，全景式井中电视能够准确直观地反映钻孔内岩层的地下地质体特征，并根据解析几何理论获取相关深度处的结构面产状、裂隙宽度、地下水活动情况以及岩性分层信息。采用全景式井中电视进行了孔内摄像，并对岩芯进行了三维还原，可准确地发现钻孔内部不同深度的裂隙发育状况、岩性分层情况以及地下水位情况，为项目地质勘察和评价提供可靠的成果依据。

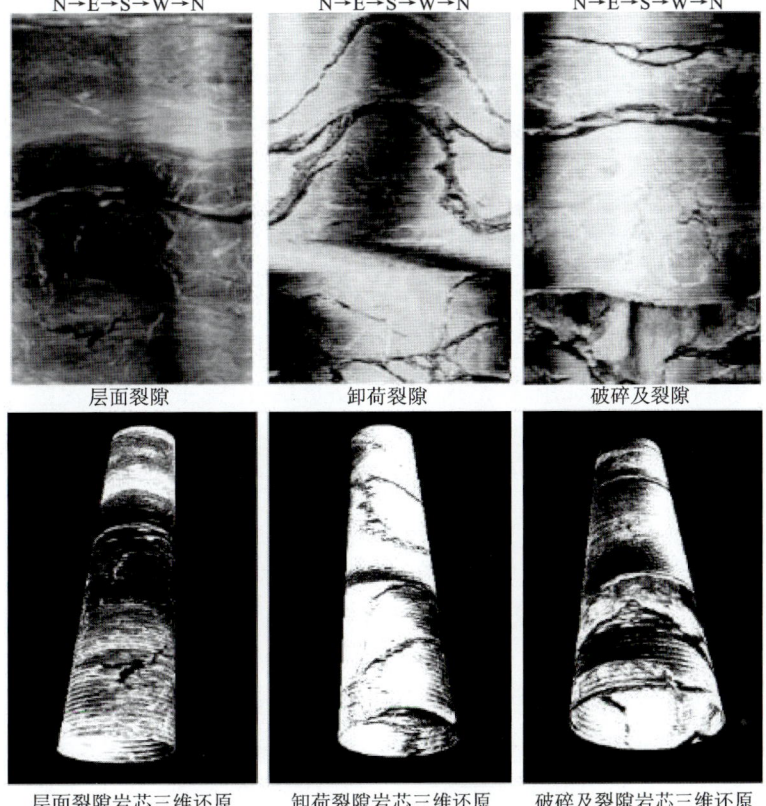

图 1-6-13　钻孔孔壁典型形态及岩芯三维还原

2. 成井中的应用

1）指导隔离止水

水文地质钻孔成井过程中隔离止水是一个关键环节,直接关系到钻井的成败。许多钻井往往因止水不好反复处理,耗资大作用小,故可以采用井中电视指导止水,针对性强,可快速达到止水效果。

某煤矿 2 号供水井,孔深 550m,奥陶系顶界 226.10m,取水段地层为中奥陶统上马家沟组,上覆峰峰组煤系地层,工作要求对峰峰组煤系地层进行全封闭止水。成井后抽水时发现水中有异味,怀疑上部止水效果不好,故采用井中电视检测,检测发现全孔套管、滤管无断裂脱节,在 228.9m 换径套管间隙处存在环形钢筋圈及环形物体,判定曾在该处进行过止水处理,止水胶带在套管下放过程中摩擦脱离套管,导致止水失败,造成奥陶系灰岩水与峰峰组煤系水窜通,故水中带有异味。为进一步证实,又进行了井液电阻率测井,验证了此结论是正确的。经过针对性地重新止水处理,水中气味消失,水质化验也符合当地该含水层段的标准。

2）指导事故处理

钻孔成井过程中不免有事故发生,以往只是凭钻探经验分析井内情况指导事故处理,造成不少钻井在处理事故过程中发生新事故,出现事故套事故。井中电视可把井内事故现场图像反映给技术人员,从而减少了处理事故的盲目性,提高了成功率。

某井在封孔施工过程中,曾 3 次使用井中电视指导事故处理。该井井深 560.25m,是无法使用的废弃供水井,因奥陶系灰岩水通过井筒大量涌入煤系地层增加了采煤排水的负担,属于需要封闭的废井之一。

施工前,先通过井中电视图像掌握了井内情况,全孔套管、滤管均有不同程度损坏腐烂,在 90.30m 处套管脱节 0.2m,错位达井径的 1/4,奥陶系灰岩水就是通过此处涌向煤系地层的。为确保封井质量,采取穿过原井筒扩孔到底的方式。钻进到 90.50m 时,受错位套管的阻碍钻孔偏离了原井筒,出现了"人"字形结构,井中电视图像清楚地显示有 2 个井眼,经反复多次处理,偏心管仍是插不到原井中。后在井中电视导航下,即把仪器探头装在特制的偏心管内随钻而下,操作人员根据实时井中电视图像,慢慢地改变方向逐渐地将偏心管插入到原井筒,封堵了新井眼。

在随后的钻进中又出现了断钻杆事故,多次下钻打捞均找不到钻杆头。实时井中电视图像显示了断头深度及位置,钻探工作很快找到了断头,打捞起钻杆。

3）指导成井

某供水井,设计井深 600m,取奥陶系灰岩水,钻进到 70m,见上马家沟组灰岩后下套管封闭止水,换径钻进到 600m 终孔。施工时未下套管、滤管,亦未测井,抽水几天后水色仍一直呈黄色、不变清。用井中电视检测,井中图像在 570m 以上清晰发亮,以下混浊发暗。在电视图像分析的基础上,通过地球物理测井判断已穿越到寒武系泥岩及其含水层,井底用水泥封闭下部 30m 寒武系地层及其含水层后,水色逐渐变清。

四、声波测井

声波测井是弹性波测井的一个分支,以声电转换装置在地下发射频率为几赫兹至几十千赫兹的声波或超声波(频率超过 20kHz 的属超声波),同时在井下接收经井壁或孔间传播的声波,并根据其传播速度或幅度研究井(孔)内和井孔周围的地质情况。声波测井又可分为声波速度测井(简称声速测井)、声波幅度测井、声波全波测井、声波电视测井等。本书主要介绍应用最为广泛的声波速度测井。

(一)声速测井原理

声速测井的井下探头中装有发射器 T 和接收器 R,发射器以脉冲形式发出一系列声波,声波自发射器发出后向各个方向传播,一部分由发射器经井液直接传至接收器,称为直达波;另一部分以临界角经井液传至井壁,于是产生了沿井壁传播的滑行波(也称侧面波),由于井液和井壁紧密接触,在井液中形成了相应的波(称为折射波),并传至接收器,如图 1-6-14 所示。

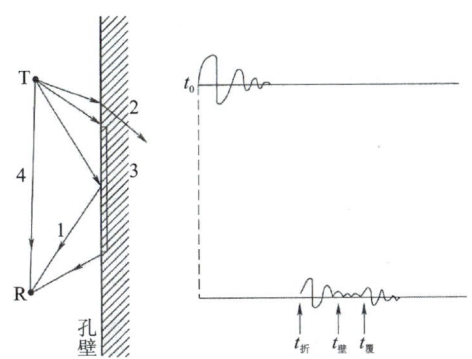

1. 反射波;2. 透射波;3. 滑行波;4. 直达波

图 1-6-14　声波传播示意图

波在井液中以 v_1 速度传播,在岩石中以 v_2 速度传播,且 $v_2 > v_1$。因上述各种波传播的路径不同,不同地段上的波速不同,所以它们自声源到达接收器的时间不同,选择合适的发射器和接收器之间的距离(称为源距,用 L 表示),可以使经井壁滑行的波最早到达接收器,其次直达波到达接收器,最后反射波才到达接收器,最早到达接收器的波称为首波或初至波。

从声源发出声波到接收器接收到声波所用的时间为 t,一般用下式表示

$$\Delta t = t - t_0 = \frac{a}{v_1} + \frac{b}{v_2} \tag{1-6-3}$$

式中:a 为声波在井液中传播的路径;b 为声波沿井壁传播的路;t_0 为声源发出声波的时刻;t 为接收器接收到声波的时刻。

井中仪器(探头)沿井孔边移动边进行测量,当遇到地下速度不同的岩层时,由于其传播速度 v_2 不同,则测得的 Δt 发生变化,从而根据 Δt 的变化推断出岩层发生了变化。这便是声速测井的基本原理。

(二)单发双收声波测井

按照上述原理,根据测得 Δt 的变化,可以研究岩层的变化,但尚不能由其求出岩层中声波速度,而且当井孔情况有所变化时,也会引起 Δt 的变化。为此设计了单发双收声速测井的井中仪器(探头)。如图 1-6-15(a)所示,在第一个接收器 R_1 下方增设了第二个接收器 R_2。

这种井下仪器的发射器 T 于 t_0 时刻发射的声波,以 v_1 速度向各个方向传播。其中 A、B、C、D、E 和 F 分别为声波在传播路径中的不同时间的波长,AB 以临界角自井液传至井壁,产

生沿井壁滑行的侧面(滑行)波 BC。侧面波引起的纵波 CE 传至接收器孔,传至 D 点的滑行波引起的纵波 DF 传至接收器 R_2,如图 1-6-15(b)所示。

两接收器所接收到的同一时刻发射器发射的声波时差 Δt,则求得

$$\Delta t = t_2 - t_1 = \frac{CD}{v_2} = \frac{L}{v_2} \qquad (1\text{-}6\text{-}4)$$

式中:t_2 为第二个接收器 R_2 收到声波的时刻;t_1 为第一个接收器 R_1 收到声波的时刻;CD 为声波在传播路径中的距离,$CD=L$,为 R_1 至 R_2 的距离,一般为定值。

在井孔中移动井下仪器,并进行测量。测得井下不同深度上的时差 Δt 值(us),记录点位于 R_1 与 R_2 之间的中点。由 Δt 值可根据上式求出不同深度上的岩层声波速度(m/s),或者绘制出测井声波时差曲线图。

(三)声波速度测井的应用

1. 划分岩性和岩石风化带

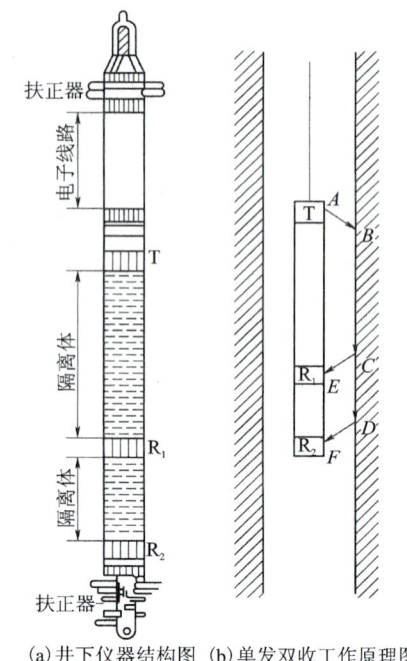

(a)井下仪器结构图 (b)单发双收工作原理图

图 1-6-15 单发双收声波测井

岩性不同时,声波在其中传播速度不同。通常火成岩波速大,沉积岩波速较小,不同类型沉积岩的波速也不相同。岩石风化程度不同,波速亦不同,风化程度越高,声波传播速度越低。

图 1-6-16 为某水库利用声速测井曲线探测岩石风化程度的实例。场地基岩岩性为片麻花岗岩,其完全风化时波速小于 2000m/s,强风化岩石波速在 2000~3500m/s 之间,中风化岩石波速为 3500~5000m/s,微风化岩石波速为 5000m/s,新鲜未风化岩石波速约为 5500m/s。新鲜及微风化岩石波速曲线基本稳定在高值上,虽有变化,但幅差小,呈小锯齿状。中风化岩石波速比微风化低,曲线由基本平直变为尖齿和宽齿状,局部有较高波速值。按上述特征分析了图 1-6-16 中的实测曲线,判定孔深 25m 以上为中风化岩石;25~37m 段为微风化岩石;37m 以下为新鲜未风化岩石,波速基本稳定在 5300m/s 左右。

图 1-6-17 是利用声速测井曲线划分岩层的实例。某工程输水隧洞,围岩为灰岩,其上部为杂色页岩及灰岩和页岩互层。用声速测井曲线划分地层界面取得了较好效果,波速在 6000m/s 左右的介质为灰岩,波速在 3000m/s 左右的介质为杂色页岩。波速在 3000~6000m/s 间大幅度变化的为灰岩与页岩互层。

2. 提供速度数据

根据声波速度测井资料可以计算出不同岩层中纵横波速度及各岩层的平均速度等,为地震反射勘探资料处理提供速度数据。

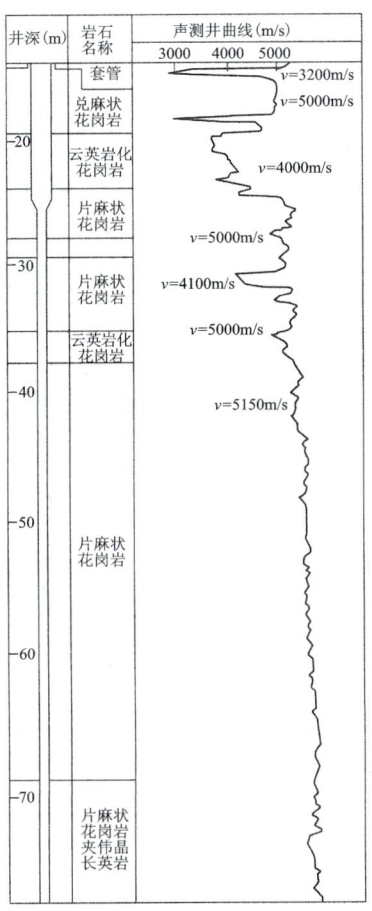 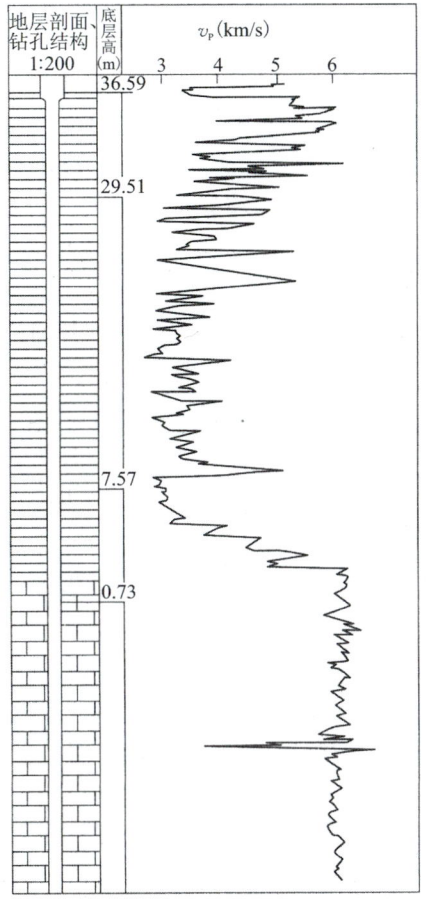

图 1-6-16　利用声速测井曲线探测岩石风化程度的实例　　图 1-6-17　利用声速测井曲线划分岩层的实例

第二章 地球化学勘探

第一节 地球化学基本理论

地球化学是从地球的化学组成、化学作用和化学演化,即通过物质的化学运动形式来研究地球的。从学科角度讲,地球化学是由地质学与化学相互结合、相互渗透而产生的一门融合学科。

一、地壳中化学元素的分布

(一)岩石圈中化学元素的分布

研究元素在地壳中的分布,是地球化学勘查工作的基础,通常,地壳岩石圈中元素的平均分布量用"克拉克值"表示,亦称"丰度",含量有的用百分比表示,有的用 g/t 表示(1g/t=1ppm=0.0001%)。克拉克值提供了衡量岩石中各组成部分元素分配的尺度,如各类地质体、岩石或矿物中某元素的平均含量若高于其克拉克值,表明该元素相对集中;反之,则说明相对分散。因而常用地质体中某元素平均含量与克拉克值的比值表示元素的集散状况,称为浓度克拉克值。浓度克拉克值大于1,说明该元素在地质体中相对集中;反之,则分散。浓度克拉克值的概念,对研究元素的分散、集中与迁移,进行地球化学找矿工作是具有重要意义的。

各种矿产都是元素集中的结果,但不同的矿产集中的程度很不相同,各种矿产最低可采品位与其克拉克值的比值称为该元素的"浓集系数",常用以反映元素在矿床中的集中程度。不同元素的浓集系数相差很大,如 Fe 在矿床中仅富集 6 倍,而 Sb、Bi、B 等则富集达万倍以上。浓集系数大的元素,在矿床中集中程度高,含量增高的幅度大,有利于用以追踪矿床。

对各种类型岩石中微量元素的研究,不仅可以了解岩石中各元素在岩石圈中富集或分散,而且还可以了解各种岩类之间元素富集或分散的趋势。以岩浆岩为例,其含量的变化趋势可分为 4 种类型:①在超基性岩中富集,如 Cr、Ni、Co、Pt 族元素等,随着岩石酸性程度增高而含量逐渐降低,这些元素只在超基性岩中富集形成岩浆矿床;②在基性岩中富集,如 Cu、Mn、V、Ti、Sc 等元素,在超基性岩、中性岩、酸性岩中含量都较低;③在酸性岩中富集,属于这类的元素有 Li、Bi、Rb、Cs、Ti、Sr、Ba、Y、TR、U、Th、Ta、W、Sn、Pb 等,元素的含量随着岩石酸性程度增高而增加,这些元素的矿床与中酸性侵入体、伟晶岩及其热液活动有关;④富集倾向不明,元素含量变化趋势不明显,属于这一类的有 Au、As、Ge、Sb 等。

上述情况反映了岩浆分异作用中成矿元素集中分散的总趋势,集中和分散是相对的,各类型岩石对比地壳岩石圈而言都有富集的元素,但对比矿体而言,这些元素又属于分散,即使在同类型的岩体中,元素的集散情况也不相同。

综上所述,地壳中元素的分布是不均匀的,根据元素在地壳岩石圈中的平均含量或在各种类型岩石中的平均含量,研究其分散与集中,也可以在不同程度上说明一些地球化学有关问题,但对于具体地区的成矿研究和找矿来说,则需要研究元素分散或富集的具体含量标志。

(二)土壤中化学元素的分布

各化学元素在土壤中的分布,如同在岩石圈中一样变化很大。将土壤中元素的含量和岩石圈中克拉克值对比,可以看出从岩石风化到土壤形成过程中,各元素的集散情况很不一样。根据风化和成壤过程中的集散情况,可将元素分为 3 类:①在风化成壤过程中明显集中的元素,主要是在表生带能形成稳定矿物的元素,其土壤浓度克拉克值大于 1.2,如 Sn、As、Cd、Be、Cr、Ga、Zr、Li、Ag、Mo 等;②在风化成壤过程中明显分散的元素,是土壤浓度克拉克值小于 0.8 的元素,如 I、Hg、Na、Mg、Co、Ca、Cu、Ni、K、Ge、Fe、Zn、V、P 等,这类元素除了易溶的碱金属外,主要是亲硫元素;③在风化成壤过程中集散情况不很显著的元素,土壤浓度克拉克值在 1 左右(0.8～1.2),如 Pb、Ti、Al、Mn、B、Si、Ba 等。

土壤是岩石风化的产物,不同原岩元素富集的特点不同,成壤后富含的元素也不一样。基性—超基性岩的土壤中富含 Ni、Cr、Co、Cu 等,中酸性岩则富含 W、Sn、Be、Mo、Pb、Li、Na、Th、TR 等。即使同类型岩石所形成的土壤,其中元素的分布也是不均匀的。因而如同基岩一样,研究具体地区土壤中元素的富集情况,也应具体确定元素的含量标志。

二、化学元素的存在形式、分类与迁移

(一)元素的存在形式

对元素存在形式的分析,在地球化学找矿中无论对样品采集、样品分析、异常与背景的区分、异常的评价等,都有重要作用。地壳中(岩石及土壤中)元素存在的形式是多种多样的,主要有以下几种。

1. 独立矿物

独立矿物是元素在宏观的集中状态下的主要存在形式。各种地球化学作用下元素大量地以独立矿物的形式存在,如与岩浆作用有关的造岩矿物、副矿物,与蚀变矿化作用有关的蚀变矿物、矿石矿物,与风化作用有关的次生矿物等。常量元素一般形成"造岩矿物",微量元素除在岩石中形成副矿物外,由于成矿作用或风化作用,部分可形成独立矿物。

2. 类质同象

类质同象是微量元素重要的存在形式,Ga、In、Ge、Ti、Cd、Se、Ra、Rb、Re、Hf 等元素主要是以类质同象的形式存在。元素以类质同象混入的寄主矿物,可以是造岩矿物(包括副矿

物),也可以是矿石矿物。主要造岩矿物中云母、斜长石、钾长石、角闪石等及副矿物中的榍石、锆石、钛铁矿、磁铁矿等可成为寄主矿物,特别是黑云母中可以类质同象混入 Li、Cs、Cu、Zn、Nb、Ta、Sn、W 等多种元素。与成矿有关的硫化物中,黄铁矿、磁黄铁矿、方铅矿、闪锌矿、黝铜矿等是主要的寄主矿物。

3. 吸附离子

元素以离子形式被吸附于胶体颗粒表面,少数情况下还能结合于胶粒晶格,故土壤或沉积岩中吸附离子是某些元素存在的重要形式之一。

除上述元素存在形式外,尚有气液包裹体、机械混入物、金属有机络合物等。所以同一岩石或土壤中,一种元素可以有多种存在形式,因为同一地球化学作用下元素可以形成多种结合形式。

(二)元素分类

元素的共生组合是指有成因联系而性质又相近的某些元素在某一地质体中同时赋存的现象。元素周期表中的同一族元素或位置相邻的元素具相似的物理化学性质,决定了在地球中物质运动过程,同族元素或相邻元素将具有相似的存在形式,也导致了元素的共生现象,如 K 和 Na 就常常共存。应注意的是,虽然共生性质相近,但并不一定在富集上具有相似性。

(1)亲石元素:离子的最外层电子具有 8 个电子(s^2p^6)的稳定结构,氧化物的生成热大于 FeO 的生成热,与氧的亲和力强,易熔于硅酸盐熔体。亲石元素主要包括氧化物、氢氧化物、含氧酸盐,主要集中于岩石圈,包括 Li、Na、K、Rb、Cs、Fr、Be、Mg、Ca、Sr、Ba、Ra、B、Al、Sc、Y、REE、Ac、Si、Ti、Zr、Hf、Th、V、Nb、Ta、Pa、W、U 等。

(2)亲铜元素:化学上的亲硫元素(铜型离子,外层 18 电子,$s^2p^6d^{10}$)。亲铜元素主要形成硫化物,主要集中于氧化物—硫化物过渡圈,包括 S、Cu、Ag、Au、Zn、Cd、Hg、Ga、In、Tl、Ge、Sn、Pb、As、Sb、Bi、Se、Te、Po、Br、I、At 等。

(3)亲铁元素:化学上的过渡族元素(过渡型离子,外层 8~18 电子)。亲铁元素既可形成氧化物,也可形成硫化物,主要富集于铁镍核,包括 C、P、Mo、Te、Re、Fe、Ru、Os、Co、Rh、Ir、Ni、Pt、Pd 等。

(4)亲气元素:化学上的气体元素(惰性气体型原子,原子的最外层 8 个电子)。亲气元素易挥发或易形成挥发性化合物,主要集中于大气圈,包括 H、N、O、F、Cl、He、Ne、Ar、Kr、Xe、Rn 等。

(三)元素的迁移

1. 元素迁移的概念

元素迁移是指在各种自然条件下,元素结合与分离、集中与分散等重新分配的过程。一个完整的迁移过程包括元素的活化、搬运和沉淀 3 个环节,贯穿于整个地球化学旋回体系中。元素迁移使得元素在地壳中不同地点集中或分散,造成各种不同的共生组合,是矿床形成的前提,也是地球化学找矿的依据。

2. 元素迁移的方式

元素是通过不同物质运动形式进行迁移的,地壳中元素的迁移形式主要有 3 类:①化学及物理化学迁移,主要包括硅酸盐熔体迁移、水及水溶液迁移、气体迁移;②机械迁移;③生物及生物地球化学迁移。

元素的迁移与各种地质作用密切联系,并且伴随着由一种存在形式转变为另一种存在形式。如地下深处的岩层,局部熔化成岩浆,组成岩层的元素活化,转移到硅酸盐熔体中,随硅酸盐熔体而迁移,最后岩浆冷凝结晶,元素以各种新的独立矿物或类质同象等形式固化下来。在热液作用下,岩石被浸溶,以各种形式存在的元素,遭受不同程度的淋失,并随热液而迁移,在一定条件下以蚀变矿物或矿化的形式固化下来。在表生作用下,岩石矿石发生机械风化、化学风化,元素以机械运动或水溶液搬运方式进行迁移,然后以次生矿物吸附离子等形式固化于松散层中。

第二节　岩石地球化学测量

岩石地球化学勘探是应用岩石地球化学测量了解岩石中化学元素的分布,总结元素分散与集中的规律,研究其与成岩、成矿作用的联系,并通过发现并解释评价异常来进行找矿的。可利用岩石地球化学测量中发现的元素异常来研究地球化学晕,从而对范围广大的地区进行找矿预测;也可根据区域元素异常,评价各时代的地层及侵入体的含矿性,圈定远景成矿区。岩石地球化学勘探更直接地是通过发现局部元素异常和查明矿床原生晕,进而达到寻找盲矿体的目的。原生晕在空间分布上往往和矿体有联系,规模上比矿体大,特别是热液矿床的原生晕,沿着控矿构造方向延伸更大,根据原生晕可寻找深部数十米至数百米的矿体。因此,为能更好地进行岩石地球化学勘探,必须对矿床原生晕的形成、特征及应用等进行系统的规律性研究。

原生晕是在成矿作用中与矿体同时形成,分布于矿体周围基岩中的某些元素(一般是成矿元素和伴生元素)含量增高的地段。各种类型的矿床都存在着原生晕。但是,目前应用和研究较多的还是与热液矿床有关的原生晕,因此本节重点讨论热液矿床原生晕的相关内容。

一、原生晕的形成及特点

"晕"一般是指一定的空间范围内,由一浓集中心向外,某种物质逐渐分散或某种特征逐渐减弱,直至趋于周围环境,因此,原生晕可以理解为基岩中与矿体有关的元素含量增高地段。在这种地段范围内,由矿体向外,有关元素含量逐渐降低或逐渐升高,直至趋于背景含量。在实际应用中,矿床原生晕一般理解为在成矿作用下,矿体附近基岩中形成的地球化学异常地段。岩浆矿床、伟晶岩矿床、接触交代矿床、热液矿床、沉积矿床及变质矿床都可以产生矿床原生晕。目前,地球化学找矿研究最多、最充分的是热液矿床原生晕,其次是岩浆矿床、沉积矿床与伟晶岩矿床原生晕。

(一)成矿元素的迁移方式

一般认为微量元素除少数情况下呈气相迁移外,主要呈液相迁移,在围岩中微量元素的液相迁移主要有渗透和扩散两种方式。

1. 渗透迁移

渗透迁移是由于压力差造成的。当围岩中存在着压力差时,与成矿有关的溶质与溶液一起沿着岩石的裂隙和孔隙流动而产生迁移。地壳中不同深度的压力差是促使含矿溶液沿构造通道向上部岩层迁移的主要原因,而构造活动时岩层破裂产生的局部压力差,则引导含矿溶液离开主要通道向围岩裂隙中压力低的方向迁移。

2. 扩散迁移

扩散迁移是由于浓度差引起的迁移。当含矿溶液与围岩粒间溶液接触时,因为两者的浓度不同,浓度高的成矿溶液向浓度低的围粒间溶液方向迁移,直到浓度达到平衡为止。

元素迁移的方式不同,所形成的原生晕特征也不同。元素的渗透迁移是以裂隙和孔隙的发育为重要条件,所形成的原生晕具有沿裂隙带和渗透性岩层延伸的特点,成晕规模较大。由于岩石中裂隙和孔隙分布不均匀,成晕元素的含量亦呈跳跃式变化。元素的扩散迁移可以在致密状的岩石中发生。扩散迁移成晕的特点是成晕元素含量沿扩散方向下降很快,自中心高浓度处向四周呈几何级数下降,因而成晕规模较小。

在原生晕的形成过程中,经常是这两种方式的迁移都存在,只是因地质条件的不同有所侧重。一般沿构造线方向以渗透迁移为主,在矿体两侧致密岩石中以扩散迁移为主,初期含矿溶液上升以渗透为主,后期含矿溶液流动停滞,则以扩散为主。

(二)元素在溶液中的存在形式及活动性

金属配合物在水中的溶解度一般很小,在迁移过程中不可能以简单离子形式大量地进行搬运。成矿溶液中有色金属、黑色金属、稀有金属以及放射性元素等在溶液中多以配合物形式存在。由于金属配合物在水溶液中易溶且比较稳定,通过热液作用不仅可将成矿元素大量迁移到有利地段形成矿体,而且在更大范围内形成矿床的原生晕。不同元素在溶液中的配合物稳定性是不同的。实验研究表明,Mn、Co、Ni、Zn、Fe、Pb、Cu、Ag、Au、Hg等元素在富硫含氧溶液中可能呈三氧硫酸盐配合物$[Me(S_2O_3)_m]^{n-}$的形式存在和迁移,溶液中这些元素活动性增大序列如下:Mn→Co→Ni→Zn→Fe→Pb→Cu→Ag→Au→Hg。

除此之外,重金属 HS^- 配合物$[Me^{x+}(HS^-)]^{x-n}$,也是重金属元素在溶液中可能存在的形式之一。据研究,有关元素及其络合物在溶液中的稳定性(即元素活动性增大序列)如下:Fe→Co→Zn→Pb→Cd→Cu→Hg。

从两项配合物研究结果对比可以看出,元素的活动性序列基本相同(除 Fe 外),元素的活动性大,说明其迁移能力强,成晕规模较大,成晕的分布离构造通道较远。元素活动序列的研究,不仅对研究元素从热液中析出的顺序,而且对研究成晕的规模、空间的分布都是有意义的。目前关于这方面的工作处于初步研究阶段,对成矿溶液中元素存在的形式还有许多不同的观点。

(三)元素的沉淀

在含矿溶液中的成矿元素配合物,在溶液物理化学条件发生变化时,易产生分解,形成难溶化合物的沉淀物,引起这种含矿溶液物理化学条件变化的因素有:①含矿溶液进入开阔断裂带,外部压力降低,挥发物质气化逸出;②热液随远离岩浆而冷却;③热液与围岩相互作用,改变了溶液的成分或 pH 及 Eh 值;④在近地表处氧化使络合物分解;⑤遇地下水引起化学反应。

上述因素均可使溶液中易溶并形成配合物的元素发生沉淀,使围岩中元素含量增高而成晕。有一种情况需要说明的是,溶液与围岩相互作用,溶液中某些元素沉淀的同时,围岩中另一些元素活化转入溶液,而使岩石中这些元素含量降低。这些由围岩转入溶液中的元素,经过一段迁移,在物理化学条件发生变化时,于新的场所析出,使岩石中元素含量增高。在矿体及其附近某些元素含量降低形成"负异常",而在矿体相邻地段,这些元素含量增高形成"正异常",成矿元素沉淀而成晕,往往伴随围岩成分活化、迁移析出。围岩成分这种再分配的结果,使得矿体附近出现与围岩成分有关的原生晕。含矿溶液中的成分不仅仅来自矿体处及其附近的围岩,深部岩浆分异形成的残余溶液、变质作用中原生水及挥发成分等所形成热液在上升过程中,或在大气降水渗透至地壳深处加热、环流途中,都会与围岩反应,吸收部分围岩成分,形成热液成分的围岩侧分泌来源。不同来源的元素的成晕特征、规律等问题,目前尚待深入研究。

(四)影响元素迁移的因素

1. 含矿溶液的性质

含矿溶液的性质对元素的迁移影响很明显。含矿溶液中元素的原始浓度越大,则与围岩的浓度差越大,因而元素的扩散迁移作用越强,元素的渗透迁移相对减弱。溶液温度增高,元素的扩散速度加大。热液系统的压力直接影响元素渗透迁移的能力,在岩石中的压力差越大,越有利于元素的渗透迁移。热液系统压力的大小与深度有密切的关系,一般认为距地表浅,压力小,距地表深,压力大。目前热液系统的压力与热液作用的深度,大多仍靠间接资料推断获得。如根据上覆岩层厚度、岩体特征(包括岩体大小、形态、结构构造、围岩捕虏情况等)推断获得热液作用(包括成矿作用)的深度和压力。特别是矿床形成深度的地球化学标志,对了解原生晕形成深度,热液系统压力有重要参考意义。如浅成矿床(上覆岩层厚度小于1km),矿体常呈锥状急剧尖灭,矿石成分复杂(某些矿床混有大量硫盐),元素垂直分带不明显,金属含量高低变化较大;中深和深成矿床(上覆岩层厚度分别为 1~2km 或 2km 以上),矿体延深大(1~2km 或更大),矿石成分简单(多为金属硫化物),元素的垂直分带明显,金属含量较均匀。

2. 构造

成矿元素在围岩中迁移、成晕过程中,地质构造特别是断裂构造对其有着重要的影响。断裂的影响首先表现为含矿溶液活动提供了通道,使含矿溶液能借以上升,并在围岩中进行渗透、扩散。其次由于构造的活动,还能改变局部地段的物理化学条件,促使含矿溶液中成矿元素的沉淀。例如断裂的活动,使含矿溶液系统外部压力降低,溶液中的 CO_2、H_2S 及其他易挥发化合物迅速从溶液中逸出,从而改变溶液成分、压力和 pH 值。如二价金属常呈 $Me(HCO_3)_2$,溶于水中。CO_2 的逃出使压力降低,pH 增高,HCO_3^- 浓度降低,Ca、Mg、Fe、Mn、Sr、Ba 等则呈碳酸盐沉淀。正因如此,热液矿床的原生晕一般都出现在构造裂隙(如断裂、破碎带、接触带、节理、层理、片理等)比较发育的地带。

3. 围岩性质

围岩性质对成晕的影响也是明显的,主要表现为岩石的化学性质及物理性质对元素迁移的影响。一般情况下,岩石的化学性质活泼有利元素富集而形成富矿,从而限制了元素迁移,不利于形成规模较大的矿床原生晕。例如,碳酸盐岩围岩,因为易于和含矿溶液发生化学反应,并且由于 $CaCO_3$ 的颗粒表面的吸附物质,逐渐使孔隙阻塞,影响扩散迁移,因此石灰岩中原生晕一般规模不大。反之,不利于形成富矿,但有利于形成规模较大的矿床原生晕。

岩石的物理性质首先反映在机械性质方面,如脆性岩石裂隙易于发育,有利于元素渗透迁移,形成规模较大的晕;塑性岩石即使产生裂隙也容易封闭,使元素渗透迁移受限制。各类岩石按脆性从大到小排列如下:古老石英脉、霏细岩、石英岩与花岗岩类、中酸性喷出岩、砂岩、辉长岩、辉绿玢岩、石灰岩、蛇纹岩、页岩、泥灰岩等。从机械性质考虑,石灰岩、蛇纹岩、页岩、泥灰岩等对形成较大规模的晕是不利的。其次物理性质对成晕的影响还反映在岩石孔隙性质方面,岩石孔隙率大,孔隙间连通情况好,则有利于元素的渗透迁移;反之,孔隙率小,连通情况差,则对元素的渗透迁移不利。各种岩石的孔隙率见表 2-2-1。

表 2-2-1 各种岩石的孔隙率

岩石	平均孔隙率(%)	测点数(个)	岩石	平均孔隙率(%)	测点数(个)
花岗岩	1.00	50	古生代砂岩	10.00	110
喷出岩	2.00	19	中、新生代砂岩	20.00	683
大理岩	1.00	7	片麻岩	1.00	2
石灰岩	3.00	7	石英岩	1.00	5
页岩	4.00	14			

沉积岩特别是碎屑岩的孔隙率一般比较大,有利于元素渗透迁移,可形成规模较大的晕。页岩孔隙率可达 4%,但孔隙间连通情况不好,透水性差,往往形成"阻隔层"。

热液矿床原生晕的形成是一个很复杂的过程,既受元素及其化合物地球化学性质的控制,又受构造、岩性条件及含矿溶液物理化学条件(温度、压力、浓度等)的影响。如同热液矿床的形成一样,热液矿床原生晕形成机理的研究已引起人们的重视,通过研究可加深寻找热液矿床原生晕进而找矿的认识,而且会促进各类矿床原生晕的研究,从而推动岩石地球化学勘探的发展。

二、方法的应用条件和对象

应用岩石地球化学勘探最基本的条件是岩石出露,在存在覆盖土层的地区,可通过勘探工程(如探槽、浅井、钻孔、坑道等)揭露基岩,进行岩石地球化学找矿工作。

岩石地球化学测量在普查阶段多用于评价岩浆岩、地层、构造的含矿性,查找矿体的远景区;在详查、勘探、开采阶段则用于寻找盲矿体及寻找无宏观找矿标志又难以识别的矿体和验证物探异常。理论上,凡是能够形成原生晕,并且这种晕又能为我们发现矿床提供依据,均可用来找矿。目前,应用岩石地球化学找矿方法,除了寻找 Cu、Pb、Zn、As、Hg、Ni 等有色多金属矿产外,还广泛用于 Au、Ag 等贵金属,W、Sn、Bi、Mo、Li、Be、Nb、Ta 等稀有金属的找矿与评价,近年来还开展了找铁矿和非金属矿床原生晕的试验研究。

三、野外工作方法

(一)采样工作的布设

为了使岩石地球化学测量工作成果能全面地反映原生晕的异常特征,采样点必须按一定的规格来布置。采样部署时,首先应选择样品的分布形式,同时又要考虑样品间的距离。

样品分布的形式有规则测网、不规则测网和系统剖面 3 种。

1. 规则测网

规则测网是指样品按一定测线和测点来采取。样品在测区范围内,基本上呈网格状均匀分布。测线方向一般要求垂直于异常的延长方向(控矿构造方向)。测线的间距原则上要有至少两条测线通过异常;采样点的距离,一方面根据异常规模,另一方面根据工作比例尺的大小,测网布置时,至少要保证有 2 个样品落在异常范围之内。测线间距和测点间距见表 2-2-2。

表 2-2-2　岩石地球化学测量采样间距

普查类型	比例尺	测线间距(m)	测点间距(m)
普查评价	1∶10 000	100	20～10
	1∶5000	50	10～5
	1∶2000	20	5～2
	1∶1000	10	2～1

表 2-2-2 中所列数据为根据工作经验所总结,适用于一般矿床。如项目规模、元素含量变化比较特殊的情况下,应适当变更,或选择典型地段进行试验,以确定合理的线、点间距。

2. 不规则测网

不规则测网是指样品并不严格按照一定的线、点间距来采取，以能满足实际工作的需要为原则。若机械地采用规则测网，给地球化学测量，特别是岩石地球化学测量的应用，带来不必要的困难与限制。

3. 系统剖面

系统剖面是使所采集的样品分布于测区一系列的剖面上。剖面间距并无严格要求，以能追索异常、反映异常特征的变化规律为原则。各剖面的方向应尽量垂直于矿体（带），并不要求剖面之间相互平行，剖面长度应超过蚀变矿化作用的影响范围，采样点间距可参照表 2-2-2。

沿系统剖面采集样品，不仅适用于地表剖面，也适用于包括地表、地下在内的垂直剖面。在钻孔中采取岩芯样品，样点间距一般为 2～5m，当矿化带或蚀变带范围很宽或很窄时，间距可适当放大或缩小；采样时，在断裂带、蚀变带、岩体等与围岩的接触带附近，需加密采样。

由于自然条件的限制，实际工作中经常使用不规则测网与系统剖面。

（二）样品的采集与加工

由于岩石中元素的分布并不均匀，为保证所采集的样品具有代表性，采样时一般以连续捡块或梅花点式采集若干小块岩（一般 5～7 块，直径 2～4cm）组合成一个样品；在采集探槽、坑道和钻孔岩芯样品时，可在采样区间内系统采集。每件样品的质量要求为 100～200g。

为便于解释评价所发现的异常，采样时应记录采样点附近的地质特征（包括岩性、构造、矿化和蚀变等）、样品的物质及其风化程度等。

室内需对采集的样品进行加工，目的是减小样品的粒度并使样品物质均匀，以适应分析测定的要求。根据分析方法的不同，样品的粒度要求也不一样。一般冷提取分析样品粒度可大一些，20～40 目（<0.42mm）；化学分析（如比色分析）则要求 80～100 目（<0.01mm）；而光谱分析和其他仪器分析要求的样品粒度更小。

采集样品时需要特别重视样品的代表性；样品加工时应特别注意防止样品的污染，更不允许混样、错号等现象的出现。对于一些指示元素较低的弱异常，为了强化异常值，可以选择性地采集对成矿成晕有明显控制作用的物质，分析手段采用更精确的分析方法。

第三节　土壤地球化学测量

土壤地球化学测量，是在系统测量土壤中元素分布的基础上，分析其分散、集中的规律及与矿床表生破坏的联系，通过发现异常、解释评价异常来实现找矿的目的。土壤是指残坡积的地表疏松覆盖物，同时包括崩积的、冰积的、湖成的、风成的以及有机成因的地表疏松覆盖物。

由于矿体及其原生晕的表生破坏，在矿床上覆土壤中形成的、以成矿元素的含量增高为主要特征的地球化学异常地段，称为矿床次生分散晕（简称次生晕）。土壤地球化学测量就是在土壤地球化学异常地段中,识别出与矿床有关的次生晕,进而达到寻找矿床的目的。

一、风化与土壤

(一)岩石风化作用

岩石风化作用可分为以下3种类型。

(1)物理风化。物理风化是使岩块崩解破碎,化学成分及矿物成分并未变化的一种风化作用。地下深处形成的岩块,在上升进入表生带过程中,由于外部压力减小,在内部应力作用下,形成一系列的裂隙与节理。气温的变化引起岩石的热胀与冷缩,水在岩石中冻结而膨胀,甚至霜的作用、裂隙中水溶液的结晶等都会使岩块遭受到破坏。块状岩石正是在这种物理作用下由整块变为碎块、由大块变为小块、由岩石碎块分解为单矿矿物碎块的。

(2)化学风化。岩石在遭受物理风化的同时还发生化学风化,使岩石的化学成分、矿物成分及岩石结构发生根本的变化,以致完全改变了矿物岩石或矿物面貌。化学风化实质上是在水的作用下岩石或矿物的分解,因而在岩石的化学风化过程中,水及水中溶解的氧和二氧化碳气体有重要作用。化学风化中所发生的化学过程是复杂的,包括水化、水解、氧化、溶解、酸的作用、胶体的形成、交换反应等。一般认为岩石组分部分被带走,部分结晶成褐铁矿($Fe_2O_3 \cdot nH_2O$)。这样由含铁、铝的硅酸盐组成的岩石,经过风化作用部分转变为二氧化硅、氢氧化铁被残留下来。

(3)生物风化。生物风化不仅是植物根系的生长可扩大岩石的裂隙,加速物理风化,更重要的是植物分泌的有机酸,大大地增强了岩石的化学分解。植物的呼吸影响氧、二氧化碳的循环,细菌与真菌在许多有机氧化反应中使植物残骸逐渐解体,最后形成二氧化碳和水;土壤细菌的活动可产生有机酸类及其他化合物参与化学风化作用。生物风化的实质是因生物作用而产生的物理风化和化学风化。

上述3种类型的风化作用不是孤立的,当岩石产生裂隙和崩解时,表面积增大,增强地表水、氧和二氧化碳等对岩石矿物的分解;生物风化直接或间接地促进了物理风化和化学风化的进行。环境不同,各种风化所起作用的大小有所不同,如在极干旱的沙漠和气温很低的两极以及许多高山地区,物理风化作用占主要地位。而在其他气候带和其他地形条件下,化学风化则占优势。

(二)土壤及其形成

土壤是在岩石风化的基础上通过成壤作用逐渐形成的。土壤由矿物质、有机质及土壤溶液和土壤空气等部分所组成,矿物质和有机质是土壤的主体物质基础。

土壤矿物质,包括原生矿物(如石英、云母等)和次生矿物(如高岭石、蒙脱石等)两大类,不同气候带不同类型的土壤中,土壤的矿物成分并不相同。土壤的有机质,包括非腐殖质(如蛋白质、碳水化合物、脂肪等)和腐殖质两类有机物质。腐殖质是微生物活动的产物,一般不易为微生物所分解,是土壤有机质的主体。

在岩石矿物风化和成壤过程中,可溶性碱及二氧化硅、三氧化二铁、三氧化二铝等相继成为游离状态,并且产生各种次生矿物。同时由于有机质的分解和腐殖质的形成,产生各种无机酸、有机酸及其盐类等。在这些物质的基础上,通过淋溶和淀积两方面的作用,逐渐形成土壤。

微量元素不仅在不同层位的土壤中分布不均匀,而且在同一层位不同粒度的土壤中的含量也不相同。原因是,元素在风化、成壤过程中的行为状态不同。很显然,耐风化矿物中的元素与在黏土或铁、锰氧化物上成吸附离子的易溶金属元素相比,后者富集于更细粒的土壤中。这些情况,对矿化地区或无矿化地区都是存在的,而且对土壤地球化学找矿来说具有重要的实用意义。

二、矿床次生晕的形成

(一)成矿元素的次生分散

地下深部形成的矿体、矿化及原生晕,与围岩一样在表生带经受各种风化作用,其中的元素随着矿物的破碎或溶解,向外迁移产生次生分散而形成次生晕。成矿有关元素的次生分散可分为机械分散和水成分散。

1. 机械分散

在表生作用下,矿石中成矿元素呈固相(原生矿物,难溶的次生矿物)迁移而形成的分散称为机械分散,这种分散大致可归结为矿石的破碎和矿石的质点位移。矿石和岩石一样,由于温度、植物根系等作用,矿体破碎,由大块变为小块,由矿石碎块分解为单一矿物的碎块。地面由于上述剥蚀作用不断下降,矿体风化侵蚀面由于风化作用也不断下降,矿石风化质点逐渐离开矿体风化侵蚀面进入土壤,并由下层土壤逐渐变为上层土壤。这一过程中,矿石质点分布的范围,随风化作用的加强和持续时间的延长而逐步扩大。与此同时,矿体附近围岩的风化质点,也逐渐离开风化基岩而进入土壤,并且由下层土壤渐变为上层土壤。在这一过程中基岩风化质点分布的范围也逐渐扩大。由于矿石及围岩风化质点的相互迁移,矿石质点必然由原矿体向外迁移,矿体附近围岩风化质点也会进入原来矿体所在位置,使得矿体附近上覆土壤中,由于矿石风化质点的存在,成矿元素的含量高于远离矿体处土壤中元素的含量。

出露的矿体或其矿石风化质点,由于冰川、风及地表水的冲刷等作用,促使矿石物质进一步发生机械分散于矿体附近。这种矿石质点的成矿元素含量增高的现象,可指示附近矿体的存在。

在机械分散过程中,有时重力起明显的作用。例如地形具有一定坡度的情况下,由矿体破碎而产生的矿石质点,在重力作用下随着坡积层向下滑动,下滑的速度和距离一般随地表坡度不同而不同,这样分析坡积层土壤中成矿元素含量变化,同样可指示附近隐伏矿体的存在。

2. 水成分散

在表生作用下矿石中成矿元素呈液相(溶液)迁移而形成的分散称为水成分散。矿石水成分散的过程包括矿石的氧化、溶解、迁移及析出,这种作用和过程对硫化物矿石来说最为典型。由于各种金属硫酸盐基本上在水中都有较大的溶解度,硫化物氧化变为硫酸盐,其结果是呈固态的金属硫化物变化成为液相硫酸盐溶液,化学反应式为

$$MS+2O_2 \longrightarrow MSO_4 \quad M:二价金属 \qquad (2-3-1)$$

由此可见,硫化物的氧化溶液是富有游离氧的近地表水作用的结果。地面下,水的循环可分为3个带:①渗透带,位于地表与地下水面之间,水的运动主要是大气降水向下渗流运动,水中溶解氧和二氧化碳很多,呈酸性(雨水的pH=6),有很大的溶解能力;②流出带,位于地下水面之下,水主要向流出地点运动,水中溶有少量的氧,矿石的氧化、溶解不充分;③滞留带,位于地下水流出地点标高以下,水基本上不运动,也不含氧,呈碱性(pH>7)。

硫化物矿石的氧化溶解主要产生于渗透带,分散的矿石物质主要来自渗透带的风化矿体。硫化矿石由于氧化、溶解,矿石中元素成为离子状态转入地下水溶液后,或由矿体向四周扩散,或随地下水毛细管上升,或随地下水流动产生迁移,由原矿体向上、向四周进行分散。在分散过程中,金属离子从溶液中析出,在土壤中固定而成晕。

(二)成矿元素次生分散因素的控制

矿石物质由于表生带风化作用而产生的次生分散,受多种因素控制,如矿物性质、物理化学环境、生物的作用、气候及地形条件等。

1. 矿物性质

矿石中元素的次生分散是矿物风化的结果,所以矿物耐风化能力必然影响元素的次生分散。一般来说,内生条件下形成的矿石矿物,其结晶条件越接近表生条件,其耐风化能力越强。各类矿物根据次生分解由难到易的程度可排列如下:氧化物>硅酸盐>碳酸盐和硫化物。

形成氧化物(如锡石、黑钨矿、白钨矿、铬铁矿等)矿的有关元素多以次生分散、机械分散(原生矿物)为主,形成硫化物矿的有关元素多以水成分散为主。

硫化物最不稳定,最容易氧化、溶解,在硫化物中,不同的矿物氧化速度也不一样,常见的硫化物氧化速度按以下顺序递减:磁黄铁矿>镍黄铁矿>闪锌矿>毒砂>黄铜矿>黄铁矿>辉银矿>方铅矿>硫砷铜矿>辉钼矿。

次生矿物的稳定性也影响元素的次生分散。如方铅矿之所以氧化速度慢,主要是其在风化过程中形成难溶的白铅矿包裹原生硫化物的缘故。硫化物的氧化速度不仅决定于原生矿物、次生矿物的性质,而且与共生矿物有关,黄铁矿、白铁矿氧化后形成硫酸与硫酸铁,使介质成强酸性,因而黄铁矿、白铁矿共生会加速其共生矿物的氧化和溶解。

2. 物理化学环境

物理化学环境对元素次生分散的影响,主要体现在氢离子浓度、氧化还原电位等控制元素在水溶液中溶解度和迁移能力。

大多数金属元素的溶解度及其化合物的稳定性与水的pH值关系密切,地表水的pH值

一般为 4.5～8.5,土壤中水为 4.0～9.0,在氧化的硫化物附近 pH 值常低于 2.0,而在干旱地区土壤中碱度较高。自然环境中只有碱金属如 K^+、Na^+（少部分碱土金属如 Ca^+）在所有天然介质 pH 值变化范围内,作为电离的阳离子溶解,而大多数金属元素只能在酸性溶液中呈阳离子溶解、迁移,并随着溶液 pH 值增高而趋于呈氢氧化物或碱式盐沉淀。因此,当硫化矿床氧化形成的强酸被稀释、中和时,硫化物矿床中金属趋向从溶液中析出并浓集于新沉淀的次生矿物中。

3. 生物的作用

生物对成矿物质的次生分散也有较大影响,特别是对植物生长的影响更为显著,微生物的作用和动物的活动也一定程度地影响这种分散。

植物生长影响元素的分散,一方面是根系放出大量 CO_2,根尖表面及围绕其四周的溶液酸度增高,使矿物分解,另一方面是植物生长本身就伴随着元素的迁移。由于植物生长的需要,根系从土壤中吸收大量被分解了的物质,吸收的物质在植物体内运动,分布于各部分组织中。当树叶、树枝落地腐烂时,所生成的大部分可溶性产物被移入地下水、地表水中,其中一部分可重新被植物吸收,或在土壤中与 Fe、Mn、Al 共沉淀。这样,植物就像一个"水泵",不断从地下深处吸取元素又不断地使这些吸取上来的元素回到地面进入土壤。这种生物地球化学的循环作用,使一些元素由风化基岩向上层土壤转移,形成分散。

植物为了营养的需要,不仅吸收 N、K、P、S、Ca 及 Mg,而且也吸收一些微量元素,包括 Cu、Co、Ni、Pb、Zn、As、Sn、Be、Mo、Fe、Ag、Au、Mn 等,因而使这些元素在生物地球化学循环中进行分散。

生物地球化学循环中元素向上分散的距离,实际上就是植物根系的穿插深度,在深根系湿地植物的作用下,即使矿体为运积层所覆盖,若沉积缓慢,厚度不大,在运积覆盖层上仍可有矿床次生晕形成。若矿体上迅速沉积很厚的运积层,特别是在其上生长的浅根系干地植物,生存并不依赖地下水而靠雨水渗透,则运积层中次生晕难以形成。

许多植物能从地下深埋 30～50m 吸收金属元素转移至地表形成异常,甚至矿体在地下 65～150m 深度,地表仍有类似的反应,因此,目前正在干旱荒漠地带试验,通过寻找次生晕而查找地下深处的矿体。

4. 气候及地形条件

气候决定着水分、植被及土壤类型,因而控制着元素的迁移和分散。在干旱地区,水及植被少,机械分散起着主导作用,地下水埋深大,能形成可溶性阴离子络合物的金属元素,只可能被深根系植物带上来。在半干旱的情况下,由于土壤及水的 pH 值较高,含石灰质的钙质土多,对可溶性元素的水成分散不利。在潮湿的热带及温带,水成分散条件十分有利。在寒冷地区,生物活动减弱,化学反应变慢,机械分散作用增加。

地形影响风化和剥蚀的速度,因而在一定程度上直接或间接地控制了元素的分散。如在平坦地区,机械分散速度受到限制。由于地表水及地下水流动缓慢,可溶性元素的水成分散的速度也缓慢。地形起伏增大,水的流速增加,水成分散加快,机械分散也变快。在山区,剥蚀超过了化学风化速度,也会促进水成分散,但地形强烈起伏时,更有利于机械分散。

不同矿物组分的矿床,在表生带元素迁移分散的特征不完全相同。在表生带能保持稳定的原生矿物或次生矿物的金属矿床(如锡石、白钨矿、黑钨矿、铬铁矿、辰砂、自然金、铂)机械分散是主要的分散形式。水成分散则是硫化矿床上最常见的分散形式。机械分散及水成分散二者并不是完全孤立的,往往相互伴生,交替出现,因此,次生晕的成晕过程往往是机械分散和水成分散综合作用的结果,仅是不同矿床成晕过程中二者所起作用的主次不同而已。但是,即使对硫化矿床而言,水成分散也不过是在成晕过程某一阶段起了较大的作用,元素一旦从溶液中析出,成为吸附离子或次生矿物固定于土壤颗粒上以后,就会开始随着土壤固体质点进行机械分散。因而,总的来说金属矿床都是以机械分散为主,这一点在分析研究次生晕时应当考虑。

三、次生晕的分类

根据成晕矿石质点分散方式的不同可将次生晕分为机械分散晕、盐分散晕。根据分散营力的不同可将次生晕分为水成晕、风成晕、冰成晕、生物晕。根据成晕与成壤时间的不同可将次生晕分为同生晕和后生晕。根据出露情况的不同可将次生晕分为出露晕和埋藏晕。在进行地球化学找矿时,除了考虑次生晕形成外,还应根据晕的特征,制订工作方法,进行解释评价,才能取得明显效果。

第四节　水系沉积物地球化学测量

水系沉积物地球化学勘探是应用水系沉积物地球化学测量,了解水系沉积物中元素的分布,总结其分散、集中的规律,研究其与附近基岩中地质体的联系,通过发现和解释评价异常来进行找矿的。

水系沉积物地球化学找矿中,可根据所发现的局部异常,查明矿床分散流进而找矿。水系沉积物地球化学找矿,常常是利用水系沉积物地球化学测量中所发现的广大地区或区域的异常,以确定地球化学异常或圈定成矿区。

一、分散流的形成

分散流和次生晕都是在表生作用下形成的,两者有许多共同之处。首先,分散流与次生晕具有共同的物质来源,即都是矿体及其原生晕在表生作用下,与矿石组分有关的元素,迁移、分散所形成的。其次,分散流与次生晕的形成作用基本相同,在形成过程中,既可以是与物理风化作用有关的机械分散,又可以是化学风化作用下的水成分散,而且都是以机械分散为主。最后,分散流与次生晕都是表生作用下形成的,因而都受气候因素控制。

分散流的形成有其特殊之处:第一,形成分散流的物质,不仅是如次生晕一样来自地表的矿体及其原生晕,也可以来自地下的盲矿体及其原生晕,甚至还可来自次生晕,即次生晕内的物质组分,进一步迁移、分散,在水系沉积物中形成分散流;第二,形成作用方面,虽然分散流、次生晕都可有机械分散和水成分散,但分散流的机械分散并不像次生晕那样由于气候变化所引起,而主要是由于水动力的冲刷、搬运,矿石物质进入水系,并在水系内进一步分散而形成分散流;第三,气候对分散流形成的控制,不仅如次生晕一样反映在年平均温度、年降雨量方面,而且还反映在季节性气温变化上,因为季节性气温及降雨量变化,对形成分散流的物质冲刷搬运影响很大。野外水系沉积物地球化学测量最佳采样时间应是雨季之前,或是雨季后2~3个月。同一批样品为了避免季节影响其含量变化最好在同一季节内采集。

二、分散流指示元素的几何特征

指示元素的几何特征,是指元素在分散流中的分布和变化特征。不同元素具有不同的地球化学性质,因而在水系的不同的部位、不同的环境影响下,其空间分布特征差异表现明显。

1. 横穿河谷方向上指示元素的分布

指示元素在横穿河谷方向上的含量变化具有明显的对称性,即在河谷轴部含量最高,向两侧降低。说明轴部沉积物常年接受上游迁移下来矿石组分的补给,而河谷两边则受两坡冲刷下来非矿物质的加入而贫化。如果河谷一侧有矿石组分加入水系,则靠近这一侧的河谷沉积物中指示元素含量将增高,从而出现含量变化不对称的形态。

2. 沿河流纵向指示元素含量的变化

河流纵向的不同部位,分散流中指示元素含量变化有不同特点。在分散流整个长度范围内,可将分散流划分为两部分:头部和流带部。

分散流的头部毗邻矿床或矿化带斜坡的分散流部分,在这里矿石组分加入水系,所以指示元素含量很高,分布不均匀,含量变化曲线呈锯齿状,该段的长度决定于矿床的规模及河谷的空间关系。流带部在分散流头部以下,即含矿地段与河谷交切的下游部位,此段没有矿石组分直接加入水系,而是由流水将上游水系中部分矿石组分搬运下来,因此,指示元素含量较低,但是比较均匀。再向下游方向含量逐渐降低,每当一条支流汇入主流处,含量陡然降低,然后平缓下降直至正常背景。

三、水系沉积物地球化学测量的应用

水系沉积物地球化学测量,是通过采集水系沉积物样品,测定其中微量元素的含量,发现水系沉积物中形成的异常来进行找矿的,可寻找 Cu、Pb、Zn、W、Sn、Mo、Cr、Ni、Hg、Sb、Au、Ag、P 等矿产,近年来寻找 Nb、Ta、Be 等稀有金属矿也取得了一定效果。

水系沉积物地球化学找矿方法,适合在地形切割剧烈、水系发育的山区进行,而在地形平坦、水系不发育的地区,其应用效果受到限制。水系沉积物地球化学找矿可找到有成矿远景的地区,为成矿预测及基础地质研究提供资料,且方法简单,效率高;用于大规模扫面时,有利于迅速查明广大地区矿产资源远景,对找矿来说可起到先导作用。

水系沉积物地球化学找矿工作比例尺一般为1:20万~1:2.5万,在区域地质调查中,往往先进行该工作,优点是其成果可以为后续地质填图、研究测区矿产分布和矿产调查指示方向,为解决地层、侵入岩及构造等问题提供一定的区域地球化学参考资料。实际工作中,水系沉积物地球化学测量也有与相应比例尺的地质调绘同时进行的。水系沉积物地球化学测量还常常与重砂测量相互配合,相互验证、补充,以提高找矿效果。

(一) 在区域找矿中的应用

水系沉积物地球化学测量,主要用于普查阶段的找矿工作。

在水系沉积物地球化学找矿中,寻找区域性异常有重要意义。某些成矿带往往是在地质研究的基础上,根据或参考区域地球化学异常来确定的。由于元素的背景值在区域内是有变化的,这种区域异常带实际上是元素高背景区。根据高背景值逐渐成为找矿的重要参考依据。

(二) 在地质研究中的应用

在地质填图过程中,水系沉积物地球化学测量对基础地质的研究发挥了一定的作用,在解决地层、岩石、构造等方面提供了地球化学资料。

1. 地层

沉积地层是在一定的岩相古地理环境下沉积形成的,在特定的环境下应有特定的元素组合,这种特定的元素组合可作为地层的划分和对比的重要依据。如赣东北地区,发现水系沉积物中有 Mo、V、Ag、Cu、Zn、Ni、Co 等元素组合异常出现,而且呈条带状分布,与地层走向一致,延伸可达几十千米,甚至更远。这些元素的高含量带与寒武系下部的泥质、碳质岩石的分布地区一致,这种情况在邻近省份也有发现。这不仅为对比地层提供了依据,而且也为找矿指出了可能的含矿层位。

2. 岩体

不同时期形成的岩体,具有不同的微量元素组合,因此可以应用水系沉积物中异常的微量元素组合来研究岩体的形成时期,如福州地区原定为燕山早期的丹阳花岗岩体,其水系沉积物中 Pb、Zn 含量比其他地区燕山早期黑云母花岗岩岩体中的 Pb、Zn 含量低,经验证此岩体属燕山晚期岩体。岩体中不同的岩相部分,微量元素组合亦不同,因而利用指示元素组合特征也可以了解岩体的相变情况。

3. 断裂构造

断裂构造是岩浆及热液的主要通道,因此可以造成断裂带附近某些元素的富集。根据此特征可以追踪断裂,在条件有利时,还可以根据某种元素组合特征推断断裂形成时期。如在赣东北一些北东向断裂带附近的水系沉积物中,出现镍的高背景带,呈线状分布,反映了基性、超基性岩分布的断裂带的存在。

第五节 放射性勘探

放射性勘探是以岩(矿)石的放射性元素含量差异为基础的探测方法,主要用于查找金属矿床和稀土元素矿床,还可用于寻找地下水及地热、划分岩性及探测断裂等。

一、放射性勘探基础知识

(一)放射性元素及衰变规律

自然界中存在 109 种化学元素,元素最小单元为原子,由质子、中子和电子三种基本粒子构成,原子中心为原子核,由质子和中子组成,质子带正电,中子不带电,原子核周围电子带负电,电子沿一定轨道绕着原子核运动。原子核内质子和中子数构成一定比例时,原子核处于稳定状态,当原子核内质子和中子数过多时,原子核不稳定,这些不稳定原子核的元素称放射性元素。

具有相同质子数而质量数不同的元素称为同位素,如氢元素有三种同位素,质子数同为 1,质量数分别为 1、2、3。有些同位素是稳定的,它们的原子核不会自发地发生改变,称为稳定同位素,有些同位素不稳定,其原子核即使不受外在因素作用,也会自发地发生改变,称为放射性同位素。原子序数大于 83 的元素都是放射性同位素,在放射性同位素中只有一小部分是自然界存在的天然放射性同位素,大多是由人工通过核反应制造出来的人工放射性同位素,如铀有十几种同位素,但仅有三种是天然存在的。

一种元素经过放射变成另一种元素的过程称为衰变。某一原子发生衰变是偶然的,是无法预计的,但对于许多原子整体来说,某一时刻多少原子发生衰变是符合一定规律的。这一规律是:某一时刻的衰变率与当时存在原子核数 N 成正比,可表示为

$$dN/dt = -\lambda N \tag{2-5-1}$$

式中:λ 为衰变系数,负号表示原子核数随时间增长而减少。

原子核数衰变到其基数的一半所用时间称为半衰期 T:

$$T = \ln2/\lambda = 0.693/\lambda \tag{2-5-2}$$

因衰变系数、不同元素半衰期的不同,从而可用半衰期确定地质时代。

(二)三种放射性射线

放射性同位素在衰变过程中,主要放射出 α、β、γ 三种射线,还有中子和 X 射线等,下面主要介绍 α、β、γ 三种射线的性质。

α 射线是 α 衰变放出的、带正电、初速度约为 2×10^6 km/s 的 α 粒子流,即氦原子流,α 粒子具有 4~10MeV 能量,但穿透物质能力很小,在空气中射程仅为 2.6~11.5cm,岩石中约为 10^{-3} cm。α 射线质量大,在气体中的径迹是一条直线,穿过介质时使介质产生电离或激发,收集所产生的电离电荷就可以探测 α 射线。

β 射线是 β 衰变放出的、初速度在 2×10^6 km/s 以上的电子流,每个 β 粒子带一个负电荷,

能量在0.1～2MeV之间,穿透能力比α射线大,空气中射程几十厘米,岩石中为几毫米。β射线穿过物质时主要产生三种作用:①产生电离和激发;②与原子核及核外电子作用,产生多次散射;③当被原子核场阻止时伴生电磁辐射。利用上述作用原理,即可对β射线进行探测。

γ射线通常是在α衰变和β衰变过程中放出的,原子核在放出α、β粒子时,处于激发状态,激发的核通常在10^{-11}s内过渡到基态,同时放出γ射线。γ射线通常不带电,是频率很高的电磁波(光子流),波长3×10^{-11}～3×10^{-9}cm,波速近似于光速,能量在0.05～5MeV之间。γ射线穿透能力很强,空气中射程可达几百厘米,岩石中在几厘米到几十厘米之间,并可穿透厚度达25cm的钢板。γ射线通过物质时能量最强,穿过物质时产生光电效应、康普顿效应或电子对效应,从而探测γ射线和γ射线能谱。

(三)岩石的放射性

岩石按成因分为岩浆岩、沉积岩和变质岩三大类,其中变质岩是由岩浆岩或沉积岩经各种动力地质作用形成,其放射性取决于变质前的岩性。

1. 岩浆岩的放射性

岩浆岩约占地球岩石总体积的95%,大多分布于地壳深处,主要矿物种类约10种:石英占12%,长石占59%,角闪石及辉石占17%,云母占14%,橄榄石、霞石共占8%,其他约占1%。岩浆岩放射性有如下规律:①岩浆岩中所含放射性元素零散而不均匀。②从酸性、中性、基性到超基性,其SiO_2含量由大到小,颜色由浅到深,而放射性元素含量亦由大到小。③岩浆岩中所含放射性元素主要为铀、镭、钍和钾。

岩浆岩中放射性元素含量见表2-5-1。

表2-5-1 岩浆岩中放射性元素含量

岩石类型	SiO_2(%)	Ra($\times10^{-12}$g/g)	U($\times10^{-6}$g/g)	Th($\times10^{-6}$g/g)	Th/U	K(g/g)
超基性	少于40	0.20	0.6	2.0	3.3	0.004
基性	40～52	0.38	1.1	4.0	3.6	0.014
中性	52～65	0.51	1.4	4.4	3.2	0.020
酸性	65～75	1.34	4.0	13.0	3.3	0.026

注:SiO_2、Ra、U、Th、K分别为二氧化硅、镭、铀、钍、钾。

2. 沉积岩的放射性

沉积岩本身不含放射性元素,其放射性元素来自岩浆岩。沉积岩一般是由岩浆岩经机械和化学作用剥蚀、搬运、沉积而成,由于搬运和沉积环境不同,各种沉积岩中的放射性元素含量亦不同。因而,沉积岩的放射性有如下规律。

(1)沉积岩中的放射性强度主要取决于泥质含量。原因为黏性土颗粒细、具有较大比面积,从而在沉积过程中具有较大的吸附放射性元素的能力,同时,黏性土沉积物中含有钾矿物

（水云母、正长石等）。

(2)随着有机物含量增加而增加,如沥青质泥岩放射性很高。

(3)随着钾盐和某些放射性矿物增加而增加。

3. 水中钾、镭和氡的含量

自然界水中所含放射性物质非常少,通常含铀、镭和氡,很少含钍和钾,见表2-5-2,水中镭含量一般只有岩石中的千分之一,流经铀矿的水,含铀、镭等较高,可作为寻找铀矿的标志。

表 2-5-2 各种水中放射性元素含量

水的类型		氡(Rn)(3.7Bq/m³)	镭(Ra)(g/L)	铀(U)(g/L)
地表水	海洋、河	0	$(1\sim2)\times10^{-13}$	$(6\sim20)\times10^{-7}$
	湖	0	10^{-12}	8×10^{-6}
地下水	沉积岩	$6\sim15$	$(2\sim300)\times10^{-12}$	$(2\sim50)\times10^{-7}$
	酸性岩浆岩	100	$(2\sim4)\times10^{-12}$	$(4\sim7)\times10^{-6}$
	铀矿床	$500\sim1000$	$(6\sim8)\times10^{-12}$	$(8\sim600)\times10^{-6}$

(四)放射性强度单位

放射性强度单位为贝可勒尔(Becquerel,Bq),一贝可等于每秒一次核衰变,即$1Bq=1s^{-1}$。旧单位为居里Ci,每秒产生3.7×10^{10}次衰变称1居里,$1Ci=3.7\times10^{10}Bq$、$1uCi=3.7\times10^{7}Bq$。

照射量是指单位质量的物体(空气)在X或γ辐射后产生电离的电量,单位为库仑每千克,即c/kg;旧单位为伦琴R,$1R=2.578\times10^{-4}c/kg$。液体和氡气的浓度以爱曼em为单位,$1em=10^{-10}Ci/L$。

二、放射性元素的迁移

铀、钍和其他金属物质一样,在固体介质中扩散是很缓慢的。

铀原子的外层有6个价电子,具有很强的亲氧性和水解性。它在自然界形成稳定的氧化物,呈四价和六价化合物,属亲石元素,易存在于酸性岩石中。在氧化条件下四价铀可以转化为六价铀,易溶解于水。在还原条件下,六价铀转化为四价铀沉淀下来。

钍属稀土元素,为亲石元素,主要集中于地壳上部花岗岩中,组成四价极稳定化合物,不易溶解。在岩浆旋回中,钍和铀一起运移,进入铀矿物的一些组分中。在热液分异过程中钍和铀有所不同。岩石风化时,以碎屑形式和水(地表水和地下水)溶解形式,从岩石带走铀和钍,但形式各不相同。钍处于晶格中,只受物理破坏的影响,运移能力较低;而六价铀易溶于水,具有很强的迁移能力。如果介质的渗透性好,裂隙和解理发育,铀可以有很长的迁移路程。

(一)铀的迁移和砂岩铀矿

铀随岩浆和热液活动,形成铀矿物集中的矿床。除此之外,铀的二次富集形成沉积矿床,也越来越受到重视。层间氧化带砂岩铀矿(即古河谷型铀矿和潜水面型铀矿),是易于地浸开采的砂岩铀矿床,其是以铀的迁移富集为前提。

砂岩铀矿成因复杂,基本因素包括以下三大方面。

(1)铀源。成矿的铀主要来自铀含量较高的花岗岩,中酸性溶岩,流纹质英安质火山碎屑岩以及变质岩类。

(2)铀的迁移。含铀岩类经过淋蚀,使铀溶解于水,沿砂岩渗透进入有利的地层。

(3)铀的沉淀。层间砂岩铀矿,上覆常为致密的盖层,铀和镭常常是不平衡的,往往是氡浓度较低,矿层上方γ射线异常不明显,在矿床地下水流向下游,由于地下水中含镭和氡较高,在具有适当通道时,可能引起γ射线异常。

(二)形成分散流与分散晕

铀矿床的铀常常是通过物理作用、化学作用和生物作用使铀分散迁移到周围的岩石、土壤、冲积层、地下水和附近的地表水中,在矿床周围形成铀含量偏高区域称为分散晕。矿体和分散晕中的铀,由于剥蚀作用向沉积区作表生迁移,在冲积层和洪积层形成铀含量局部富集地段,称为分散流。分散晕和分散流比矿床范围大,为找矿带来便利条件。

分散晕可分为原生晕和次生晕。原生晕是指在矿床形成过程中同时生成的铀元素富集的过渡带,如图 2-5-1 所示。次生晕是指矿体或原生晕暴露到地表风化带部分,由于风化和侵蚀作用,形成矿物碎屑沿斜坡向下迁移,称机械分散晕,如图 2-5-2 所示,受降水、温度变化和地形地貌等因素的影响。铀在化学风化影响下,被水溶解,并与水中物质作用,形成铀盐。铀盐随地下水和地表水流进行迁移,通过渗透、扩散、毛细管吸附等,赋存在松散覆盖层中,盐晕范围一般比矿床大几十倍,对找矿有重要意义。分散流包括机械分散流和盐分散流。在大多数情况下,含铀物质呈悬浮状和溶解(盐)状被水搬运迁移,在河湾内侧或坡度缓处等流速变缓处沉积下来,形成铀含量增高地段;或者地下水流到某地段,由于 pH、Eh 发生变化,即变为还原环境条件时,铀由六价变为四价后沉淀下来;或者遇到有机质,胶体类物质对铀的吸附而沉积下来,形成铀含量增高地区。根据这些放射性异常标志,寻找放射性矿床。

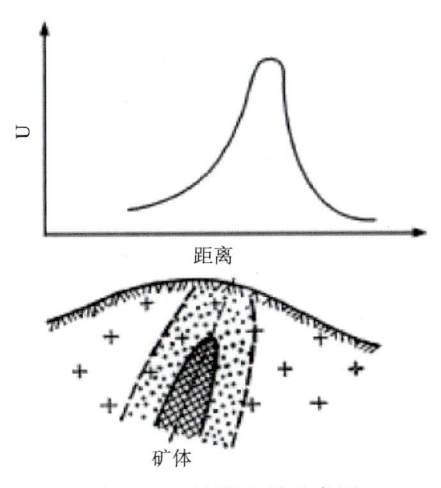
图 2-5-1 铀原生晕示意图

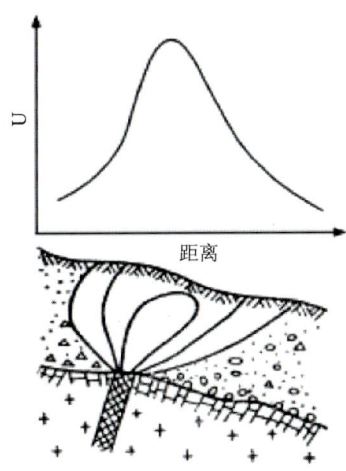
图 2-5-2 铀机械分散晕示意图

自发产生核衰变的天然放射性元素有铀系、钍系和锕铀系,共同特点是:①每个系列都有一个长寿命的核元素;②每个系列经多次核衰变后,最后一个子体都是稳定的铅同位素;③三个衰变系列中间都有一个放射性气体氡的同位素。岩石中经衰变产生的氡,一部分析出到岩石孔隙或裂隙中,并向周围逸散、迁移,称自由氡,不能析出的氡称束缚氡。自由氡在岩石和土壤中主要通过扩散和对流作用进行迁移。断裂和破碎带使地层由封闭变为开放状态,有利于氡的迁移和聚集,使氡的子体发生沉积,形成氡异常。

(三)放射性核元素在地下水中富集与迁移

放射性核元素溶入地下水含量与地下水的状态有关,即地下水的含氧量、pH 值、电化学性质、离子种类和有机质等。地下水成分复杂,在不同条件下溶解有不同的矿物离子和各种气体,主要为氧、二氧化碳和硫化氢等。

在浅层地下水中含氧量较多,流经岩石或矿石主要产生氧化作用,四价铀转化为六价铀溶解于水。如果水的 pH 值较低,呈酸性,即使是沥青铀矿,铀的溶解度可提高 2~3 倍,并且镭的溶蚀性也大为增强。如果地下水中含有较高的 CO_2,即可以增进铀的氧化溶解,又可以与铀酰生成配合物随水迁移。

随着深度增加,水温升高,含氧量减少,水的氧化作用减弱,还原作用增强。使溶解于水中的六价铀转变为四价铀从水中析出,沉淀下来。如果地下水中含有还原剂,如 H_2S、CH_4、微生物和有机质等,具有放出电子的能力易使铀得到电子,促进还原反应。

溶解有放射性元素的地下水,元素随水渗流而迁移;迁移与地层的渗透性、裂隙解理和地质构造有直接关系。用放射性方法寻找裂隙地下水,监测滑坡、塌陷、地裂缝等,就是根据铀、镭随地下水迁移,而造成的放射性异常。该迁移方式可能形成高辐射环境。

(四)物质颗粒的垂直迁移——地气

地球形成以来,由于热力和重力作用,地球物质分异形成同心环状圈层构造:大密度物质向地核迁移,小密度物质向外层迁移,直至地球的大气圈和水圈,形成地球物质分异,现今过程仍在继续,松散沉积物在重力作用下压实,孔隙中气体被排入大气;有机物分馏排出各种有机气体,放射性物质衰变产生的放射性气体也遵守这样的迁移规律,在浓度差、温度差和压力差的作用下,自深部向地表迁移,形成地气流。事实证明到目前为止,已发现绝大多数元素能由地下深部迁移至地表。

无论是金属还是非金属材料,均以微粒形式存在,粒径大小在 20~50nm 之间。值得注意的是,纳米颗粒(直径小于 100nm)不同于原子团簇,它们可以是晶态也可以是非晶态。由于是纳米级尺度,因而界面原子的比例极大,一般占原子总数的 50% 左右。这部分原子结构既不同于有序的晶体,也不同于长程无序短程有序的非晶体;而是一种长短程均无序的"类气体"(gas-like)固态结构。这种量子尺寸的固体微粒,具有极活泼的物理、化学性质,如纳米微粒铜在 353K 温度下比一般颗粒的扩散系数大 14~16 个数量级,具有很高的扩散速度和穿透能力。

在地球温度差、压力差和浓度差的作用下纳米固体微粒上升直至排入大气,已被大量地气测量结果所证实。放射性元素也不例外,氡上升,铀和镭的微粒也上升,而且更可能的是铀系元素的上升迁移,成为寻找深部矿体的标志。

三、放射性勘探的应用

自然界中广泛分布着放射性元素,虽其含量甚微,但在衰变过程中,会产生 α、β、γ 射线。因此,只要测量放射线的强度就能了解放射性含量大小。地表水体(河水、海水、湖水等)的放射性含量一般说来非常微弱,而地下水的放射性含量,主要取决于形成过程中周围岩石的放射性元素溶解或转移程度。天然放射性法主要用于寻找基岩裂隙水,在地表(或空中)测量天然放射性的强度变化,从而发现与地下水有关的地质构造(如裂隙带、断层等),属于间接的找水方法。

(一)测量 γ 射线法

用携带式辐射仪(常用闪烁记录器)测量近地表岩石或覆盖层中放射性元素发出的 γ 射线。在含水的构造带上所测到的 γ 射线强度通常高出正常值 0.3~1.0 倍。原因有二:一是岩石中放射性元素不断地向溶解于地下水,使水中的放射性含量增高。当地下水沿裂隙或断层上升时,随着水分的蒸发,放射性元素不断析出,在地表上形成一定范围的放射性盐晕,故可在含水裂隙带上测量到较强的放射性异常。二是放射性元素在衰变过程中产生出放射性气体,如氡气或氡的同位素,尽管这些射气穿透能力很弱,一般不会直接到地表附近,但当遇到裂隙或断层时,则沿着裂隙上升、扩散到地表,并有一部分吸附在土体的孔隙之中,从而也能引起放射性的强异常,这时测量 γ 射线的浓度,将会有明显的异常。

例如,在四川某地一背斜构造北端的山前盆地中,分布着白垩系砂岩和页岩,岩层中有北东向和北西向两组交叉的裂隙。为寻找地下水,沿近南北方向布置Ⅰ、Ⅱ、Ⅲ 3 条 γ 测量剖面线,测量结果均有放射性异常显示,据此推断出裂隙带的位置和范围,如图 2-5-3 所示,1# 钻孔经抽水试验,涌水量达到日产 1000t 以上。

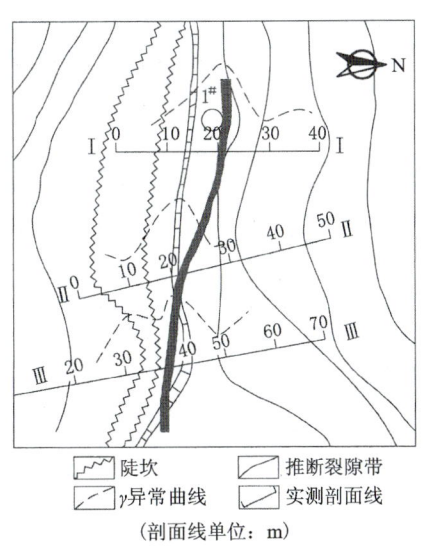

图 2-5-3 某地 γ 剖面平面图(单位:m)

(二)α 径迹测量

20 世纪 80 年代,α 径迹测量开始用于寻找地下水源,并取得了较好的效果。当具有一定动能的质子、α 粒子以及宇宙射线等带电粒子,射入某些绝缘固体物质中时,会留下微弱的痕迹(只有几十埃),被称为潜迹(要用电子显微镜才能觉察出来)。如把这种经过辐射损伤的材料浸泡在强酸或强碱溶液中,使潜迹扩大成微米数量级的小坑(蚀坑),这样光学显微镜即可观测到粒子的径迹。这类能记录重带电粒子的材料,称为固体径迹探测器。用固体径迹探测器探测放射性的方法,称为径迹测量。

如果把盛有探测器的探杯,杯底朝上埋在地表小坑中(一般要 20～30d),可记录到 α 粒子。α 粒子的来源,一般认为主要是氡气,这些氡通过扩散、对流以及地下水渗滤等作用而趋向地表并进入探杯,氡及其后代相继衰变,它所放射的 α 粒子,就在探测器上留下了潜迹。

例如,无锡某地的上志留统砂岩和石英砂岩,产状 N70°W∠50°,走向 NE。区内裂隙发育,主要发育两组密集带,以走向 290°一组为主。为寻找地下水,布置南北向 α 径迹测量剖面,α 径迹曲线出现双峰异常,如图 2-5-4 所示,推测主峰是含水裂隙密集带的反映。将井位定在断裂构造上盘位置,井深 130m,静止水位 5.9m,降深 50.8m 时,每小时涌水量 30.71t。

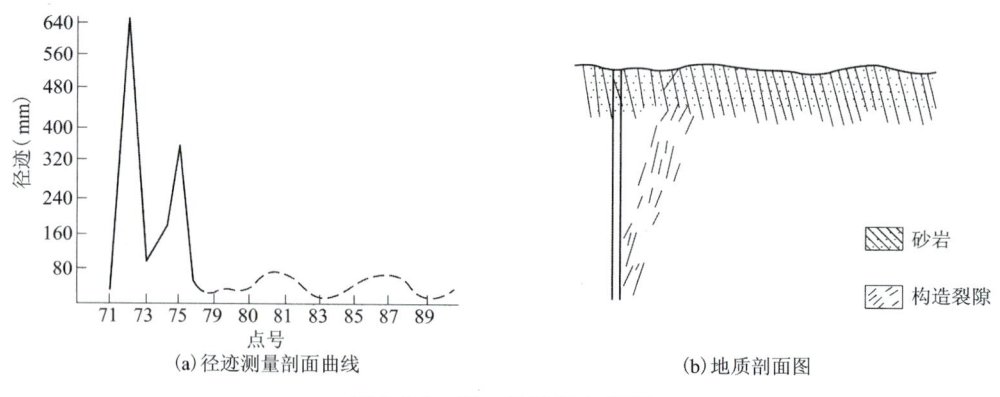

图 2-5-4 用 α 径迹找水实例

(三) α 卡法

与 α 径迹相比,α 卡法在土层中测试的时间,可以缩短到数天甚至数小时,既提高了效率,又保证了不受人为破坏的影响。

α 卡是采用对氡的衰变产物有强吸附能力的材料制成的卡片,将 α 卡置塑料杯中,并使杯底朝上埋于地下,经数小时到数天后取出,再用测量 α 射线的仪器测定卡片上所收集的氡及其后代相继衰变所产生的 α 射线,称为 α 卡法。此法虽然测试时间短,但灵敏度相当高。它可以发现微弱的放射性异常,因此在探查地下水方面值得推广。

第三章 地球物理地球化学勘探新技术

第一节 地震勘探新技术

一、三维地震勘探

地震勘探是研究人工激发的弹性波在岩土介质中的传播规律,是探测地下地质构造或地质体赋存状态的地球物理勘探方法。一般是在二维平面内采集处理地震数据,将多个检波器与炮点按一定的规则沿一直线排列,在测线上打井、放炮和接收,观测测线下面的地下情况,采集完一条测线继续采集另外一条测线,结果可以反映每条测线垂直下方地层变化情况的剖面图(二维剖面图),称为二维地震勘探。三维地震勘探技术是在二维地震勘探技术的基础上发展起来的勘探技术,是集应用物理学、数学、计算机学为一体的综合技术;三维地震勘探是炮、检点在地表全方位布设,进行面积观测的一种地震勘探方法,可提供高分辨率、高信噪比、高保真度的有关地下三维地质体的精确资料,具有采集密度高、准确率高、解决问题能力强的优点,主要勘探结果可使探测的成果图像更加清楚、位置预测更加准确。

三维地震勘探技术存在的主要价值:①三维地震勘探技术所获得的数据十分完整,精准性高,有较高的存在价值;②三维地震勘探技术的勘探数据对于分析地质复杂情况,在目前使用的分辨率允许存在的范围内都可以观察到;③三维地震勘探方法有利于分析地层的岩性,所得的数据包含了地震波的许多信息,它可以使振幅的保真度更准,相位数据十分完整;④三维地震勘探技术形成的数据完整性以及显示了技术的科学化,推动了解释工作向自动化和人机交互解释系统的发展,为解释工作使用现代高科技提供了条件。

(一)三维地震勘探研究现状

地震勘探是地震学的分支产物,1919 年 Mimtrop 在德国最先使用初至折射波方法进行勘查研究,1936 年后反射波方法得到了广泛应用,1974 年科学家开始探索和研究三维地震技术。我国于 1966—1969 年在胜利油田东辛地区,采用简易的小三角形测网,使用光点仪和模拟磁带仪进行三维观测试验,手工完成了三维归位的工作,利用该方法的结果,进一步明确了东营和辛镇含油构造的诸多细节;根据工作范围内,三维勘探与二维勘探的成果相比,三维地震勘探对地下的构造细节的反应更加清楚、断层的分布相对较为合理,三维地震勘探地下异常体的成功率高达88%。三维地震勘探方法是20世纪70年代以来发展起来的一种勘探方法，直到90年代早期，整个业界才从总体上接受了其应用效果。近十年来由于多道数字地震仪和大型计算机的发展，使得三维地震勘探技术准确率迅速提高。

地震勘探已在煤田、石油等领域得到了广泛应用，随着技术水平的飞速发展，采集测量的仪器装备也在不断地更新进步；随着基础理论（计算机技术、力学、数学等）的不断发展与完善，地震勘探技术由传统模拟技术向数字化技术方向发展，由1D勘探发展到今天的3D乃至4D勘探，由最初的单分量接收发展到如今的多分量勘探，由地面勘探向立体勘探发展。

（二）三维地震勘探原理

三维地震勘探又称为面积观测方法，主要以反射波勘探为主，其与二维地震勘探的主要区别是采用高密度的、各种形式的面积观测系统。本书主要介绍三维地震勘探的波动理论与射线理论，面积观测法的反射波时距关系。

1. 波动理论与射线理论

1）弹性介质模型

地震勘探的地球物理前提是岩矿石间具有的弹性差异，因此地层介质的弹性性质是主要的研究对象之一。在地震勘探中，固体的弹性性质与其空间分布有关，特别表现在由弹性性质决定的波传播速度的空间分布上。根据速度的空间分布规律，固体介质分为均匀介质和非均匀介质两类：速度值不随空间变化的介质称为均匀介质，速度值随空间坐标变化而变化的介质称为非均匀介质。如果非均匀介质中，介质的性质表现出成层性，称这种介质为层状介质，其中每一层是均匀介质；不同介质层的分界处称界面（平面或曲面）；两个界面之间的距离称为该层的厚度，如图3-1-1所示。

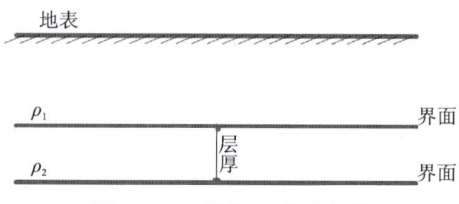

图3-1-1 层状介质示意图

层状介质模型（包括水平界面、倾斜界面、曲面，以及地层是厚层或薄层等）是地震学中较常用的地震地质模型，但仍然是一种近似。在沉积旋回比较发育的地区，存在很多具有不同速度的薄层，这时速度v是沿地层沉积方向连续变化的，定义为连续介质。在大多数沉积岩地区，一定范围内岩性横向（水平方向）变化比沉积方向（垂直方向）变化缓慢。

2）波动方程

当弹性体内部相邻质点间存在应力梯度时，会产生质点间的相对位移，即波动。在均匀各向同性的理想弹性介质中，弹性体的三维波动方程可以用矢量表示为

$$\mu \nabla^2 \boldsymbol{U} + (\lambda + \mu)\mathrm{grad}\theta + \rho \boldsymbol{F} = \rho \frac{\partial^2 \boldsymbol{U}}{\partial t^2} \qquad (3\text{-}1\text{-}1)$$

式中：矢量$\boldsymbol{U}$为介质质点受外力$\boldsymbol{F}$作用后的位移量，称为位移矢量，其表达式为$\boldsymbol{U}=\boldsymbol{U}(u,v,w)$，$u$、$v$、$w$是3个坐标轴方向上的位移分量；$\boldsymbol{F}$为介质所受的外力，称为力矢量，$F_x$、$F_y$、$F_z$分别为3个方向上力的分量；$\lambda$与$\mu$为介质的弹性拉梅常数；$\rho$为介质的密度；$\theta$为体变系数。体变系数与位移满足以下关系：

$$\theta = \text{div}\boldsymbol{U} = \frac{\partial u}{\partial x} + \frac{\partial v}{\partial y} + \frac{\partial w}{\partial z} \tag{3-1-2}$$

在弹性波方程中，外力 $\boldsymbol{F}$ 既包含胀缩力（正压力），也包含旋转力（剪切力），位移 $\boldsymbol{U}$ 也包含体变和形变两部分。若对式(3-1-1)两边分别取散度或取旋度，可将弹性波方程分离为纵、横波方程，即

$$\left.\begin{aligned} \frac{\partial^2 \theta}{\partial t^2} - \frac{\lambda + 2\mu}{\rho}\nabla^2 \theta &= \text{div}\boldsymbol{F} \\ \frac{\partial^2 \omega}{\partial t^2} - \frac{\mu}{\rho}\nabla^2 \omega &= \text{rot}\boldsymbol{F} \end{aligned}\right\} \tag{3-1-3}$$

式中：$\text{div}\boldsymbol{F}$ 为胀缩力；$\text{rot}\boldsymbol{F}$ 为旋转力，$(\lambda+2\mu)/\rho = v_P^2$；$v_P$ 为纵波传播速度，$\mu/\rho = v_S^2$；v_S 为横波传播速度。该式描述了在胀缩力的作用时，弹性介质只产生与体变系数 θ 有关的扰动；旋转力作用时，弹性介质只产生与形变 ω 有关的扰动。

根据亥姆霍兹定理：任一矢量函数 $\boldsymbol{U}$ 或 $\boldsymbol{F}$，若它的散度和旋度有意义，则该矢量场可分解为一个无旋部分和有旋部分，即该向量场可以用一个标量位的梯度场与一个向量位的旋度场之和来表示，则用位函数表示的纵、横波波动方程为

$$\left.\begin{aligned} \frac{\partial^2 \varphi}{\partial t^2} - v_P^2 \nabla^2 \varphi &= \Phi \\ \frac{\partial^2 \psi}{\partial t^2} - v_S^2 \nabla^2 \psi &= \Psi \end{aligned}\right\} \tag{3-1-4}$$

地震波的传播具有球对称性，在纵波地震勘探中只研究沿半径 r 方向上的波动，于是得到球坐标系的纵波波动方程为

$$\frac{\partial^2 \varphi}{\partial t^2} - v_P^2 \left(\frac{\partial^2 \varphi}{\partial r^2} + \frac{2}{r}\frac{\partial \varphi}{\partial r}\right) = 0 \tag{3-1-5}$$

通过激发条件的限制，胀缩点震源纵波位移解是

$$u_P = \frac{-1}{4\pi v_P^2}\left[\frac{1}{r^2}\Phi_1(t) + \frac{1}{rv_P}\Phi_1(t)\right]_{r_0}^{r} \tag{3-1-6}$$

式中：$\Phi_1(t)$ 是震源强度，式(3-1-6)是在均匀各向同性介质中波动方程的位移解。

3）地震波的射线理论

在非均匀介质中，弹性参数（拉梅系数）λ、μ 和介质密度 ρ 都随空间位置的变化而变化，为研究任意非均匀介质中地震波的传播，利用波动方程的高频近似理论，建立时间场方程，则非均匀介质中的波动方程为

$$\frac{\partial^2 \varphi}{\partial t^2} - v^2(x,y,z)\nabla^2 \varphi = 0 \tag{3-1-7}$$

根据场论的观点，可以将波前面的到达时间看成一个场，称为时间场。可得到

$$\left(\frac{\partial T}{\partial x}\right)^2 + \left(\frac{\partial T}{\partial y}\right)^2 + \left(\frac{\partial T}{\partial z}\right)^2 = \frac{1}{v^2(x,y,z)} \tag{3-1-8}$$

该式为时间场方程，或称射线方程。

若已知介质速度的空间分布，则可以利用边界条件、初始条件求解时间场方程，得到任意时刻等时面的空间位置。不同时刻的等时面与相应时刻的波前面位置重合，等时面可以彼此相交或自相交。所有的标量场可借助于与等值面族正交的线表示，这些线称为射线。在均匀

介质中射线为直线，在非均匀介质中射线为曲线，如图 3-1-2 所示。

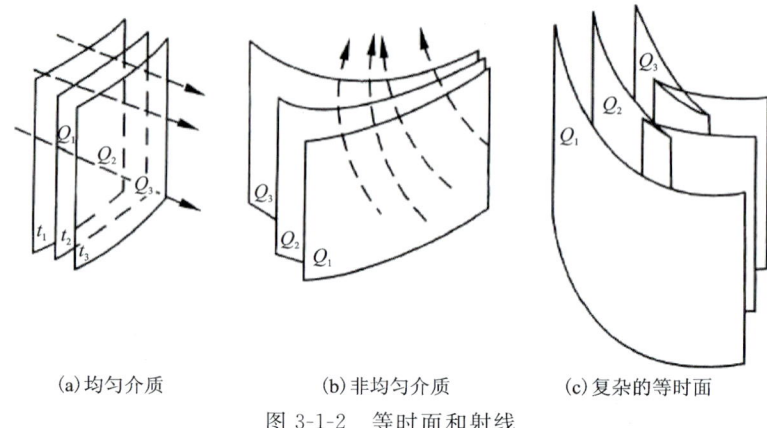

(a) 均匀介质　　　　　(b) 非均匀介质　　　　(c) 复杂的等时面

图 3-1-2　等时面和射线

地震波是沿射线传播的，其真速度应该是沿射线传播的速度 v，但在地震勘探中检波器一般是沿测线布设，测得速度 v 为视速度。设地面上两接收点间的距离是 Δx，真速度和视速度之间的关系为

$$v = \Delta x / \Delta t \tag{3-1-9}$$

根据图 3-1-3 中的几何关系，得到视速度 v^s 与真速度 v 之间的关系为

$$v^s = v/\sin\alpha = v/\cos e \tag{3-1-10}$$

式中：α 为波射线与地面法线间的夹角（出射角），e 为 AB 与 BC 的夹角。

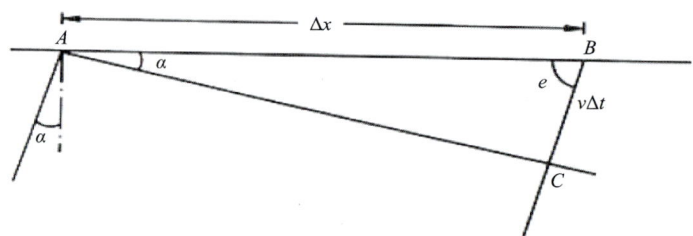

图 3-1-3　反射波入射角的确定

进行地震勘探时，实际介质并非无限的，地下存在不同的岩性界面。地震波遇到弹性性质不同的分界面，一部分能量返回地表，形成反射波，另一部分能量投射到下层介质，形成透射波。当地震波遇到有波阻抗差异的分界面时，将形成反射波和透射波。设入射波的振幅为 A_I，反射波的振幅为 A_R，透射波的振幅为 A_T，若不考虑波前扩散和介质的吸收作用，则入射波、反射波和透射波三者振幅存在如下关系：

$$A_R = A_I R \quad A_T = A_I(1-R) = A_I T \tag{3-1-11}$$

式中：R 为反射系数；T 为透射系数。R 和 T 存在如下关系：

$$R = \frac{\rho_2 v_2 - \rho_1 v_1}{\rho_2 v_2 + \rho_1 v_1} \quad T = \frac{2\rho_1 v_1}{\rho_2 v_2 + \rho_1 v_1} \tag{3-1-12}$$

显然 $R+T=1$，若反射系数 $R<0$，说明入射波与反射波相位相反（半波损失）但不影响地震波的振幅。

2．三维地震勘探时距关系

1）面积测量系统反射波时距关系

根据地震学原理，弹性波从炮点 O 激发，以球面波方式向下传播，由惠更斯原理可知，其与反射界面相遇后，将发出一系列小的球面波，向四面八方传播，地面接收点所接收的是一系列反射子波的叠加波形。

设地面 M 上布置 n 条测线，如图 3-1-4 所示，用普通排列对地下任意绕射源 P 的反射波进行接收。设测线间的距离为 Δy，x 轴即为第 0 号测线，y 轴垂直于测线走向，则第 n 号测线与初始 0 号测线之间距离为 $n\Delta y$。若在 0 号测线 1 号点发炮，S 点接收爆炸后 P 点产生的绕射波，则其时间 t 是由路径 r_1 及 r_2 组成，若 O 点和 S 点都在大地水准面上，则 $z=0$，H 为绕射点 P 的深度。

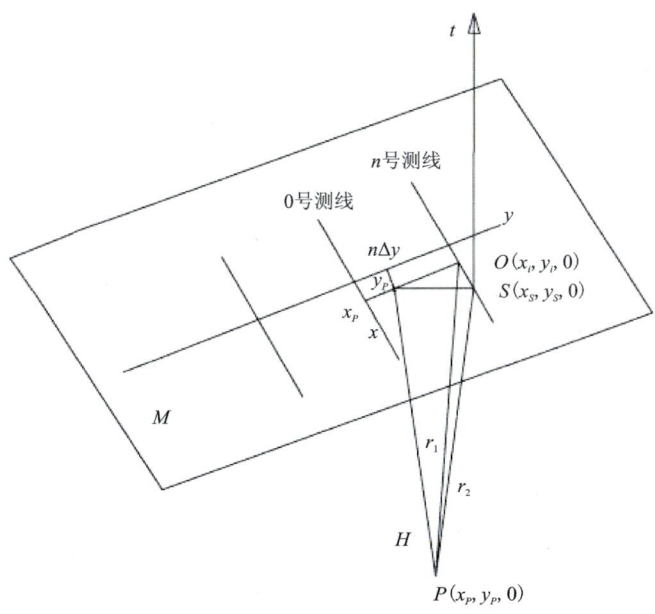

图 3-1-4　面积观测法时距关系示意图

令速度为 v，则 P 点产生的绕射波被 S 点记录到的时间为

$$t = \frac{r_1+r_2}{v} = \frac{1}{v}\left[\sqrt{H^2+(x_i-x_P)^2+(n\Delta y-y_P)^2}+\sqrt{H^2+(x_s-x_P)^2+(n\Delta y-y_P)^2}\right]$$

(3-1-13)

当绕射源 P 位于坐标原点正下方时，$x_i=x_s$，即记录方式为自激自收，则

$$t = \frac{2}{v}\left[\sqrt{H^2+(n\Delta y)^2}+2\sqrt{\left(\frac{t_0}{2}\right)^2+\frac{x^2+(n\Delta y)^2}{v^2}}\right] \qquad (3\text{-}1\text{-}14)$$

受地表条件的限制，在有些地区测线布设成折曲、波状及环状形式。弯曲测线的时距方程为

$$t = \frac{1}{v}\left[\sqrt{(2H)^2+l^2}+\sqrt{t_0^2+\left(\frac{l}{v}\right)^2}\right] \qquad (3\text{-}1\text{-}15)$$

式中：v 为介质速度；H 为界面埋藏深度；t_0 为地震波垂直反射时间；l 为炮检距。

若已知激发点 O_i 和接收点 S 的平面坐标，则

$$l = \sqrt{(x_S - x_i)^2 + (y_S - y_i)^2}, t = \sqrt{(t_0)^2 + \frac{(x_S - x_i)^2 + (y_S - y_i)^2}{v^2}}$$

(3-1-16)

式中：x_i、y_i 为激发点 O_i 的横、纵坐标，x_S、y_S 为接收点 S 的横、纵坐标。

由式(3-1-16)可知，弯曲测线反射波时距曲线是一条复杂的空间曲线，如图 3-1-5 所示，其与激发点和接收点的平面坐标有关。

2) 共反射面元

面积测量以及弯曲测线系统多次覆盖技术不能完全符合共反射点叠加的定义，实际共反射点随着测线的改变弯曲有一定的变化，但其总是围绕着理论共反射点，则称这些实际的地下反射点为共反射点面元。

设 Δx 为接收点距，则共反射点面元的线性长度 $D_x \leqslant \Delta x / 2$。

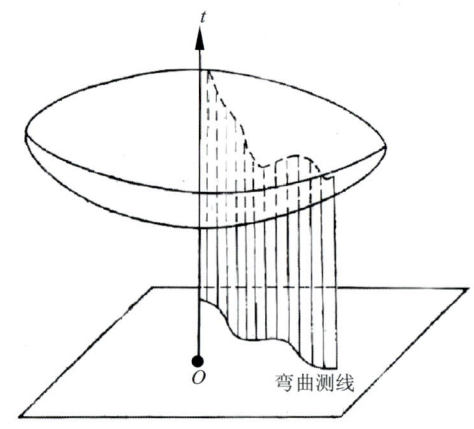

图 3-1-5　弯曲测线时距曲线

共反射面元的宽度为 D，其方向沿着构造走向，故 $D_y \geqslant D_x$。

满足以上两个条件的，即属于"共反射面元"道，这些道的集合构成共反射面元道集；共反射点面元还需满足最大时差关系：

$$\Delta t_{\max} \leqslant \left(\frac{1}{4} \sim \frac{1}{6}\right) T$$

(3-1-17)

$$\Delta t_{\max} = \frac{1}{v} \sqrt{D_x^2 (\sin^2 \Phi_x + \sin^2 \Phi_y) + D_y^2 (\sin^2 \Phi_x + \sin^2 \Phi_y)}$$

(3-1-18)

式中：Φ_x、Φ_y 分别为反射界面沿 x、y 轴方向的视倾角。

(三) 三维地震勘探观测系统

观测系统是指炮点和检波点相对位置的关系，要求单炮记录上要有有效波，且要保证获得的资料具有可连续追踪的地震界面。观测系统正确与否直接影响数据采集质量、资料处理精度和地质解释效果。

1. 三维地震观测系统类型

地震采集一般采用两种类型：①检波点布满一个密集的面积网络，炮点在稀疏的网格上（或采用相反的方式）；②沿着平行的接收线对炮点进行密集采样，或沿着平行的炮点线对炮点进行密集采样。从而产生两类三维地震采集观测系统：面积观测系统和线性观测系统。

面积观测系统(area geometry)：接收点以网格形式全区密集采样分布，炮点以较稀疏网格分布或以相反的方式分布。这是完全满足 3D 对称采样(3D symmetric sampling)的观测系

统,由于费用昂贵,工作效率相对较低,面积观测系统在实际工作中一般无法实现。

线性观测系统(line geometry):接收点按一定采样间隔以一条或多条平行线的方式分布,激发点沿炮线分布的观测系统。根据接收线和炮线的分布方向及相互关系,线性观测系统又可分为许多类,主要包括平行观测系统(parallel geometry),正交观测系统(orthogonal geometry)和非正交观测系统(non-orthogonal geometry)等,详细分类见图3-1-6。

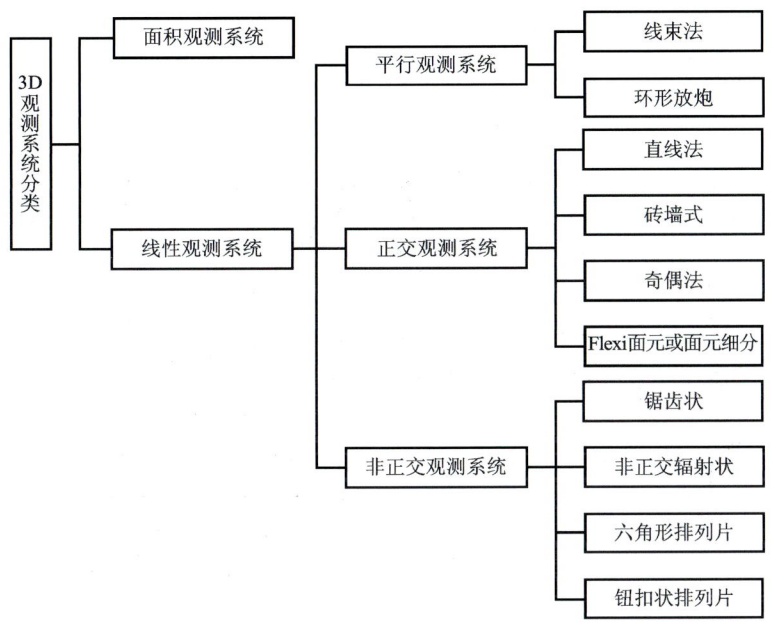

图 3-1-6　三维地震勘探观测系统分类

1)面积观测系统

面积观测系统可以提供三维共检波点或共炮点道集,是按照检波点成片地覆盖在较宽间距的炮点上(或相反),如图3-1-7所示,处于图中正方形中心的一个炮点,小的正方形和大的正方形分别代表了中心点的面积和检波点的面积。

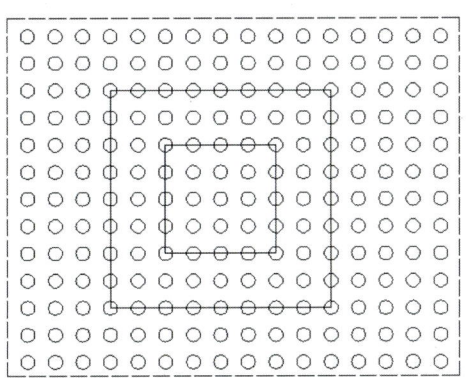

图 3-1-7　面积观测系统示意图

2)线性观测系统

线性观测系统指炮点线和接收线均呈线状的观测系统,包括平行观测系统、正交观测系统和非正交观测系统等,是野外工作常用的观测系统。

(1)平行观测系统。平行观测系统指炮点线和接收线平行,线可以是等间距也可以是不等间距。基本形式为"十"字形观测系统,主要采用线束法观测系统。

"十"字形观测系统是指炮点线和检波点线相互垂直正交,x、y 得到覆盖次数为 N_x、N_y,总覆盖次数 $N = N_x \times N_y$。特殊形式为"T"形和"L"形。

线束法观测系统是指在"十"字形观测系统中检波点排列线增加两个以上,一般都是偶数检波点排列线,见图 3-1-8。

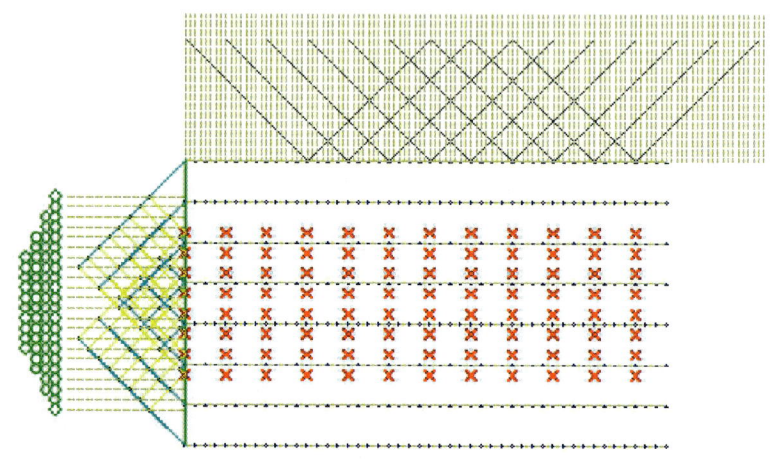

图 3-1-8　8 线 8 炮线束观测系统示意图

(2)正交观测系统。正交观测系统特征是宽间距的平行炮点垂直于宽间距的平行接收线,主要包括直线法和砖墙式观测系统。

直线法观测系统:炮点线与接收线正交,呈等间距或不等间距排列,见图 3-1-9,SLI 为接收线间距,RLI 为炮点线间距。

砖墙式观测系统:炮点线与接收线正交,接收线平行排列,炮点线交错排列,形式如同砌好的砖墙,见图 3-1-10。

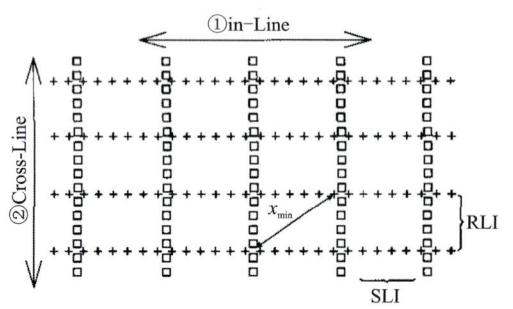 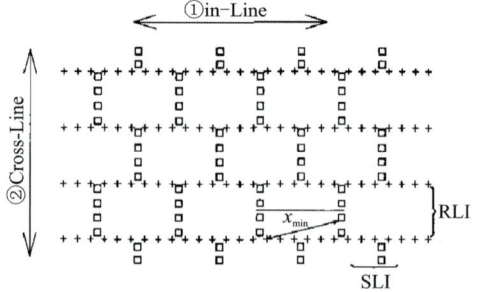

图 3-1-9　直线法观测系统示意图　　　　图 3-1-10　砖墙式观测系统示意图

(3)非正交(锯齿状)观测系统。非正交(锯齿状)观测系统的炮点线与接收线呈一定角度相交,接收线呈平行的等间距或不等间距状,炮点线呈两簇平行,如同锯齿状,见图 3-1-11。

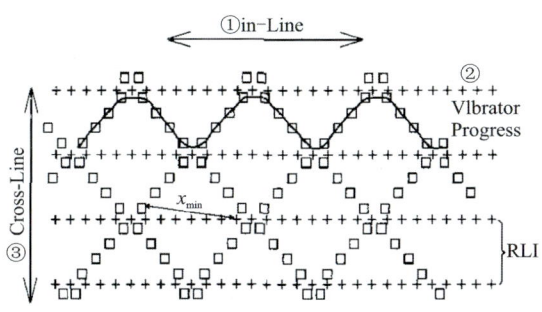

图 3-1-11　砖墙式观测系统示意图

2. 观测系统对比

根据各观测系统特点，对三维地震观测系统性能优劣进行对比分析，详见表 3-1-1 和表 3-1-2。

表 3-1-1　三维地震观测系统性能优劣表

观测系统类型	优点	缺点
正交型观测系统	较为常用的陆上观测系统，性价比高，炮检距分布较好，工作量小，工作区能够达到三维覆盖	静校正耦合较差，在倾斜和起伏界面重要任务下难以保证均匀的覆盖次数
斜交型观测系统	最大最小炮检距较小，对线性噪声或多次波压制较好	需要更多的炮线来覆盖测量区域，共接收点道集不完整

表 3-1-2　三维地震观测方法对比表

观测方法	优点	缺点
直线法	形状简单	x_{min} 较大
线束法	形状简单，性价比高，炮检距分布好，设备移动少	方位角分布较差，静校正耦合较差
砖墙式	较小的 x_{min}，可以允许较宽的 RLI，合理的炮检距和方位角；最大最小炮检距较小	可能有通行问题，由于只移动炮线，列不动，导致交接处资料耦合性较差，影响空间分辨率
奇偶法	砖墙式的特例，而通行问题没有那么严重，炮检距和方位角较好	要求震源线比常规直线法增加一倍，每条线仅一半炮点被激发
Flexi 面元或面元细分法	高分辨率、低覆盖次数或低分辨率、高覆盖次数，一般使用面元炮检距和方位配置较好，静校正耦合较好，可减少采集费用	x_{min} 较大

续表 3-1-2

观测方法	优点	缺点
钮扣式排列片	有效地使用仪器,仔细设计可得到良好的炮检距和方位角分布	每一个排列片可能需要许多震源点,要求道容量很大,静校正耦合很难完成
锯齿状	同砖墙式,有效的设备移动;适用于沙漠地区数据采集,有更好的空间连续性	必须有非常开阔的通行条件;为非对称采样,可能导致更快的假频出现,叠前偏移的振幅受观测系统影响较大
非正交辐射状	形状简单,对盐丘效果良好	同直线法,施工和处理非常困难
六角形排列片	布置和使用六角形面元能有效地使用设备,更多道属于有用的炮检距	森林地区不可用
环形	$x_{\min}$一致	施工困难

3. 三维地震观测系统设计

1) 设计原则

三维地震观测系统设计需综合考虑地质任务、地形条件和仪器设备性能等因素,并注意下列设计原则。

(1) 在一个炮点或一个共 CDP(common depth point)道集内应有均匀分布的地震道,炮检距应从小到大均匀分布,能够保证同时接收浅、中、深部信息。

(2) 在一个共 CDP 道集内各炮检距连线的方位方向应尽量比较均匀地分布在共中心点的 360°的方位上,保证面元上的地震道是从各个方向入射到面元的,使三维的共中心点叠加具有真实显示三维反射波的特点。

(3) 各反射点覆盖次数应尽可能相同或接收,在全区范围内分布是均匀的。

(4) 宜采用空间连续性最优的对称采样方式,以缩小边界数量、边界效应。

(5) 最小炮检距、炮点线和检波点线的间隔和浅层覆盖次数受探测的最浅层位决定。

(6) 最大炮检距、排列长度受探测的最深位决定。

设计观测系统目的是使目的层位于最大和最小炮检距之间,使炮检距均匀分布,且近、中、远炮检距的覆盖次数均匀,避免面元内"成对"炮检距出现。对于一个面元内炮检距的分布主要取决于最大、最小炮检距和覆盖次数的多少。最大、最小炮检距限定了炮检距分布的范围,覆盖次数的多少决定了相邻炮检对之间的距离长短。

2) 观测系统主要参数选择

观测系统参数选择主要包括确定空间采样间隔、网格、炮线间距、覆盖次数、最小炮检距和最大炮检距等。

(1) 空间采样间隔的确定。空间采样指分布在地面上离散的检波点采集的地震信号,包括道间距和接收线间距。接收线距一般为道间距的 1~4 倍,根据采样定理,道间距 Δx 为

$$\Delta x = \frac{v}{2f} \tag{3-1-19}$$

式中：v 为地震波速度；f 为频率。

（2）网格的确定。三维地震勘探是共反射面元叠加，指共反射面元道集内各反射点信号的叠加。纵向上反射面元纯属长度一般取道间距的一半，即 $D_x \leqslant \Delta x/2$，横向上取 $D_y \geqslant D_x$。

（3）炮线间距的确定。炮线间距指炮点线向前移动的距离，对于规则观测系统，炮线间距 ΔL 为

$$\Delta L = \frac{\Delta x \cdot N}{2SN_x} \tag{3-1-20}$$

式中：N 为接收总道数；S 为接收线数；N_x 为纵向覆盖次数。

（4）覆盖次数的确定。纵向覆盖次数确定类似二维地震勘探，纵向上覆盖次数计算公式为

$$N_x = \frac{M_s}{2n_x} \tag{3-1-21}$$

式中：M 为排列上的道数；s 为系数，单边放炮为 1，双边放炮为 2；n_x 为爆炸线距所跨的道间隔数。

规则观测系统横向上覆盖次数计算公式为

$$N_y = \frac{l}{n_y} \tag{3-1-22}$$

式中：l 为排列线的条数；n_y 为爆炸线上炮间或炮点对中点的距离的数目。

不规则观测系统的横向覆盖次数可以利用 Z 变换多项式方法进行计算。设炮点为 S、共中心点为 C、检波点为 G，则有 $C = S \times G$，三者之间的关系式可写成褶积的形式

$$C(Z) = S(Z) \times G(Z) \tag{3-1-23}$$

三维总覆盖次数为

$$N = N_x \times N_y \tag{3-1-24}$$

（5）最小炮检距的确定。最小炮检距即偏移距，偏移距越大，通话带越窄，有效波选择性越高，对规则干扰波压制性越好。实践中发现，偏移距过大，对目的层反射波有一定的压制作用，并非偏移距越大越好。实际工作中，采用 $\mu=1,2,3,4$（μ 为偏移道数间隔距）等，均能较好的突出有效波、压制多次波。

（6）最大炮检距的确定。最大炮检距 $x_{\max}$ 要根据沿测线接收方向的纵向最大炮检距 x_Z 和垂直测线横向最大炮检距 y_H 的投影来确定：

$$x_{\max} = \sqrt{x_Z^2 + y_H^2} \tag{3-1-25}$$

式中：$x_Z = (B-1) \times \Delta x$；$B$ 为纵向接收道数。

（四）三维地震资料采集

1. 三维工作区面积的确定

进行三维地震数据采集前，首先遇到的问题是要在多大的面积上进行三维地震观测工作。工作区面积大小与地下地质构造的大小、埋藏深度和地层倾角等因素有关。一般来说，需要探测的地下地质情况范围越大，地面工作区范围越大，探测深度和地层倾角越大，工作区

范围就越大。工作中,需要根据具体地质条件和探测要求进行具体分析,并注意以下几点。

(1)根据前期地质资料或物探资料,需探测的地质体范围,结合地震观测系统,初步确定工作区范围,一般需外延10~30道间距的长度,并尽量整齐。

(2)根据初步确定的工作区范围,考虑目的层的倾角引起的地面接收范围扩大,估算扩大范围的公式如下

$$x_1 = z\tan\varphi = vt\sin\varphi/2 \tag{3-1-26}$$

式中:x_1 为扩大范围;z 为深度;v 为平均速度;t 为法线反射时间;φ 为倾角。

x_1 也是叠后偏移归位所需要的,又称为"偏移帽沿"。

(3)实际工作中以地下地质体在地面投影面积 A_0 为准,由 x_1 扩大后组成的面积 A_1 为得到地下观测所需要的面积,为得到该面积的全覆盖观测资料,在观测时必须向外扩大到 x_2 的范围,这个范围由观测系统确定,故三维地震勘探最大施工面积为 A_2。需要指出的是,各方向上 x_1、x_2 并不一定完成相等,因此,工作区面积可能呈矩形、正方形或不规则形等。

2. 三维地震数据采集

野外的地震数据采集是整个地震勘探的基础工作,一般由专门外业生产队伍来完成,其主要内容是测线布设、激发接收地震波、炮点施工、激发点、接收点的测定和仪器操作等,采集过程一般分为两个阶段:首先进行外业试验工作,确定工作参数,之后进行数据采集工作。

1)地震数据采集施工方法

野外地震数据采集是一个复杂的工作,因受野外的地质条件、现场条件等因素的影响,所以需要进行外业试验工作来选取最适合工作区的野外采集技术和参数。试验工作包括以下几个方面:①干扰波的调查,了解工作区内干扰波的类型和特性;②地震地质条件的了解,低速带、潜水面、地质构造特性等;低速带——近地表附近一定深度范围内,地震波的传播速度比它下面的地层地震波速度低得多的地层;③选择震源激发的最佳条件、激发方式和炸药量;④选择接收和记录地震波的最佳条件,观测系统、检波器放置和仪器参数等。

当试验完成,取得本工作区标准剖面后,转入正式生产,生产工作的基本内容及步骤如下:

(1)炮点和接收点的定位。工作内容是把在室内设计的测线位置具体布置到野外工作区,确定炮点和检波点的位置,并做标志(如埋设木桩)。

(2)地震波激发。采用震源设备在规定的位置激发形成地震动。

(3)地震波接收。按测线上的桩号布设排列,在检波点上布设检波器,每炮都要检查记录的质量。

地震波的激发和接收都是由地震仪的操作员控制的。

2)地震测线的布置

地震勘探野外采集形式是根据地质任务、干扰波与有效波特点、地表施工条件等诸方面条件确定的,通常在勘探区域内布设多条地震测线进行观测,把设计好的测线布置到实际的位置。因为所有的地震道都需要进行叠加(共中心点或共反射点),所以要求在地面上精确地测出激发点和接收点的位置。

(1)测线的布置和基本要求。地震测线是指沿着地面进行地震勘探工作的路线,根据勘查阶段不同,测线布置有路线普查、面积普查、面积详查等,阶段不同要求不同。测线布设一般原则:垂直施工地区内地质构造的走向,且应尽可能穿过多个构造地质单元,并尽量布设成直线。

(2)施工位置确定。施工位置是物探工作的基础和先期工作,主要任务是根据野外施工设计,应用测量设备和相应测量方法,将勘探部署图上的点、线放样到实地,为物探的野外施工、资料处理与解释提供测量成果和图件。地震勘探测量工作与工程测量有着非常密切的关系,测区内三角点加密工作需要布设高精度网点,地震测线的布设一般采用全站仪、GPS实时差分定位技术等。

3)地震波的激发和接收

地震记录数据的质量关键在于地震波的激发和接收。

地震波的激发

地震勘探中的地震波是人工激发产生的,称为人工震源,有多种多样的人工震源。在地震勘探的野外工作中,为确保地震波传播一定距离,对震源激发有一定的要求:①有足够的能量;②持续时间短;③可重复性;④尽量减少产生干扰波。

对炸药震源的选择主要考虑激发条件和激发方式,激发条件包括炸药量、激发深度和岩性。激发方式有井中、坑中和水中激发,以井中爆炸的效果最好。井中爆炸的优点:①降低面波的强度;②炸药量减少,爆炸的时间短;③直达波有很宽的振动频谱。

野外施工时,通常将炸药装在圆柱状塑料袋内密封后置于几米至几十米深的井内引爆。为了使爆炸能量集中下传增大地震波的能量,同时又方便施工,人们研制了聚能弹、土火箭、爆炸索等各种成型炸药,这大大提高了地震波激发的效果。

影响爆炸震源的几个因素有:①激发点的岩性,爆炸时产生的波的频率谱取决于炸药埋放处岩性,岩层过软或过硬都不是最好,应选用可塑性岩层;②激发深度,选在潜水面以下,利用潜水面的较强声阻抗使能量向下传播;③炸药量的控制,这是一个较为复杂的问题,最好的方法是事先进行试验。实验表明,爆炸能量与介质之间的耦合关系影响波的能量,爆炸能量与介质之间存在几何耦合和阻抗耦合的关系。当爆炸包的直径与爆炸井的直径相等时,几乎耦合为100%。炸药的特性阻抗(炸药密度×炸药起爆速度)与介质的特性阻抗(岩石密度×岩石中纵波的波速)之比称为阻抗耦合。当该比值等于1时,激发地震波的能量最大。

地震波接收

地震波接收是用专门的仪器进行的,主要把地震波的传播过程记录下来。由两部分组成:检波器和地震仪。针对地震波的特点对仪器有如下要求:①检波器有较好的灵敏度(地震波引起地面位移只有微米量级);②记录仪有放大、选频功能(突出有效波,压制干扰波);③有较大的动态范围(地震波的振幅大小范围);④用时标显示传播时,可用来推断反射界面的深度。

地震波接收时要注意道间距的选择,避免产生空间假频。地震波接收的仪器主要指检波器。检波器是安置在地面、水中或井下以拾取大地振动的地震探测器或接收器,它实质是将机械振动转换为电信号的一种传感器。

(五)三维地震资料的处理和解释

三维地震勘探数据处理过程和二维地震勘探数据处理过程类似,一般处理过程分3个阶段:预处理、参数提取和分析、资料处理,资料处理方法包括数据解编、抽道集、静校正、速度分析、动校正、数字滤波、反褶积、叠加和偏移等。数据处理的最终结果是得到供解释用的水平叠加时间剖面或叠加偏移时间剖面。

1. 三维地震资料的处理

三维资料处理的高分辨、高保真的要求是保证最终三维地震资料解释精度及成果质量可靠的关键。高信噪比是地震资料质量的基础,必须在各个环节予以保证。针对研究区地震地质条件并结合地质任务的要求,资料处理一般应着重做好以下工作。

(1)三维数据空间属性定义。准确建立炮、检点空间属性是提高处理质量的必要条件,是一切处理工作的基础,不正确的空间属性会导致地质构造假象。在野外施工过程中,由于各种原因部分炮、检点偏离了原来的设计位置,虽然施工人员及时做了较详细的记录,但正确与否还需要在资料处理时进一步检查。检查的方法和步骤有:①线性动校正(LMO),选取每条检波线上某一偏移距范围的道,利用线性动校正模块把单炮记录的初至拉直。如果某炮的初至发生错位,则说明该炮炮检关系不正确,则需要反复调整,直到正确为止;②炮、检点位置图,完成第一步检查之后,绘制出炮、检点位置图和叠加次数图,进一步检查空间属性。

(2)道编辑。剔除不正常工作道,压制噪声,从而提高信噪比,达到净化剖面的目的。

(3)滤波。选取有代表性的多炮记录进行频率滤波扫描,结合有效波和干扰波频谱分析,最终确定滤波的参数。

(4)静校正。由于地表高程及地表低(降)速带厚度、速度存在横向变化使得由此产生的地震波旅行时差,会对信号的叠加效果产生一定的不利影响,致使反射波同相轴信噪比下降、频率降低。采用合适的静校正方法和参数,可以消除这种时差,确保叠加剖面的质量。一般可采用折射静校正,针对检波点高程及激发井深的变化,选定静校正基准面高程和替换速度。

(5)反褶积。针对不同的原始资料特点选用适当的反褶积方法和参数,可以起到提高分辨率的作用。三维地震资料处理中,需要经过大量参数试验,选用合适的反褶积方法。如地表一致性预测反褶积,测试参数为:预测步长4ms、6ms、8ms、10ms、15ms、20ms、25ms,因子长度120ms。从而使高频成分得到加强,且使频带变宽。

(6)速度分析。速度是地震资料处理的重要参数之一,其精度直接影响着叠加处理的效果。为了提高速度谱解释的精度,首先需进行速度扫描,得到工作区由浅至深的速度规律,然后以此为参考速度计算速度谱,建议速度谱的密度为100m×100m,并且和剩余静校正进行二次迭代。

(7)自动剩余静校正。自动剩余静校正可以消除记录中存在的高频剩余静校正量,是保证有效波达到最佳叠加效果的一个重要手段之一,在此基础上进行叠加速度分析,就可以为后面的叠加处理提供更为准确的叠加速度信息。剩余静校正和速度分析是一个反复迭代的过程，迭代的次数在一定程度上影响着处理的精度。

（8）DMO(dip moveout)叠加。DMO倾角校正能部分消除陡倾角地层对叠加的影响，实现真正的共反射点叠加，可明显提高倾斜地层叠加质量。DMO叠加更加接近于真正的零炮检距叠加，使大倾角反射准确成像，加强绕射波。

（9）随机噪音衰减。为了提高叠加剖面信噪比，增强叠加剖面的连续性保证叠加剖面质量和归位效果，可采用频率-波数域随机噪音衰减模块，对预测道数进行百分比试验，选取最佳的衰减参数。

（10）偏移。三维一步法有限差分偏移是目前国际上通用的先进偏移技术方法。偏移所采用的速度是进行平滑后的DMO速度，可适当降低不同百分比，通过观察断点、地质构造特征等是否合理得当，随时进行调整。

2. 三维地震资料的解释

在进行地震资料解释前，需要对获得的处理成果进行评价，按一定网格（如40m×80m）抽取的三维成果时间剖面，在满覆盖范围内其质量按Ⅰ类、Ⅱ类、Ⅲ类三级进行评价，评价标准如下。

Ⅰ类剖面：目的层齐全，同相轴连续性好、信噪比高、异常点清晰，无明显多次波，能真实反映地质现象。

Ⅱ类剖面：凡达不到Ⅰ类，又不是Ⅲ类者。

Ⅲ类剖面：时间剖面信噪比低，不能有效反映地质现象。

对成果的质量要求有：①在地震地质条件简单地区，Ⅰ+Ⅱ类剖面不低于90%（Ⅰ类不低于60%）；②地震地质条件一般地区，Ⅰ+Ⅱ类剖面不低于80%；③地震地质条件复杂地区，Ⅰ+Ⅱ类剖面不低于70%；④地震地质条件特别复杂地区，Ⅰ+Ⅱ类剖面不低于60%。

1）构造解释

三维地震勘测是一种面积地震勘探，高密度的采集和高精度的处理，提供精细的三维数据体资料，根据该数据体，可以获取各种剖面图、平面图和立体图，用来满足解释工作的需要。解释主要包含以下基本图件：①地下共深度点点位图；②三维速度资料；③三维切片图。

（1）常规构造解释方法。三维数据体资料解释是一个将原始资料转变为地质成果的分析过程，是经验、地质规律、多种技巧和知识的全面表现，解释规律同二维地震剖面解释规律，但亦有独特的解释过程和要求，解释过程有：①地震地质层位的确定；②垂直时间剖面的对比；③水平切片的解释。

（2）时间构造图的编制。对比垂直剖面初步解释断层，反复结合水平切片准确确定断层系统，利用解释平台绘制时间构造图。

（3）深度构造图的编制。为了实现地质构造研究和工程上的需要，必须研究深度构造图。根据解释平台编制构造图的方法有：①转化等深度间隔的时深转换表；②把同比例尺的构造底图与构造图重合；③根据构造底图描绘断裂系统；④描绘深度线；⑤进一步检查构造图。

2）岩性解释

三维地震资料相对于二维资料，具有高密度采样、高保真度的特点，三维反射异常体较二维更可靠；三维显示多种多样。因此，三维资料更有利于进行岩性解释。

二、微动勘探

我们将地球表面无论何时何地都存在的天然微弱震动称为"微动"。微动是大地轻微的、比较规则的、周期性的连续振动，在地震记录图上表现为一种连续的噪声信号，而且微动信号是周围各个振源产生的一系列振动的叠加，亦是各种频率波的叠加。它的主要特点是没有特定的震源和具有很宽的频谱，在空间上具有很好的稳定性。微动是一种在时间、空间域都极不规则的震动现象，其振动幅值为 $10^{-4} \sim 10^{-2}$ mm，加速度 $1 \sim 100 \mu$m/s，频率范围主要集中在 $0.1 \sim 50$ Hz 范围。地球表面的振动大致分为两大类：一类是由自然现象引起的振动，如风、雨、海浪、潮汐、大气压力变化等，这些振动也许在某点变化大，但在全天内变化幅度不大，所产生的振动信号在频率表现上也比较低，基本在 1Hz 以下；另一类则是由人类的某些行为所引起的，如机械设备振动、人或者动物的活动等，这类振动通常在白天与夜晚有很大的差异，白天振动多，夜晚少，所产生的振动信号频率上比较高，基本都在 1Hz 以上。通常我们把这些由潮汐、风浪等引起地球表面的频率较低的微弱振动称为"微动"（microtremor）或者"地脉动"。利用这些微动信号来探测地下介质构造的方法，称为微动勘探方法，它是地震勘探方法的一种。

微动信号观测与应用的前提是了解微动信号的基本特征，微动在传播过程中经过多次的反射和折射，受到介质的滤波和吸收作用，累积了场地地层的特征信息，由于介质特性的稳定性，相同地点、不同时间得到的微动信号频谱具有统计规律性和稳态性：其各分量在空间上表现出传播性，在时间上其信息具有同相性和可比性，而且具有一定的重复性，其功率谱密度服从统计稳定性，具有一定的主频成分。一天中，周期小于 1s 的微动，白天的振幅大，波谱形状也不规则，晚上振幅较小，频谱形状也基本不变，而且在同类地基上形状相似。该观测表明，各时间段频谱特性之间的的差异可能反映了不同时间震源特性的差异，而频谱形态及其峰值特性的稳定性则真实的反映了场地动力特性。

（一）微动勘探应用和研究现状

20 世纪 50—60 年代，Toksoz 等（1968）和 Haubrich（1965）对微动的产生及其性质进行了大量的研究，认为微动是一种由体波和面波组成的并且以面波占主导的复杂振动，虽然其振幅随时间和地点等的不同变化很大，但在一定时空范围内具有统计稳定性，可以用时间和空间上的平稳随机过程来描述。目前，说明微动基本性质的理论有体波和面波两种理论。两种理论均以 Haskell 的传递矩阵为基础，不同的是体波理论通过计算地层的传递函数，表示其卓越频率与微动功率谱比的峰值频率的关系，而面波理论是计算面波的频散曲线，对比极小群速度的频率与微动的卓越频率。Kanai（1957）通过计算认为，多数微动可以用瑞利（Rayleigh）波和勒夫（Love）波及多重反射来解释。

地震波传播的主要现象是能量在分界面处的重新分配，而分界面的不同或者边界条件的不同决定了能量在反射波与透射波之间进行如何分配。当体波入射时,可在场地内同时引起体波和面波的转换波,而当面波入射时,场地的反应为转换面波,长周期微动中包含了丰富的面波成分。事实上,场地下伏地层的介质特性会对微动的构成成分有影响,当地基较软时,微动中包含的面波信息增加,而地基坚硬时,振源激发的面波将减少,同时,场外体波入射时转换成面波的效率也低,与软地基相比,较硬地基上的微动包含的面波信息要少。Okada(2003)研究表明,实际的微动波场是复杂的时变场,其主要成分是基阶面波,少量体波和高阶面波。

微动与一般地震波不同,其波形是由体波和面波混合而成,而且 P 波、S 波和面波往往次序不明的叠合在一起,分析模型较为简单,由于微动在震源、测量、费用等诸多方面具有其他方法无法比拟的优点,人们对微动应用的研究越来越多。

1. 傅氏变换法

微动的早期研究主要是对微动观测记录进行傅氏变换,求取卓越周期和振幅谱,从而对场地作振动反应分析和场地的地基土进行分类。这种方法的假设条件是:①地脉动由垂直入射的 S 波组成;②地脉动源的谱是白噪声。在这样的假设条件下,可以直接使用非岩性土场地上地脉动的傅氏谱代表场地对基底垂直入射 S 波影响。研究发现微动频谱的主频与场地的固有频率较为一致,在一定程度上反映了观测点处场地土的共振频率,因此可以依据微动记录的傅氏变换确定场地的卓越频率,粗略地建立卓越周期和地层结构的关系。

通过对地震灾害的研究发现,地形地貌对地振动的放大效应是非常明显的,如高阶地、陡坎前缘及孤立山包等,可呈现较长的振动周期,该类场地受微动源和传播路径的影响很大。另外,许多观测表明,即使在基岩上微动也存在多个卓越周期,这说明微动作为白噪声的假设条件具有很大的局限性,直接利用傅氏变换进行分析并不合理。为克服这种方法的缺点,研究人员又提出了相对基准点谱比法。

2. 相对基准点谱比法

相对基准点谱比法是采用测点与基准点的微动谱比来描述场地对微动的作用。在这种方法中,一般将基准点选在邻近基岩场地或坚硬的非岩性土上,认为在这类场地上的微动代表场地下伏基岩或坚硬土层上输入的微动。相对基准点谱比法在分析地震记录时,消除了振动源和路径的影响,所以很受研究人员的欢迎。该方法存在的基本问题是很难选择合适的时窗来确保测点和基准点位于同一震相;其次,对于沉积范围宽阔的地区,找到符合条件的基准点也是非常困难的。解决这一问题的方法是不考虑地脉动波的波形,而以绝对时间为准进行分析,获取多个时域窗经傅氏变换后,将其结果进行平均求得谱比。相对基准点谱比法在适宜的情况下是可以较好的得到场地的卓越周期和放大因子,但在使用时应注意以下几点:①应保持微动的连续观测以确定地脉动随时间的变化规律,同时确定微动是属于长周期还是短周期,以消除观测点附近振动源的影响;②采用与研究频带相应的测点间距,当观测地脉动的卓越周期小于 1s 时,为保证输入的共同性测点间距不宜超过 50m。

3. 基阶和高阶模提取法

近年来,利用微动台阵观测技术测定地层速度结构已成为国内外地球物理勘探界的新研究热点之一,相关的研究成果不断涌现,并利用微动台阵资料反演获得了浅部地层的速度结构。微动在传播过程中经过大地的滤波和吸收,其成分以面波占主导,面波具有传播速度随频率变化而变化的频散特性,这一特性是对下伏地层结构性质的综合反映。通过提取微动中面波信息的频散特征,从而可以利用微动信号推断地下结构。依据 Haskell 层状介质理论,面波频散特性的数学表示是频散方程,而频散方程是具有多模式波特征的复合函数,微动主要是利用信号的垂直分量即瑞利波,并以随机过程理论为基础,提取瑞利波的基阶模和高阶模的频散特性来确定下伏地层的速度结构与对应关系。利用微动求取面波相速度的方法主要有两种:空间自相关法和频率-波数(f-k)法。由于地层介质多变性和微动机理的复杂性,对于符合实际的非均匀层状介质和各向异性介质的微动研究较少。

4. 单点 H/V 谱比法

单点 H/V 谱比法是指微动信号水平向频谱(H)和竖直向频谱(V)的比值,因其测量结果消除了傅氏变换法受微动源、传播路径的影响和相对基准点频谱比法的两点输入波谱的空间共同性不一定相同的缺陷,能更好地检测和反映场地的动力学特性。H/V 曲线最大值对应的频率与基阶共振频率有相同的特性,可以用 H/V 比值确定基阶共振频率的放大因子。用一组检波器对微动竖直分量上测量的 f-k 谱分析和空间自动校正分析得出了瑞利波频散特性,而且当微动的水平分量和竖直分量的从同一方向传播时,微动水平分量的 f-k 分析可分离出勒夫波频散曲线,对微动频散数据的反分析可反演沉积物的速度剖面,这一方法可以得到场地卓越周期,这一系列的研究不仅表明微动主要是由面波组成的,而且在一个场地中使用一组检波器来检测微动是分析地振动特性和对评价场地横波速度结构是一种有效的手段。

对于垂直入射的横波,微动的 H/V 谱主频与场地相关,表明微动 H/V 谱可以反映场地横波速度剖面,微动 H/V 谱的变化与利用瑞利波确定的相应场地的横波剖面相同。利用这些特性,几项研究表明可以利用微动 H/V 谱评估深部地层厚度的变化并给出相关层的横波速度值,且瑞利波基模式波 H/V 谱的峰、谷处的频率与场地上的微动观察相符。然而,微动 H/V 谱并不总是与瑞利波的基阶模式波一致,其主要是由于高阶模式瑞利波和勒夫波的存在导致的。基于半空间中面波传播理论,对于模拟微动 H/V 谱观测的理论公式,计算了基阶模式波和高阶模式波的影响,理论计算表明 H/V 谱与场地 H/V 谱具有一致性,从而说明通过场地的微动 H/V 谱反演场地的横波速度剖面就可以评估场地。

(二)微动勘探基本原理

周期大于 1s 的长周期微动称为地脉动;周期小于 1s 的短周期振动称为常时微动。地脉动拥有极其丰富的地球物理信息。由天然震源激发的微动,在不同性质岩土层界面传播时,能够进行非常多次的反射、折射、透射以及散射,并最终传播到地球表面上,然后地面随之产生振动,形成了一种稳定非周期性非重复性的随机波动。除此之外,频率和振幅变化等也会引起岩土体的不同响应。研究表明，不同频段的微动能反映不同深度的构造特性。

微动是一种由体波（P波和S波）和面波（瑞利波和勒夫波）组成的复杂振动，并且面波的能量占总能量的70%以上，实际的微动波场是复杂的时变场，其主要成分是基阶面波，少量体波和高阶面波。垂直向主要是基阶瑞利波，水平向主要是基阶勒夫波。

微动探测方法正是利用面波来反演地下地质结构的地球物理探测方法，面波理论详见第一章第五节。由于微动的主要成分目前认为是面波，因此微动数据的处理方式与常规面波的处理方式基本一致，但由于微动探测利用的被动源（包含天然源和人工震动源），因此，如何从众多的信息中，提取有用瑞利波信息非常重要，目前主要采用空间自相关法（SPAC法）和频率-波数法（f-k法）两种方法进行瑞利波相速度的提取。

1. 空间自相关法

空间自相关法是日本著名地震学家Aki提出的一种被动源瑞利波速计算方法，该方法认为大地自身的震动不仅是时间上的随机震动而且在空间上也是随机分布的。与此同时Aki还给出了在一维和二维条件下较为完备的面波频散曲线提取公式。

（1）一维条件下的空间自相关系数与某角频率ω_0处对应面波相速度$c(\omega_0)$的关系式如下

$$\rho(\xi,\omega_0) = \cos\left[\frac{\omega_0 \xi}{c(\omega_0)}\right] \tag{3-1-27}$$

式中：ξ为观测点间的距离。

（2）在进行理论研究过程中我们通常是假定波的传播方向处于同一条直线上且与采集排列相平行，但在实际情况里大地微动的传播方向是随机的、无规律的，因此我们实际中使用的是更贴近实际情况下的频散提取公式，该公式是建立在大地微动随机分布的基础上，其频散提取公式是

$$\bar{\rho}(r,\omega_0) = J_0\left(\frac{\omega_0}{c}r\right) \tag{3-1-28}$$

式中：r为检波器之间的同等间距，为了能够得到不同方向上的瑞利波传播信号，我们在圆周上布置检波器一般不少于3个；ω_0为角频率；ρ为空间自相关系数的方位平均；c为面波相速度；J_0为第一类零阶贝塞尔函数。该公式是利用空间自相关技术计算微动记录垂直分量从而探测地下结构最常用的公式。

2. 频率-波数法

20世纪60年代，Capon（1969）为了研究瑞利面波的频散特性，从中提取有效的地下信息，开发了频率-波数法，最初该方法主要应用于主动源瑞利面波勘探中，随后该方法也被用于研究被动源的地震波场特征。

假设被动源信号的某一频率为f_0，功率谱最大值对应的波数为$k_0=(k_{x0},k_{y0})$，则面波的传播速度c_0为

$$c_0 = \frac{2\pi f_0}{\sqrt{k_{x0}^2 + k_{y0}^2}} \tag{3-1-29}$$

其中,面波到来的方向 θ 为

$$\theta = \tan^{-1}\left(\frac{k_{x0}}{k_{y0}}\right) \quad (3-1-30)$$

该公式所求出来的瑞利波相速度 c_0 就是其真实的瑞利波速度。

$f\text{-}k$ 法(频率-波数法)是从传统的面波谱相关分析法发展而来的。面波谱相关分析法与空间自相关法的区别在于谱分析法只采用两道数据互相关来处理提取频散曲线,其弊端在于其很难获取多模式的频散曲线。而 $f\text{-}k$ 法可以避免在谱分析法中产生的问题,因为其可以有更多的道数作为参考量,从而得到多模态的频散曲线。这在反演多道面波信号时会有效提高其反演的唯一性。被动源瑞利波法最主要的两种方法即为空间自相关法或者扩展的空间自相关法以及频率波数法,其各自的优缺点都很明显,SPAC 法获取的频率范围较宽,但其分辨高阶面波能力较弱;而 $f\text{-}k$ 法分辨高阶面波能力较强,但对检波器布设数量要求较多,现场采集信号效率明显不如空间自相关法。

微动方法无需某种人为发射的"源",这是与其他地球物理勘探方法不同的最大特点,仅仅需要观测仪器就能记录到微动信号。微动方法进行探测时,在目标区域布设由多台仪器组成的一种阵列,利用这些仪器同步记录所需的天然信号,应用 SPAC 法或 $f\text{-}k$ 法从微动信号中提取瑞利面波频散曲线,进而反演得到台阵下方场地的地层速度结构。相对于其他技术,微动勘探法有使用原理简单、无需激震、对环境友好、工作量小和资金成本低等优点。

(三)微动勘探工作方法

采集较好的数据微动要根据工作区域现场的情况,确定台站的类型、台站的数据、采集需要的时长。

1. 微动勘探观测系统

被动源面波数据采集通常采用将检波器布置成台阵形式,以接收大地微动信号。作为被动源瑞利波法中应用最为广泛的计算方法,空间自相关法是固定台阵半径,然后通过自相关系数对不同频率的贝塞尔函数曲线进行拟合,即可获得不同频率的瑞利面波传播速度,进而获取其频散曲线。采用 SPAC 法的微动观测台阵一般都是三角台阵、三角嵌套台阵和圆形台阵,如图 3-1-12 所示。SPAC 法的原理是计算圆周与各圆心台站之间的空间自相关系数;再根据空间自相关系数与第一类零阶贝塞尔函数相等的关系,求得瑞利波相速度频散曲线。

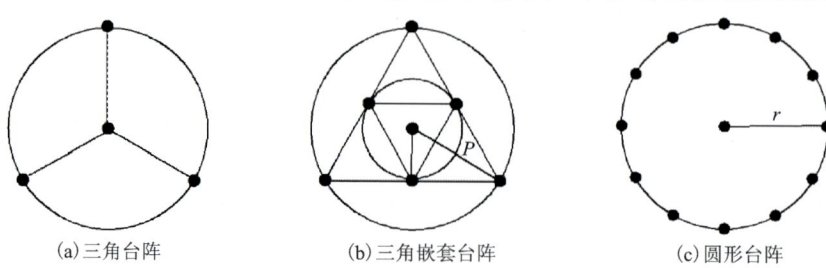

图 3-1-12 空间自相关法的台阵布置形式

SPAC法以圆形阵列布置，需要在圆周上布置多个台站，而在野外实际观测时，观测区域的场地不可能总是在同一水平面的，而且勘探深度越深，台阵的布置范围就越大，很多时候不一定有这么大范围的场地来布置台阵阵列。因此，这需要我们在减少台阵数量的同时，还要满足勘探要求。实际勘探过程中，等边三角形阵列由简单的 4 个台站组成，能实现精确的计算空间自相关系数。如果我们改变台阵最大边长的大小就能够勘探到不同深度处的横波速度结构。但是用不同台阵采集数据的时间不同，那么可以通过联合处理的方式解决。这种方法被称为扩展空间自相关（ESPAC）法，扩展空间自相关法可以布置多个同心圆阵列，达到了多个台阵同时布置的效果。这种布置方式（嵌套三角形）不用考虑震源位置，实际采集数据时，地震仪的布设次序可以任意安排，只要相对位置坐标正确即可，不需要人为的依次为地震仪定义道号。

SPAC法通常检波器台阵可布置为规则对称的圆型或三角型，其改进的方法也可布置成线型、"L"形或者其他不规则形状。实际工程中往往受到地形限制，没有足够的空间来布置这些台阵，尤其是在交通复杂的城市中根本无法施展。为解决这一问题，在 SPAC 法的基础上，进一步改进得到 ESPAC 法，该方法固定某一频率，拟合自相关系数关于台阵半径的贝塞尔曲线。与之对比扩展空间自相关法的优势在于它的布阵方式没有约束，在复杂条件下的场地，可以根据其地形相应布置成"L"形、"十"字形、直线形、多边形或者不规则形，如图 3-1-13 所示。

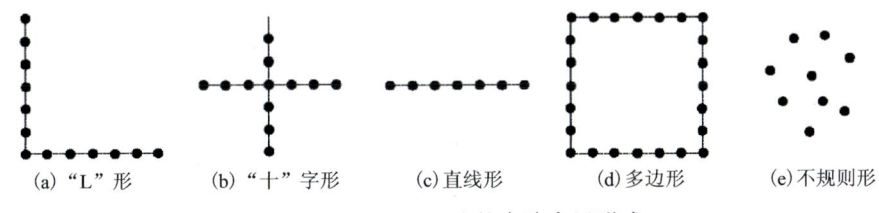

(a) "L"形　　(b) "十"字形　　(c) 直线形　　(d) 多边形　　(e) 不规则形

图 3-1-13　ESPAC 法的台阵布置形式

2. 台站类型选择

因为被动源面波在地下介质中的传播性质与主动源不同，相对于主动源的震源激发的面波来源方向已知，被动源的面波到来方向通常是随机未知的，这就导致会产生实际测量中瑞利面波的相速度不一定准确这一情况。当线性排列与瑞利面波来源方向垂直时，会使得面波速度变得无穷大，而当采集排列和面波来源方向介于相同与垂直之间时，测得的面波速度也会介于真实速度与无穷大之间。因此如果只采用固定方向的线性排列，采集到的瑞利波波速很可能不是真实的波速。此时需要将采集排列布置成二维图形，如圆形、三角嵌套形、"L"形等，布置非一维台阵是为了在瑞利波来源方向随机的情况下，仍可以通过角度位差求取真实瑞利波速度。但在实际施工中受不同地形与地层结构的影响，台阵排列的半径也会受到限制，此时为了提高观测效率并能够较好地控制观测区不同深度的信息，可布设不同半径的观测台阵进行多次采集或者在一组台阵中布置多个同心圆型，此时可选用三角嵌套型台阵。

从微动探测的原理可以看出，微动探测提取频散曲线之后的数据处理方式和常规的面波探测方式一致。常规面波探测方式由震源确定,因此,其台站布设方式都在震源的射线方向上;微动探测由于震源的不确定性,因此对台站的布设有较高的要求,错误的台站布设会导致提取的频散曲线存在较大的误差。

从图 3-1-14 可以看出,对于不同类型的台站,"一"字形台站的布设效率最高,但在野外震源不明了的情况下,布设该种类型的台站,会导致面波速度提取存在较大的误差。

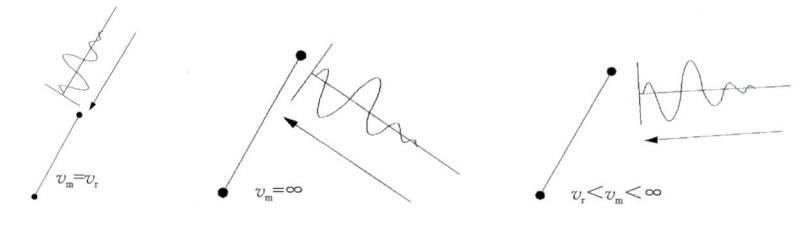

(a)震源在测线的延长线上　　　(b)震源与测线垂直　　　(c)震源与测线存在一定的夹角

图 3-1-14　"一"字形台站布设提取的速度与真实速度的差异

根据前人对噪声数据的研究,噪声源可以按照噪声数据的频率进行分类:①小于 0.5Hz 的噪声来自海洋和大尺度的天气;②1Hz 左右的噪声来自风的作用和当地的天气;③大于 1Hz 的噪声来自人类活动。前人研究发现,大于 1Hz 的噪声呈现出明显的变化规律,在一天内,大致呈现白天增长到夜晚之后衰减的趋势,并且噪声水平周末明显低于工作日。

因此基于上述原因,在台站选择时,要综合考虑各种工作区要求的探测深度。在此基础上,确定震源的大致类型和台站布设方式,如在城市中,主要探测浅部目标,考虑大于 1Hz 的频率数据时,震源可能主要沿公路、铁路等分布,震源相对比较明确,可以考虑采用"一"字形的台站模式。在探测较深的地层结构时,其探测频率低于 1Hz,震源可能来自多个方向,因此,需要采用三角嵌套形或圆形台站,在难以布置的情况下,可以考虑采用"十"字形或"L"形台站进行替代。

总之,野外台站的布设需要进行前期的试验,可以考虑采用"一"字形的台站,沿一个中心点间隔 45°旋转,进行数据采集,对提取的频散曲线,通过信号的强度、频散曲线的清晰情况来确定震源的方向,在此基础之上再考虑台站的选择。

3. 台站间距及数量选择

现在常用的微动设备多为独立的检波器,其包含了数据采集、存储等一体化,通常情况下都是 10~12 个为一个台组。

三角嵌套台站一般为两重圆环或三重圆环,检波器数量为 7 个或 10 个。

圆形台站目前较少采用,圆心台站一般建波器的数量在 10 个以上。

其他类型的台站通常检波器的数量都在 12 个及以上。

野外工作时,增加检波器的数量可以大大提高数据采集的效率,但同时也增加了生产成本,这要根据项目的类型和时间安排进行选择。

在台站等确定的情况下,测点的间距布设与探测目标的大小和埋深密切相关,根据现在普遍的探测经验,探测深度通常为台站布设半径的 3~6 倍。

参考面波探测的道间距选择规律,道间距的选择应满足尼奎斯特采样定律,即道间距决定了采样数据中的最小波长。道间距被用来决定地层厚度,决定反演的横波速度模型的极限分辨率。因此道间距应同地层模型中最薄地层的厚度基本一致。

4. 采集时长选择

微动探测利用的是被动震源,因此,其采集时间通常受到多种环境因素的影响,现在通常进行 100m 以内的浅部探测时,15min 左右一般都能取得较好的频散曲线。

在城市中进行浅部探测,由于人类活动密集,高频面波信号比较丰富,通常 10min 就能取得较好的频散曲线,但是对于远离城市的区域,由于 1Hz 以上的高频信号主要由人类活动产生,远离城市,高频信号会相对减少,因此需要适当的延长采集时间。

对于探测深度较大时,由于低频信号周期会增加,为得到较好的频散曲线,同样需要延长采集时间。

由于目前的微动探测设备,部分仪器具有实时的频散曲线提取的功能,因此,采集时长的选择,可以在频散曲线比较清晰时停止数据采集。对于不带实时频散曲线提取的设备,通过野外试验具体确定采集时长,具体步骤为:在确定好台站类型之后,进行数据采集,根据以往的工作经验,对于不同的探测深度,选择通常采集时间 1.5~2 倍以上的采集时长,采集结束之后,通过软件选择不同的采集时长进行频散曲线提取,选中频散曲线清晰,采集时间相对较少的时长作为仪器的采集时长,野外工作时,只要稍稍大于这个采集时长就可以。

综合而言,微动法能否准确探测出地层结构,最基本的条件是微动数据的质量,数据采集的好坏直接影响数据的处理及最终反演结果,因此采集高质量的数据关键在于采集过程中要保证足够的采集时间和理想的采集环境。

地层特有的特性对微动信号统计规律性的增强提供了前提,但一些有特定规律的震动(如台阵范围内或周边有正在施工的钻机及过往的车辆等;微动探测虽然利用被动的震动信号,但对于微动探测来说,震动发生在台站布设位置的外部,其震动可以作为震源;震动发生在台站布设的内部,其震动就是干扰信号)会把微动信号中所包含的地层信息给覆盖掉,所以在实测场地施工时要保证探测区域范围内及周边没有规律性的振动源。在实际施工时,尽量选择在晴天无风、气压稳定的情况下采集;在市区内采集时要尽量在晚间进行或者人少的时间段,但必须避开人流及车辆。在野外放检波器时一定要保证检波器竖直插实,检波器周边无杂草等干扰源,最好是把检波器埋起来,有强风时必须要埋起来,避免由风对信号造成干扰。如果工作区地形高差较大,要根据实际地形情况选取适宜的台阵,但要保证台阵范围内高差相对较小,台阵布置好以后人员要离台阵远些。

(四)微动勘探数据处理

1. 预处理

微动信号是一种难以感觉到的微弱振动,在实际场地采集数据的过程中,常常会有一些无法避免的干扰,比如大型车辆、建筑施工还有仪器自身零点漂移,以至于采集到的数据中有很多干扰信息,并且杂乱的信号会把主要的地层信息掩盖掉。所以在对数据分析提取频散曲线之前,要对采集到的原始数据进行预处理,以提高数据的准确性,预处理主要有以下方式。

(1)采集数据应按照要求进行分段。由于现在所采用的设备多数为分离式的,这些数据采集设备,由于有时采集的时间不统一,因此需要按照规定的时间段对采集数据进行裁切。

(2)根据台站类型将分散的数据进行整合。微动裁切好的数据,需要按照台站的类型位置等,整合成一个文件,这样便于后期的处理,整合后的微动数据如图3-1-15所示。

(3)对整个的文件进行小时间片段的确定选择。在进行频散曲线提取时,需要将15min或其他时长的时间片段,分层更小的时间片段,进行频散的数据提取和叠加;这个小时间片段根据探测深度的不同,通常会选择在5～40s之间,选择较小的时间片段会减少低频信号,导致低频部分频散变差,选择较长的时间片段,会导致叠加次数变少,同样会使频散曲线变差,因此,这需要根据数据情况和探测深度等选择合适的时间片段。

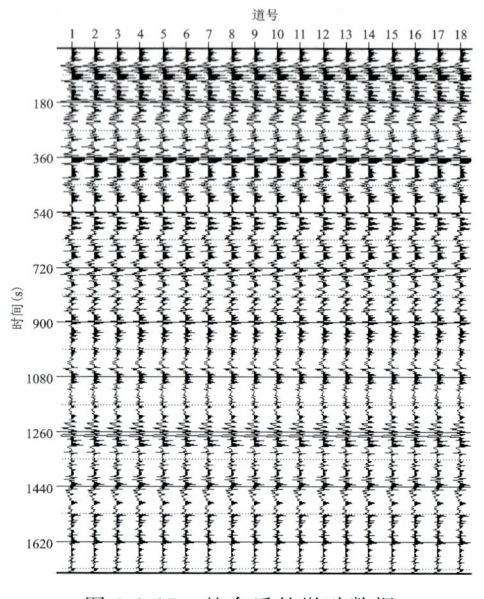

图 3-1-15　整合后的微动数据

(4)平滑处理。由观测系统采集到的微动信号,往往会有一些来自环境中无法避免的干扰信号,这些干扰信号一般具有随机性和周期性,高频会使离散信号出现毛刺的现象。经过平滑处理后可以去除毛刺,使曲线光滑。平滑处理一般采用五点三次平滑法对数据平滑处理,其处理过程是,基于最小二乘法理论,采用最小二乘多项式的方法,对数据进行三次平滑处理。

(5)剔除趋势项。在微动信号采集过程中,采样点信号经常会出现不规则的趋势项,它是指信号中周期比记录长度大与非线性或线性变化的部分,导致的原因是仪器受温度影响使信号发生零点漂移或数据采集站被干扰偏离基准线,严重影响频谱从而出现失真。预处理过程中一般用最小二乘法来消除趋势项,可以同时消除非线性、线性趋势项。

(6)数字滤波。采用数字滤波对一组采集到的实测数据进行滤波处理,能够剔除数据中的噪声、虚假部分这些无用信号,从而提高信噪比,同时可抑制干扰信号。数字滤波一般有两种方法:一种是IIR滤波法;另一种是FIR滤波法。两者相互比较,后者相对于前者更具有优势,FIR滤波法处理信号时稳定、不失真、误差小,所以一般数字滤波都首选FIR滤波。数字滤波工作主要有三个步骤:①对采样信号进行频谱分析;②确定有用信号集中的区间段;③选择合适的滤波方法。

(7)自相关分析。从采集到的信号中用相关性分析可以有效地提取有用的信息,信号中有没有干扰性的周期信号常采用自相关函数的特点来判断,如果自相关收敛,则表明没有干扰性的周期信号,反之则有。

数据预处理根据情况的不同还有其他的一些步骤,这里仅是一些基本的步骤,预处理之后的数据则可以进行频散曲线的提取。

2. 微动数据频散曲线的提取

预处理之后的微动数据,则可以进行频散曲线的提取。微动勘探方法处理是要从微动信号中,提取瑞利波相速度频散曲线,然后反演得到观测点下方的速度结构,绘制相速度等值线图,进行地质解释。瑞利波相速度等值线图是地质解释的基本依据,可以依据图中的速度异常区域,分辨出不良地质体,以及依据速度分层情况,探测岩基埋深,分析土层岩性。目前微动频散曲线提取常用方法为 ESPAC 法和 f-k 法。

图 3-1-16 为同一套数据采用不同方法提取的频散曲线,可以看出结果存在一定的差异,因此,选择数据提取方式要结合野外的实际地质情况。

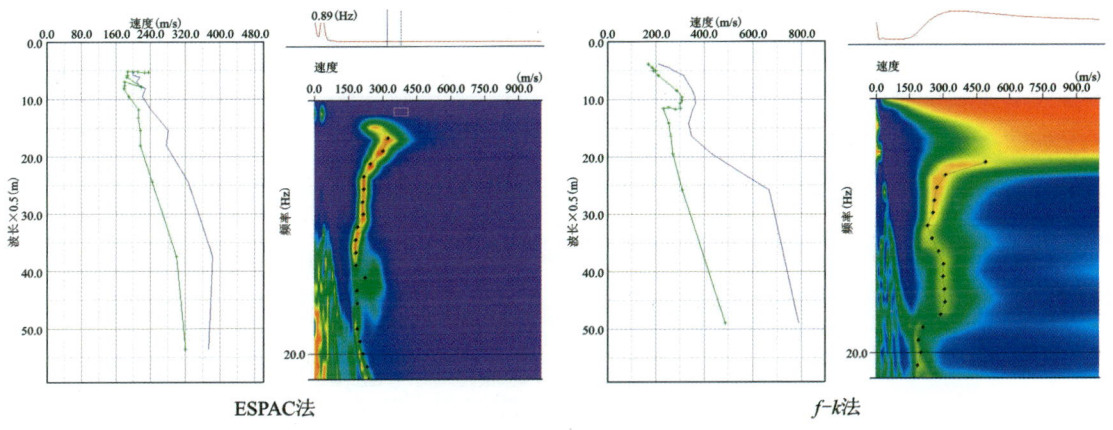

图 3-1-16　不同方法提取的频散曲线

(五) 微动数据反演

瑞利面波反演工作的主要目的是通过频散曲线获得地下介质剪切波速度以及每一地层的厚度等相关的信息。众所周知反演的第一步是正演,也就是给出一个初始参考模型,使用正演提取出理论上的频散曲线,然后不断优化模型的参数设置,直到实测频散曲线和计算得到的频散曲线十分接近,整个过程就是反演。非线性化方法、局部线性化方法、观察法等都是目前常见的面波反演方法。其中观察法是最原始的反演方法,这种方法源自半波长理论,其特点是简单方便,但可靠度不高、人为因素影响大。

局部线性最优化方法主要有最小二乘法和最小阻尼二乘法,这类方法在瑞利面波反演中效果一般,原因是:当初始模型与真实情况差别较大时,很难通过局部最优化方法得到全局最优解,其反演结果与真实模型存在较大的出入,这种现象在复杂地层结构中的反演影响尤为明显明。高阶模式瑞利面波对介质参数的敏感性远远高于基阶模式,在采用最小阻尼二乘法反演的基础上,结合基阶模式波和高阶模式波的结果进行反演,可获得较好的效果。因此,一般认为如果对高阶模式进行反演,只需采用最小二乘法就可以获得理想效果,而不需要再加以其他复杂的反演方法,从而可以使反演效率大幅度提升。

1. 获得深度-视速度剖面图

提取频散曲线之后,通过频率、视速度与波长的关系,可以得到不同频率对应的面波波长,将该波长取 0.5 倍,可以得到深度与视速度的曲线;通常利用该曲线加入地形则可以形成简单的深度-视速度剖面图,进行探测目标的解释。

2. 反演方法

微动反演简单来说是利用某种反演方法对面波频散曲线反演,得出不同地层的横波速,进而可以对各种地层做划分。目前面波反演方法大致有两类:一类为线性化反演方法;另一类为非线性反演方法,如邻域算法(NA)、遗传算法(GA)和模拟退火法(SA)等,其中遗传算法(GA)与其他两种非线性反演方法相比具有反演速度快、效率高的特点,并且采用该方法对面波频散曲线反演时,不依赖于给定的初始模型。

如图 3-1-17 所示,微动数据进行反演可以得到反演成果图,再结合地质资料具有反演速度快、效率高的特点,并且采用该方法对面波频散曲线反演时,不依赖于给定的初始模型。

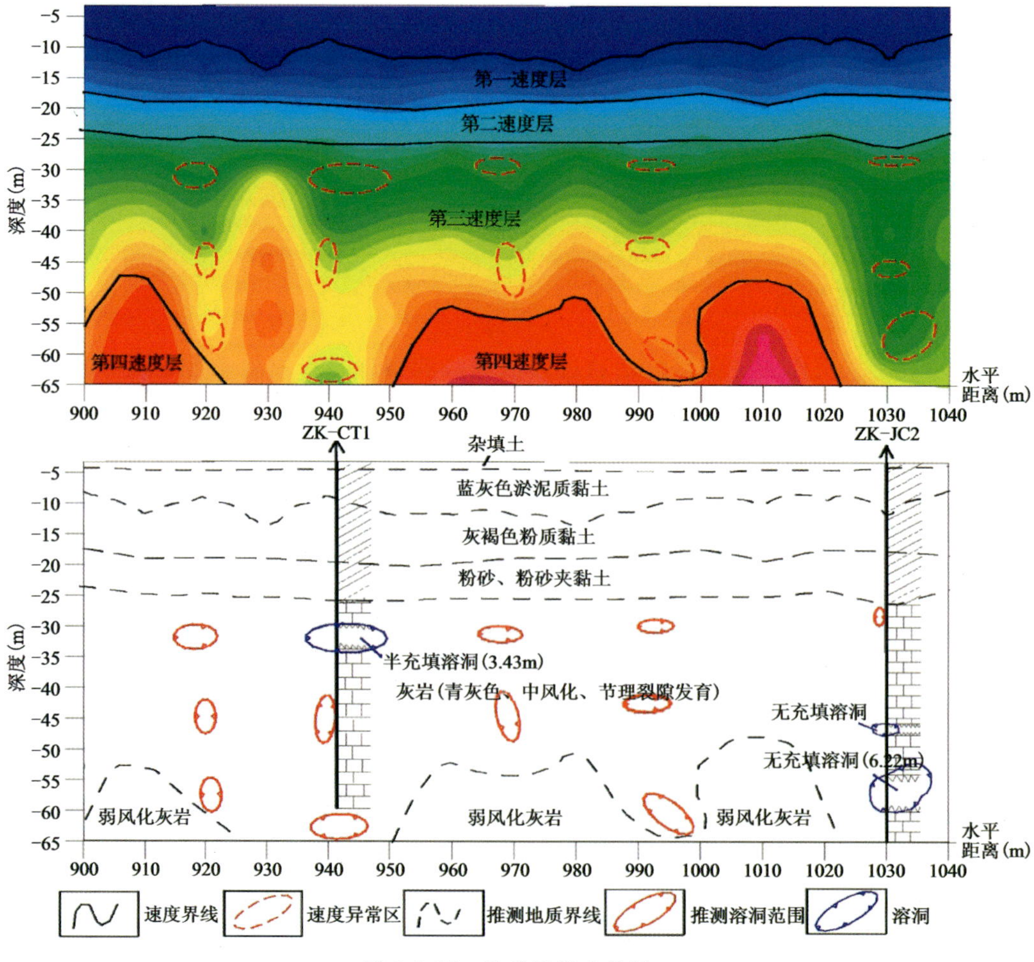

图 3-1-17 微动反演成果图

第二节 电磁法勘探新技术

一、广域电磁测深法勘探

(一)广域电磁法基本原理

广域电磁法是相对于传统的可控源音频大地电磁法(CSAMT)和磁偶源频率测深法(MELOS)提出来的。针对现有的常用电磁法的不足,何继善院士的课题组提出了广域电磁法,所谓"广域",是指突破"远区"的局限,在包括远区,也包括非远区的广大地区进行测量,把电磁测深的观测范围扩大到包括非远区的广大区域。广域电磁法继承了 CSAMT 使用人工场源克服场源随机性的优点,也继承了 MELOS 方法非远区测量的优势。摒弃了 CSAMT 远区信号微弱的劣势,扩展了观测适用的范围;也摒弃了 MELOS 方法的校正办法,保留了计算公式中的高次项;既不是沿用卡尼亚公式,也不是把非远区校正到远区,而是采用适合于全域的公式来计算视电阻率,大大拓展了人工源电磁法的观测范围,提高了观测速度、精度和野外效率。广域电磁法和伪随机信号电磁法结合起来,形成了一种新的电法勘探方法。

广域电磁法不仅在发射及测量方案上做出了改进,作为一种人工源频率域电磁测深方法,通过改变人工电性场源发射的频率来改变电磁波穿透深度,以达到测深的效果。相较于 CSAMT,广域电磁法采用了具备一次同时发送和接收能力的伪随机编码方式完成野外测量工作,不仅克服了变频方案需要繁琐发射接收的缺点,而且解决了奇次谐波方案谐波次数越高信号越微弱的问题。在提取地下介质电阻率上提出了新的方法,既没有采用一组相互垂直的电磁场分量比值的方式得到地下介质视电阻率,也没有通过将非远区场校正的方法得到地下介质视电阻率,而是通过计算机迭代的方式将隐含于电磁场公式中的视电阻率提取出来,其算法是直接从电偶源全区精确公式出发进行计算,以下是 CSAMT 和广域电磁法作为对比引出广域视电阻率的定义。

电磁法在观测点处电场与磁场的公式如下。

$$\left.\begin{aligned} E_\varphi &= \frac{I\rho dL\sin\varphi}{2\pi r^3}[2-\mathrm{e}^{-ikr}(1+ikr)] \\ H_r &= -\frac{IdL}{4\pi r^2}\sin\varphi\left[6I_1\left(\frac{ikr}{2}\right)K_1\left(\frac{ikr}{2}\right)+ikr\left(\frac{ikr}{2}\right)K_0\left(\frac{ikr}{2}\right)-I_0\left(\frac{ikr}{2}\right)K_1\left(\frac{ikr}{2}\right)\right] \end{aligned}\right\} \quad (3\text{-}2\text{-}1)$$

当观察点与场源相距很远的时候,上述公式中的高次项可以舍去,仿照大地电磁(MT)的计算公式,可以得到一个视电阻率的计算公式:

$$\rho_a = \frac{1}{\omega\mu}\frac{|E_\varphi|^2}{|H_r|^2} \quad (3\text{-}2\text{-}2)$$

该公式是一个近似公式,我们不能利用该公式在非"远区"计算视电阻率。为把范围扩大到包括非远区的广大区域,工作中直接采用测点的电场公式,进行转换计算,不舍弃高次项,得到以下公式:

$$E_x = \frac{IdL}{2\pi\sigma r^3}[1 - 3\sin^2\varphi + e^{-ikr}(1+ikr)] \tag{3-2-3}$$

用上述公式表达电阻率，可以得到

$$\rho_a = K_{E-E_x} \frac{\Delta V_{MN}}{I} \frac{1}{F_{E-E_x}(ikr)} \tag{3-2-4}$$

上式为广域电磁法的基本公式，其中：

$$\left.\begin{array}{l} K_{E-E_x} = \dfrac{2\pi r^3}{dL \cdot MN} \\ F_{E-E_x}(ikr) = 1 - 3\sin^2\varphi + e^{-ikr}(1+ikr) \\ \Delta V_{MN} = E_x \cdot MN \end{array}\right\} \tag{3-2-5}$$

该公式在远区和部分非远区等广大区域进行测量，观测人工源电磁场的其中一个分量（而不是彼此正交的一组电场、磁场分量），计算广域视电阻率值，这即为广域电磁法的基本原理。

（二）广域电磁法的特点

广域电磁法发送的是伪随机电流信号，而不是普通 CSAMT 的变频信号，其一次所发送的伪随机电流信号中包含多个主频成分，振幅大小相近。广域视电阻率的计算公式是很严格的，没有近似舍弃的，可以在非远区工作。广域电磁法摒弃了 CSAMT 法变频发送、只能在远区测量、且必须测量两个正交电磁场分量的弱点。总而言之，广域电磁测深法主要有以下特点。

（1）广域电磁勘探不一定非得在"远区"工作，测量工作可在"非远区"进行，这极大地缩小了收发距离，相对于可控源音频大地电磁法，要想获得同样大小的信号，只需发送较小的电流即可实现，这对于设备的要求可以更加轻巧，换个角度来说，勘探深度更大了。

（2）只需要测量一个电分量或者磁分量即可，很大程度上提高了勘探的速度和精度。

（3）变频法一次只能供一个频率，效率低下，而且由于野外电磁干扰的随机性，精度相差比较大。广域电磁法却摒弃了这些缺陷，能同时发送 7 个频率，并且一次发送包含多个有效频率，工作效率得到了有效提升，野外成本也大幅降低。

（4）广域电磁接收机仅仅测一个分量即可，可以做到一台发送机发送，由多个接收机同时接收，有效地提高了勘探效率。

（5）非远区测量很大的一个优势就是可接收的信号更大，极大地提高了测量精度。

（6）广域电磁法在探测埋藏较深的地质体的时候，不受远区限制，可探测深度大。

总的来说，广域电磁法探测速度快、测量精度高、抗干扰能力强。

（三）野外工作方法

广域电磁观测系统主要包含：广域电磁发射机、广域电磁接收机（JSGY-2）、大功率发电机。该系统的信号源为伪随机信号，信号频率主要在 0.1～104Hz 之间，且目前能同时发射 7 个频率。野外工作时需要根据趋肤深度等经验公式估算探测深度，选择合适的频率范围。

广域电磁勘探选择水平电偶源，只测量 $E-E_x$ 分量。如图 3-2-1 所示，广域电磁法 $E-E_x$ 野外施工装置系统，其中虚线为广域电磁测线，测线到场源的垂直距离为收发距。场源 AB 坐标参与广域电阻率的计算，需要准确记录；场源电极应根据实际地形、地物情况进行布设，原则上远离人员聚集地区并尽可能与测线平行，方位误差控制在 3°以内。场源 AB 长度一般为 1~3km。为保证信号强度，要求测线两端与垂直场源中心点垂线夹角均小于 30°。

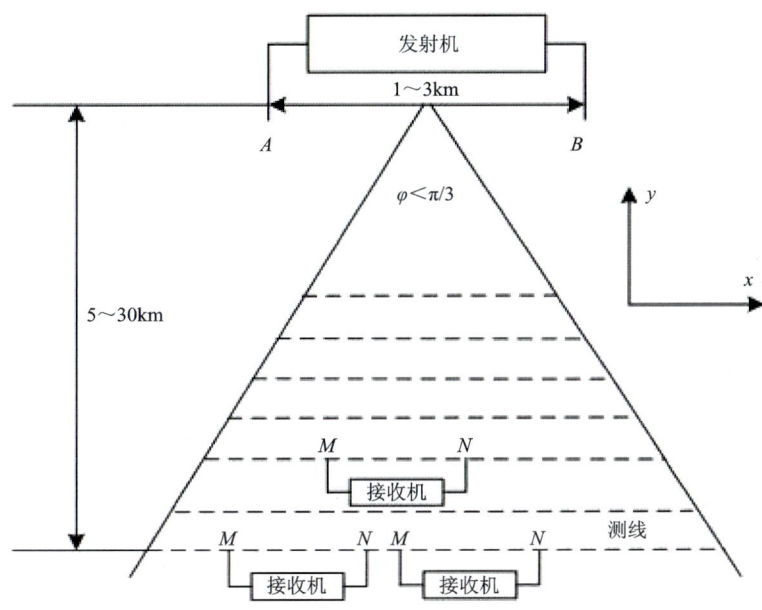

图 3-2-1　广域电磁法 $E-E_x$ 野外施工装置示意图

依据上述装置要求，结合现场实地情况，在确保信号能覆盖测线并能达到目标勘探深度的基础上设计场源位置及收发距。

目前广域电磁法的发射最大功率有 200kW，最大的发射电流超过 100A。野外施工过程中，要在确保安全的前提下，提高发射电流，保证数据的采集质量，同时为了确保系统稳定安全，发射机最高供电电压和电流不应超过额定值的 80%。

(四)广域电磁法资料处理与反演方法

广域电磁法从数据处理到最终地质成果的推断解释，一系列工作流程与其他电磁法并没有实质性的差别，同样需要遵循由已知到未知、由定性到定量，循序渐进、不断深化认识的基本原则。

1. 数据处理方法

为了更好地进行定性与定量的解释工作，首先要在资料处理时进行数据的预处理，而这也是对原始资料进行一种再认识的过程，并在此基础上进行后续解释工作。

1)去噪处理

广域电磁法测量和记录的原始参数为直角坐标系或圆柱坐标系下的各电磁场分量，因此去噪处理即是对原始全频段电场或磁场曲线的预处理。由于各种电磁噪声的存在,总是不可避免地给电磁法观测资料带来不同程度的干扰,严重时会导致测深曲线的形态发生变化,因此去噪处理必须是首先进行的资料处理工作。具体的工作内容包括跳点、飞点的剔除,矫正变形的测深曲线等。

2)广域视电阻率的提取

广域视电阻率的提取主要依托配套的"JSGY-2 广域电磁仪接收机数据处理软件 V2.0"软件进行,对已经预处理完毕的电磁场参数,依照视电阻率的精确表达式并采用计算机反复迭代计算的方法求取广域视电阻率。

3)静态校正

静态效应的校正是广域电磁法资料处理中的重要问题,如果校正不当,会使后续的反演解释得出错误的结果。通过分析频率-视电阻率等值线图,判断是否存在静态效应,是否会对测线数据产生影响,如果有影响,则必须进行静态校正。

在野外的实际工作中,"手动校正"是一种合理而高效的校正方法。理论依据是:静态效应一般都是由于近地表横向上规模较小的电性不均匀体引起,反映到视电阻率测深曲线上则表现为测深曲线形态不发生变化,而只是整条测深曲线向上(电性不均匀体为高阻体时)或者向下(电性不均匀体为低阻体时)平移某一个常数;并且广域电磁法的测点间距通常很小(数米至200m),因此对静态效应进行判断的方法主要是将野外施工中同一排列或者相邻排列采得的视电阻率测深曲线放在一起进行比较,对于存在静态效应的测深曲线利用手动拖动的方法进行校正。

4)数据滤波

数据滤波是在前述去噪、静校正等工作之后对全线视电阻率数据的再处理工作,是针对横向上电阻率差异较大、数据连续性差所作的修正,采用的方法为五点三次滤波。由于去噪、静校等预处理工作人为参与较多,难免有修正不足或过度修正现象的出现,尤其是在资料品质较差的地区,更应当进行该项工作。

2. 定性分析

定性分析主要依据的是拟断面图以及曲线类型图,是电法类测深勘探中最基础和最原始的成果图件。通过分析和总结原始图件中的电性分布特征,结合工作区的地质背景,定性地了解工作区地下电性层结构、地层起伏变化、局部构造、乃至层位标定等内容,为进一步的定量解释提供依据,同时也是评价和检验定量解释成果的可靠性的基本依据。

1)拟断面图的分析

拟断面图模拟的是地下的电性分布情况。横轴为点号或距离,纵轴为频率值,以各个测点的各个频率的电阻率值并利用某种数学插值方法勾绘得到等值线图。通过分析拟断面图的典型分布特征,可定性地获得地下断层分布、地层分界面、基底起伏等地质信息。一般而言,在深部(低频)高视电阻率等值线的起伏形态与基底起伏相对应,而视电阻率等值线密集、扭曲和畸变的地方又往往与断层有关,断层越浅,这种特征越明显,各地层电阻率差别越大,其分界面在断面图上显示的越清晰。

2）曲线类型图的分析

对测深曲线类型的分析可定性地获得电性层数、各电性层相对埋深和及其电阻率相对变化情况。特别是通过对测区内曲线类型的分析比较，可对测区的地质构造单元进行划分与归类，给出测区地质构造的定性概念。更重要的是可以帮助我们选择和制订定量解释的步骤、方法和参数，有效地克服资料解释过程中的多解性问题，提高地质解释的准确性。

3. 定量解释及反演方法

对测深资料的定性分析可以建立起工作区的地质结构和地质构造的总体概念，但具体到指导地质工程布置、资源量评估等要求时则必须对资料成果进行定量解释，而定量解释成果只能够通过对原始资料的反演得出。反演的任务是将沿地表实测的视电阻率随深度变化的资料通过一定的数值模拟计算方法，获得地下各测点不同深度介质的电阻率值，这一过程也称为定量解释，它给出了勘探剖面地下的电性分布断面。

地球物理勘探的反演有线性反演和非线性反演之分。线性反演理论较为简单，对它的研究已经趋于成熟，反演过程可以由计算机自动实现，也可通过人机联作的方法实现，因此被广泛的运用于实际生产。地表实测的视电阻率，是地下不同电性介质及构造的综合反映，通过对这些资料的分析认识，根据测区地质、地球物理特征规律及一些前期的解释成果，首先假设一个初始的地电模型，并通过一定的数学物理方法，计算出该模型在地表的视电阻率理论值，通过比较实测值与理论值的差异，来反复修改地电模型，直至修改后的地电模型的理论值与实测值的最小二乘偏差最小，这一最终的地电模型是我们所求的反演成果，它定量地给出了不同电性介质在地下的分布规律。线性反演理论的最大问题是反演的结果强烈的依赖于初始模型，也就是说，线性反演的最终结果与初始模型的选择密切相关。实际的地质情况以及地球物理特征却是复杂的，其在各个方向上的变化也不是严格的线性变化，尽管可以通过各种方法进行线性化并依照线性反演理论进行处理，但终究不能从根本上解决所有问题，因此线性反演理论存在着某些局限性。正是在这种背景下，非线性特别是完全非线性反演的理论研究引起了特别的重视，然而现实的情况是，非线性反演的理论复杂程度、处理方法困难程度都比线性反演大很多，故完全非线性反演相对而言仍处于不完善的状态，能直接投入生产中的更不多见，但它指示了今后反演理论研究的发展方向。

广域电磁法反演工作是在其配套的"地球物理资料综合处理解释一体化系统"中进行，该套系统对广域电磁法资料的反演基于线性条件下连续介质的反演理论进行，包括一维连续介质反演、二维连续介质反演、三维连续介质反演以及拟地震资料处理方法的波场变换及偏移成像等。

1）一维连续介质反演

一维反演是假设大地电性结构是一维的，即地下介质的电性仅随深度发生变化，沿水平方向不变的一种反演方法。一维反演可分为层状介质反演和连续介质反演，层状介质反演初始建立时需要处理人员掌握一定的先验资料，所以多应用在井旁大地电磁测深资料的反演过程中，而在二维的剖面勘探中，一维反演仅仅作为一个中间环节，在对最终解释成果的定性评价及质量控制中发挥作用，其成果为下一步的反演提供初始模型，所以一维反演应尽量避免人为因素的影响,客观地尊重原始资料。因此,采用一维连续介质反演方法,是假定地下介质沿深度(纵向)连续变化,其他方向上电性是均匀分布。为适应反演方法的要求,在纵向上需离散化,即用一系列薄层来描述介质的电性分布。一维连续介质反演是通过最佳拟合大地电磁响应函数,求各个薄层的电阻率值。

"地球物理资料综合处理解释一体化系统"中一维反演的大致步骤如下。

(1)先利用电磁测深(频率-视电阻率)数据进行博斯蒂克(Bostick)反演。

(2)对博斯蒂克反演结果进行薄层化处理,即将地表至地下某一深度范围分为许多薄层。

(3)对许多薄层构成的地电模型进行正演。

(4)对比模型正演结果与实测数据,若两者误差达不到系统预先给定的误差范围,则修改各相应薄层参数(埋深、厚度、电阻率值),重新代入计算,直到拟合差小于预先给定的范围,停止计算。在本套系统中,是通过求解广义逆来获得最小二乘解的方式进行数据拟合。

(5)输出一维连续反演成果。

2)二维连续介质反演

二维反演是假定大地电性结构为二维的,即地下介质的电性在垂直于勘探剖面的方向上不变,而沿剖面方向和随深度发生变化的一种反演方法。与一维反演相比,二维反演的假设更接近于真实的地电情况。在对剖面电性单元的划分上,二维反演同样可分为连续介质反演和层状介质反演,二维连续介质反演是在不受任何先验认识的约束下,将剖面进行薄层单元分块划分,而后进行电性拟合,求得各单元的电阻率,在断面上呈现出电性分布的等值线图件,以此进行地质认识与解释。为适应反演方法的要求,在纵向上对模型进行离散化,每个薄层用一个连续函数来描述其横向电阻率变化,因此,二维连续模型可以用一组连续函数集来描述。二维连续介质反演是通过最佳拟合一条剖面上的广域电磁法响应函数(视电阻率)求各个薄层的电阻率连续函数的具体形式。

二维反演初始模型的构建通常有两种方法:一是以均匀半空间为初始模型;二是以一维反演结果作为初始模型。

二维连续介质反演假定平面上垂直于测线方向上的电性是均匀分布的,而沿测线方向以及垂直向下的方向上电性是连续变化的。在广域电磁法反演中,以一维连续介质反演成果作为初始模型,并将其进行薄层化处理,薄层沿垂向上电阻率保持不变,在横向上用一组连续的函数描述其横向电阻率变化,同样通过求解广义逆获得最小二乘解的方式进行数据拟合,二维连续介质反演工作的逻辑步骤与一维连续介质反演类似。

3)综合信息建模和二维层状介质反演

二维层状介质反演是在对连续介质反演结果的地质认识基础上,将"马赛克"式连续分布区块化,建立地质、地电的初始模型,进行二维反演,用以修改初始的地质认识(非约束反演)和校验地质解释成果。广域电磁法资料各种反演成像都存在多解性,造成成像结果的不确定性,直接对成像结果进行地质解释往往误差较大,甚至会出现错误。解决这个问题较现实的途径是:综合利用已有的各种信息,进行综合反演成像和解释,其可靠性会更高。综合信息建模是以已有的地质、物探、测井等资料和本次实验获取的资料为基础,对各电性层和构造进行标定和确认,明确其地质意义,共同构组与各种已知信息均相容的电性-地质模型。以这样的模型作为二维层状介质反演的初始模型,进行二维反演,定量落实地层、构造和电性分布特征,最终对这样的结果进行地质解释。这样的反演成像和解释结果的可靠性与精确度会大大提高。

广域电磁法反演工作的最终目的,即是识别和提取可靠的地质信息。这些地质信息主要包括两方面的内容:构造的识别和划分;地电断面的识别和划分。

一维连续介质反演只是假设纵向的电性介质是连续的,可重点突出横向的电性不均匀,在划分断层系统上具有较大的优势。在一维连续介质反演结果的基础上进行的二维连续介质反演,不但考虑了纵向电性介质的连续性,同时还考虑了横向介质的连续性,这种方法在一定程度上圆滑了横向的分辨率,在地层划分上具有更大的优势。

因此,广域电磁法的地质信息提取工作,主要是基于一维连续介质反演成果及拟断面图进行断层系统划分;其次是基于二维连续介质反演成果并结合地质背景进行地层系统的划分。

二、反磁通瞬变电磁法勘探

20世纪30年代,瞬变电磁技术被第一次运用,20世纪50年代,瞬变电磁技术在实际使用中得到了广泛的运用,随后,时间域的电磁法理论和仪器相结合,进一步在实际测量中得到了完善,使探测距离和精度得到了跨越式的进步。20世纪80年代,"烟圈效应"理论提出并被实验论证,将瞬变电磁法勘测技术推到高潮。20世纪70年代,我国科研人员提出了大回线源测深法,在实地测试中取得了较好的效果,之后提出了实用新型脉冲电磁式瞬变电磁仪,在探测金属矿时取得了较好的效果。

由于传统的瞬变电磁法存在一定的局限,席振铢等(2016)年提出了基于等值反磁通原理的浅层瞬变电磁法,根据理论建模和实验论证,该方法可以有效地消除接收线圈由于发射线圈的干扰所产生的感应电动势,从而只接收地下纯二次场响应,解决了传统瞬变电磁法在接收二次场响应前期的勘探盲区这一难点,使探测结果更准确。

(一)等值反磁通法工作原理

瞬变电磁法(TEM)是利用不接地的回线或接地线源向地下发射一次脉冲电磁场,且在一次脉冲间歇观测地下涡流二次场的物探方法。发射电流关断瞬间,根据电磁感应原理,在地层中产生烟圈涡流电流,使得接收线圈产生感应电动势,并叠加收发线圈自感和互感产生的一次场信号,造成瞬变电磁实测早期信号失真。瞬变电磁法原理如图3-2-2所示。

瞬变电磁的瞬变过程一般分为早期、中期和晚期。断开发射线圈的电流,根据早期的电磁场信号衰减快,趋肤深度小,晚期的信号则与之相反的特点,观察二次场随时间变化的规律,可以得到不同深度的大地电性特征。低阻地质体的感应二次场衰减速度缓慢,二次场电压较大;而高阻地质体的感应则相反。不同地质体的瞬变响应过程如图3-2-3所示。

利用接收线圈和发射线圈分离消除接收线圈的感应磁场,效果并不完全,通过观测瞬变响应和发射电流波形,用理论模型的计算算法从总场中剔除一次场来获得地下纯二次场,但理论上的数值计算与实际情况存在一定的偏差。前人提出采用磁效应抵消线圈降低一次场的影响,但是,该技术要求发射线圈、反磁线圈、接收线圈同面同轴,要求苛刻,浅层地下一次场的空间分布复杂。

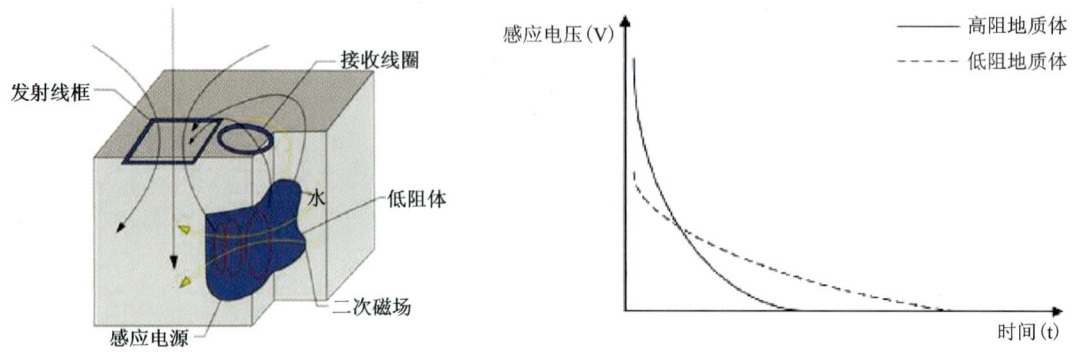

图 3-2-2　瞬变电磁法原理示意图　　　　图 3-2-3　不同地质体瞬变响应过程

由于接收线圈的信号干扰来源于关断瞬间一次场磁通量变化,基于此思路,席振铢等(2014)提出了基于等值反磁通原理的瞬变电磁法及其装置,采用上下平行共轴的两个相同线圈通以反向电流作为发射源(双线圈源),并在双线圈源的中间平面放置接收线圈接收地下二次场。接收线圈放置位置一次场磁通始终为零,因此一次场关断时,接收线圈测量的是地下的纯二次场响应。该方法采用 2 个完全相同的发射线圈,通以大小相等方向相反的电流,称为 Opposing Coils TEM,简称 OCTEM。OCTEM 可测得地下纯二次场,实现高精度的地质浅层探测。

(二)等值反磁通方法模型

OCTEM 是测量等值反磁通瞬态电磁场衰减扩散的一种新的瞬变电磁法。其以相同两组线圈通以反向电流时产生等值反向磁通的电磁场时空分布规律,采用上下平行共轴的两组相同线圈为发射源,且在该双线圈源合成的一次场零磁通平面上,测量对地中心耦合的纯二次场。反向串联上下平行共轴的线圈 TX(+)和 TX(-),上下两发射线圈完全一致,电流同步且等值反向。接收线圈 RX 处于双线圈源正中间一次场零磁通平面,接收线圈与双发射线圈源在同一轴线,装置示意图如图 3-2-4 所示。将接收线圈放置此平面可接收到地下纯二次场响应。

双线圈在地面发射瞬态脉冲电磁场信号,其中一组线圈置于近地表面,在瞬态脉冲断电瞬间,近地表叠加磁场最大,因此,在相同的变化时间下,感应涡流的极大值面集中在近地表,感应涡流产生的磁场最强,随着关断间歇的延时,地表感应涡流逐渐衰减又产生新的涡流极大值面,并逐渐向远离发射线圈的深部、边部方向扩散,此即为瞬变电磁法的"烟圈效应",见图 3-2-5。涡流极大值面的扩散速度和感应涡流场值的衰减速度与大地电性参数有关,一般在非磁性大地中,主要与电导率有关:大地电导率越大,扩散速度越小,衰减得越慢。根据地表接收到的涡流场信号随时间的衰减规律即可获得地下电导率信息,这就是等值反磁通瞬变电磁法的物理原理。

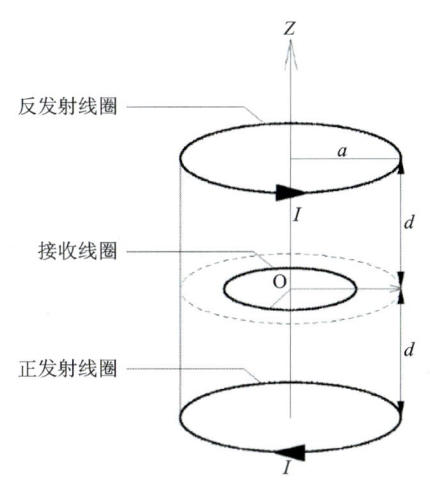
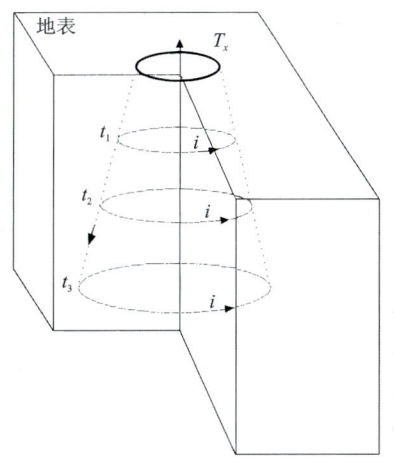

图 3-2-4　等值反磁通瞬变电磁装置示意图　　　图 3-2-5　瞬态涡流极大值扩散示意图

相比于传统的单圈源瞬变电磁法,等值反磁通瞬变电磁法的接收线圈处于一次场零磁通平面上,等值反磁通瞬变电磁一次场为两个线圈发射电流后一次场的矢量叠加,当发射关断时,接收面的一次场磁通不变,双线圈源存在一次场零磁通面不受一次场关断影响,不会产生一次场感应电动势,可免受一次场干扰,接收到纯二次场信号;这样相当于没有常规单线圈瞬变电磁法中的关断时间,二次场能够从发射电流关断的零时刻开始测量,没有常规瞬变中存在的盲区,可以测到浅表的地层信息。

(三)野外工作方式

由于等值反磁通瞬变电磁法采用了一体化的线圈设计,因此野外施工十分方便,具体操作包括以下几个方面。

1)设备天线布设

野外使用时,首先确认各组成部分使用状态良好,将天线在测点上水平放置,并且天线下方不能存在空腔、茅草等,见图 3-2-6。

图 3-2-6　等值反磁通瞬变电磁法野外工作示意图

2）仪器主机自检

开展外业工作前需对仪器主机进行自检，确保仪器处于正常状态。仪器主机自检是指仪器内部发送一个信号，然后仪器主机对该信号进行采集，通过采集的信号与发送的信号进行比较来检测仪器是否正常。采集软件中选择"自检模式"，如图 3-2-7 所示，当采集的信号曲线在线性坐标中呈近似斜直线衰减形态，说明仪器主机接收部分工作正常。

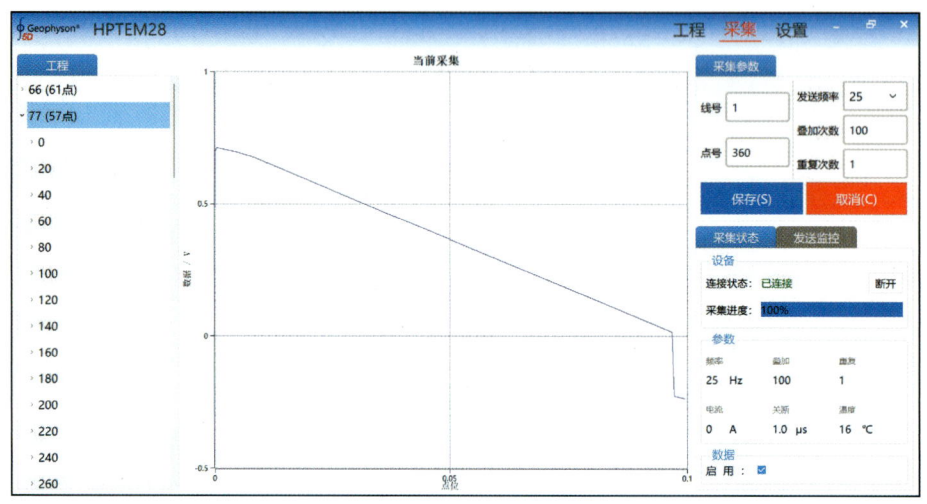

图 3-2-7 仪器自检

3）发送机检查

观测发送波形是否为明显的双极性方波。HPTEM-18 系统的发送机发送的是一个双极性的方波，发送电流大小在 9.5～10.5A 之间，在开展外业数据采集前，应先采集测试点，以便观测仪器的发送是否正常。若发送波形如图 3-2-8 所示的双极性方波，且电流在 9.5～10.5A 之间，说明发送机工作正常。

4）参数设置

等值反磁通瞬变电磁法由于采用固定天线，因此野外工作时，主要工作参数设置较少，分别为发射频率和叠加次数。发射频率主要影响探测的深度，叠加次数主要影响数据采集的质量。外业工作时，首先进行参数设定的试验，通过试验确定发射的频率，然后依据采集信号质量合理的选择叠加次数，在提高工作效率的同时保证数据质量。正常的衰减曲

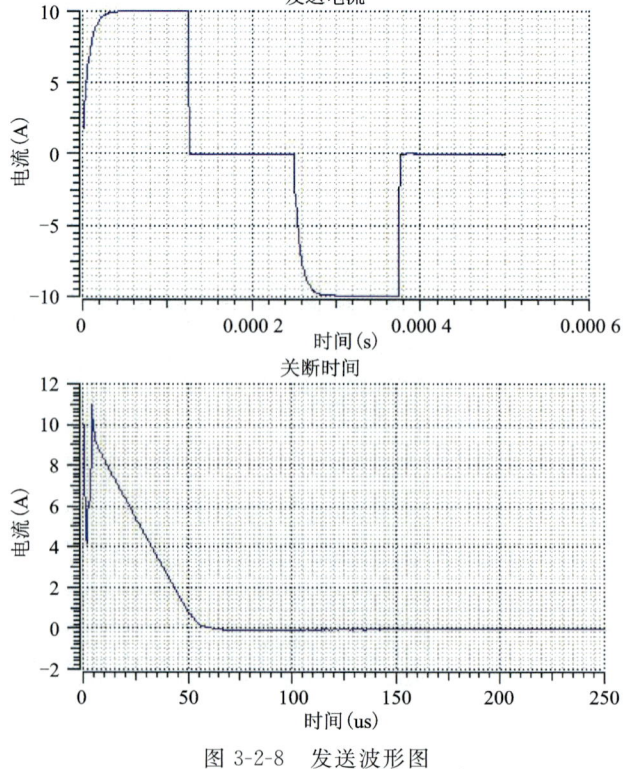

图 3-2-8 发送波形图

线如图 3-2-9 所示。

数据采集中如果发现信号衰减曲线发生畸变或连续测量时衰减曲线发生较大的变化,则需要查找原因,找出引起畸变的源头或消除干扰引起的畸变后,再继续进行数据采集。

(四)数据处理与解释

等值反磁通数据处理解释主要分为以下几个步骤。

1)预处理

数据预处理包括对整条测线中畸变点、坏点等的剔除,对单点中坏道的修改等,见图 3-2-10。

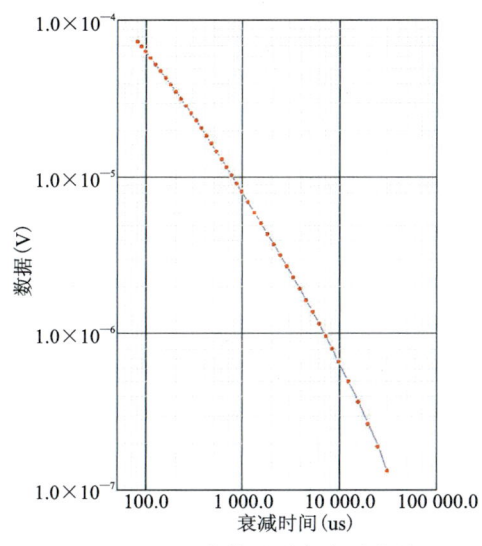

图 3-2-9　正常信号采集衰减曲线

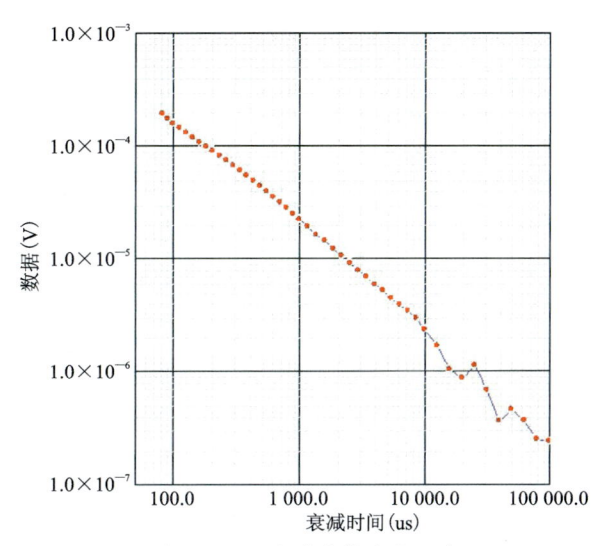

图 3-2-10　衰减曲线中的飞点

预处理后的衰减曲线应相对比较圆滑,见图 3-2-11,不存在测点中各道上下交错的情况,处理结束之后对处理数据进行保存。

2)剖面反演

预处理之后的数据,采用等值反磁通瞬变电磁法自带的软件可以对数据进行一维、二维的反演,反演之后的数据可以导出保存成 DAT 格式,用于成果绘图解释。

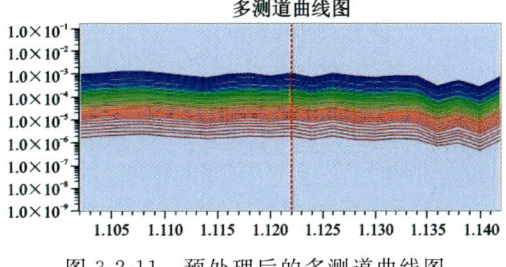

图 3-2-11　预处理后的多测道曲线图

等值反磁通瞬变电磁法反演主要采用瞬态弛预反演法,该方法是根据等值反磁通理论进行公式推导得到的适用于等值反磁通测量反演的方法,其对岩溶和采空等反应灵敏。该反演方法得到的结果是"相对电阻率",与真电阻率和视电阻率均存在一定的差异,但可以通过"相对电阻率"对异常进行判别,反演剖面见图 3-2-12。

等值反磁通瞬变电磁法反演设置的主要参数有以下几个方面。

(1)基准电阻率。基准电阻率为地表电阻率预估值,该值是等值反磁通瞬变电磁法反演的基准,较大的电阻率差异会导致反演深度和形态出现较大的偏差,因此,该值要求尽量选择准确。

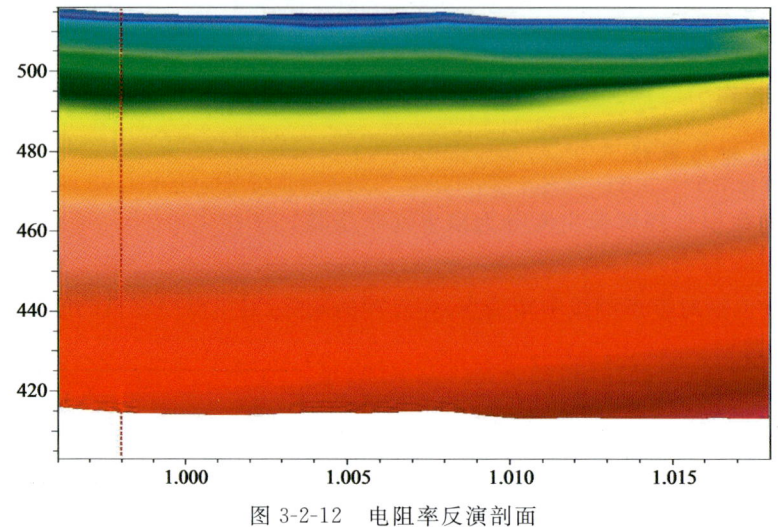

图 3-2-12　电阻率反演剖面

（2）最大深度。最大深度即所需探测目标的深度值，具体的应根据实际情况而定。若探测深度大于60m，建议最大深度(m)＝所需探测深度(m)＋20m。

（3）约束系数。约束系数是在有钻孔验证或其他地质资料的情况下，对反演深度进行整体调整的参数。约束参数大于1时，则会将实际反演深度比算法反演结果深度大；约束参数小于1时，则实际反演深度比算法反演结果深度小。

（4）反演系数。反演系数是在模拟二维情况下，数据光滑度的选择。反演系数越大反演结果越平滑，反之亦然；因此，进行数据反演时，该值的选择需要考虑探测目标体的形态或工作目的，结合地质情况进行选择。

（5）开始点号与结束点号。该设置的主要功能是进行长剖面反演时可以分段进行处理，以方便设置基准电阻率。

第三节　井间层析成像技术

钻探是工程勘察工作中的常规手段，可给出详细的地层信息，但对钻孔之间的地质情况是无能为力的，目前正在发展的井间计算层析成像(computed tomography，CT)，可以利用井间观测的地震波（声波、弹性波）、电磁波或电阻率等信息进行图像重建，直观地给出井间介质物性的分布图像，从而更加清楚的了解地下地质分布情况。

一、井间地震波CT

（一）地震层析成像基本原理及分类

按照CT成像区域的大小划分，地震CT成像技术可以分为局部区域性的CT成像、区域性质的CT成像、全球性质的CT成像；如按照地震震源来分类，又可以分为利用天然地震波进行的天然地震CT成像和通过人工震源进行的CT成像。天然地震波的能量大，穿透能力强,传播的范围大、距离远,因此主要针对地球深部区域的成像,人工震源的能量小,而对于人工地震的层析成像主要是研究地壳表面与人类息息相关的这部分区域。

根据层析成像理论上的不同,又可以分为两种方法:一种是基于射线方程进行的地震CT成像;另一种是根据地震波的传播特性即波动方程进行的地震CT成像。由于地震波在地下传播时,包含了地震波的能量、振幅、频率、相位等全部信息,携带的信息量更大,因此我们根据地震波传播特性利用地震波的波动方程进行成像时得到的地层结构,地层速度等信息要更为全面。基于波动方程成像时,由于其具有大量的信息量,因此这种方式需要的计算量也非常大。

由于地震波具有不同的类型,我们把通过射线方程为理论基础的层析成像分为瑞利面波层析成像、反射波层析成像、折射波层析成像、透射波层析成像;按照选取的物理性质上的差异,又可以把地震CT成像分为通过走时特征上的差异来反演出探测目标区域地层速度,即通过走时反算波速的波速成像,另一种则是通过地震波振幅在穿过探测地层发生衰减,通过算法反求出在探测区域内地震波的衰减系数的层析成像方法。射线方程理论的层析成像由于其理论上的局限性,只能用于地震波在一个波长的大小内波速差异不大的情况,当波速改变较大时,其成像精度会很低。当地震波在一个波长的大小内波速改变量不大时,我们把这种情况下的射线方程近似的看成地震波的波速方程,这样得到的结果往往是准确的。由于以射线理论为基础的CT成像研究比较早,而且算法上也比较成熟,其所受到的影响因素比较少,通过这种方法还可以解决复杂地层结构及地质构造中地震波的传播问题。

(二)地震CT基本理论

地震波的运动学特征,实际上指的是地震波在地下传播时地震波的波前面所在空间上的位置的改变与通过这段该变量时间上的几何关系,可以把这种几何关系在时间域上进行表示。如果我们已经知道地震波的时间场信息,就可以获得地震波的运动学特征的完整概述。地震波在地下传播过程中符合惠更斯原理和菲涅耳原理,因此是满足波动方程要求的。在非常相近的条件下,对地震波的传播研究可以从波动地震学转化到几何地震学,这样可以把地震波在地下介质中传播路径与波速等运动学信息的研究变得简单。

1. 经典 Radon 变换

1917 年,奥地利数学家 Radon 论证了如何由投影函数的值来重建图像函数的过程,为层析成像技术提供了数学理论基础。地震CT成像技术实际上是根据图像的投影来重建图像函数的过程,这个过程就是通过经典 Radon 变换来实现的。

以二维情况为例,假定物体是均匀的,地震波传播的射线走时可以看作平面上的一个函数沿该射线的线积分,这就是著名的 Radon 变换。在高频近似条件下,可以把地震波在均匀介质中传播的射线路径当作一条直线,此时可以直接应用 Radon 变换,见图 3-3-1。

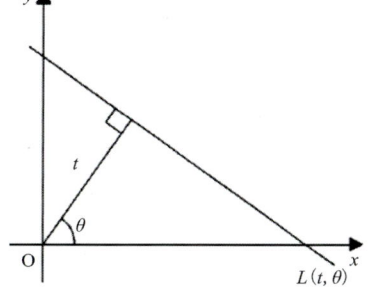

图 3-3-1 Radon 变换示意图

设 $f(x,y)$ 为平面上给定的函数，$L(t,\theta)$ 为平面内的一条任意直线，则方程为

$$x\sin\theta + y\cos\theta = t \tag{3-3-1}$$

我们把函数 $f(x,y)$ 沿直线 $L(t,\theta)$ 的线积分称为 Radon 变换，记为 $Rf(t,\theta)$

$$Rf(t,\theta) = \int_{-\infty}^{+\infty} f(x,y)\mathrm{d}L \tag{3-3-2}$$

在地震层析成像中，一般称函数 $f(x,y)$ 为图像函数，$Rf(t,\theta)$ 为图像的投影。现实中，大部分情况的岩性分布不均匀，不可以用直的射线成像，而是通过像素划分，利用射线追踪技术实现曲射线成像。

2. 射线追踪层析成像

射线追踪是指给定发射点和接收点位置以及介质的波速，求从发射点到接收点的射线轨迹及其走时。这种方法基于射线理论，通过求解射线方程来分析地震波在介质中的传播路径。射线追踪法可以对地震波运动路径近似值进行高效计算。

最短路径射线追踪方法基于地震波传播的最小旅行时原理和网络理论中的最短路径算法来实现。假设地下介质是由许多正方形单元组成，可以将地下介质离散成若干小单元体，并在各单元边界上设置一些节点，地下速度模型可表示成由这些节点以及它们之间的连线所形成的网格。现在假设在每个单元的介质都是均匀的，即每个单元的速度均匀，根据惠更斯原理，地震波传播至该单元时，这个单元会成为一个点震源，由这个新的震源向外发出子波。设置网格中的每一个节点只能和它们相邻的节点进行连接。子波通过相邻节点之间距离的时间近似地等于地震波的走时。每一条射线路径都是由这样相互连接的节点序列组成的，把在该路径上所有连接的走时进行相加，那么近似地得到了地震波沿着整个射线长度走时。节点与节点间可能存在无数条路径，按照时间最小原理，把走时最小的那条路径近似地看作地震射线路径。

（三）地震 CT 技术反演理论

地震 CT 成像技术经过近些年来的发展，目前主要的反演方法分为两类：一类是迭代解法，如代数重建法（algebraic reconstruction technique，ART）、联合迭代重建法（simultaneous iterative reconstruction technique，SIRT）；另一类是直接反演方法，如最小二乘法（least squares QR-factorization，LSQR）等。

1. 代数重建法（ART）

代数重建法是通过实际的物理问题提出来的，这种算法的基本思路是在重新建立的场之前首先给出一个初始数值，然后通过把由这个初始值计算得到的所有的投影值残差，沿其所在的射线方向均匀计算反投影的值，与此同时不停的把得到的重建图像进行校正处理，当重建后的图像满足需要时可以不用再迭代计算。

ART 算法的迭代公式为

$$S^{(n+1)} = S^{(n)} + \frac{T_i[l_i, S^{(n)}]}{[l_i, l_i]} l_i^T \tag{3-3-3}$$

式中：$S^{(n)}$ 为解慢度向量的第 n 次迭代值；l_i 为在这个矩阵的第 j 条射线的其中的一个分量；T 为第 i 条射线所用的实际的时间值；$[l_i, S^{(n)}]$、$[l_i, l_j]$ 均为向量内积。但是 ART 算法的运算量很大，对内存的要求比较高，且给定初始值与真实值越接近才越容易收敛达到我们的要求，所以在此基础上人们提出了另一种计算方法。

2. 联合迭代重建法（SART）

联合迭代重建法和代数重建法类似，这种算法是在代数重建法的基础改良而来的。与 ART 法依次对射线进行迭代运算最终得到计算值不同，SART 法是对通过同一个网格中的所有射线的迭代值的均值进行校正处理。利用校正后的计算数据值再迭代到下一网格中进行计算。

SART 算法的公式是

$$S_j^{(n+1)} = S_j^{(n)} + S_j^{(n)} \tag{3-3-4}$$

$$\Delta S_j^{(n)} = \frac{1}{M} \sum_{i=1}^{M} \left[\frac{l_{ij} \left(T_i \sum_{k=1}^{m} l_{ik} S_k^{(n)} \right)}{\sum_{k=1}^{m} l_{kik}^2} \right] \tag{3-3-5}$$

式中：$S_j^{(n)}$ 为所有通过第 j 个网格的射线在第 n 次迭代后的运算值；$S_j^{(n+1)}$ 为所有通过第 j 个网格射线在第 $n+1$ 迭代后的运算值；$\Delta S_j^{(n)}$ 为所有通过第 j 个网格的射线在第 n 次迭代后的迭代校正值；M_j 为在第 j 个网格通过的射线数量；l_{ik} 为通过第 k 个网格的第 i 根射线长度，所有通过第 k 个网格射线在第 n 次迭代后的运算值用 $S_k^{(n)}$ 来表示，m 是所有被离散的网格数量。由上述公式可知，只要给出一个初始值和射线走时，就可以算出所有网格的慢度。

3. 最小二乘法（LSQR）

LSQR 算法最早是在 1982 年被提出的，利用 Lanczos 方法对最小二乘问题进行求解，在求解过程用到 QR 因子分解，因而将这种方法称为 LSQR 方法，该算法首先将一个 $i \times j$ 的矩阵通过 $\boldsymbol{U}$ 和 $\boldsymbol{V}$ 正交得到

$$\boldsymbol{A} = \boldsymbol{U}\boldsymbol{b}\boldsymbol{V}^{\mathrm{T}} \tag{3-3-6}$$

将上式经过 QR 分解，可以得到迭代向量序列，再把这个迭代的向量序列应用到上式可得出 LSQR 方法重构的图像。

在这些算法中代数重建法与联合迭代重建法都属于迭代法，它们的精度并不取决于迭代次数；当阻尼因子很小时，两种方法计算的结果比较接近，但是在阻尼比较大时联合迭代重建法比代数重建法算法的迭代收敛性好、收敛速度快。最小二乘方法计算量比较小，更适合处理不适定问题。

（四）井间地震 CT 数据采集、处理与解释

1. 数据采集

野外地震 CT 的数据实测采用的观测方式为孔间观测系统，即以一个钻孔为发射孔，另

一个钻孔为接收孔,在发射孔放置电火花震源,设置的炮间距为 1m;每次激发,对所有道都进行接收,如图 3-3-2 所示。

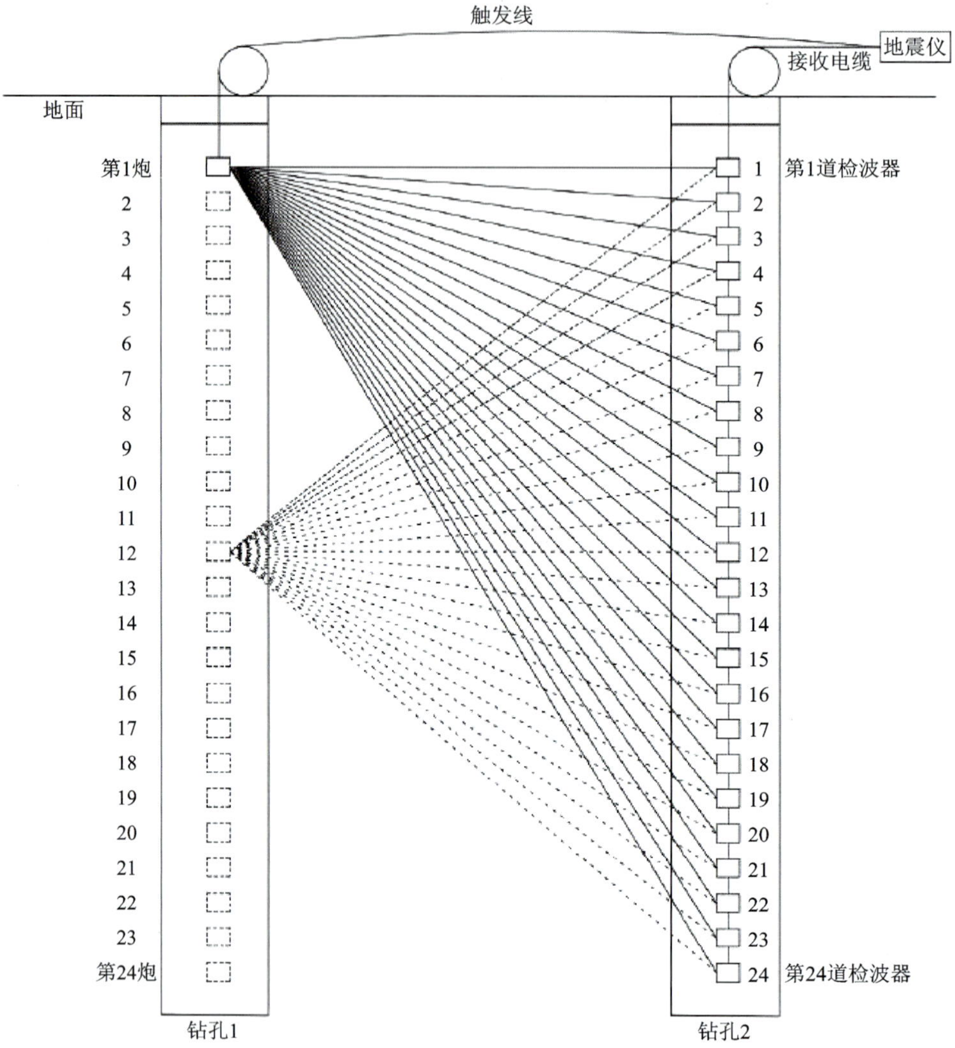

图 3-3-2　弹性波跨孔 CT 观测系统图

现场实测时,应严格按照测线布置的两个孔进行激发与接收。在每次测试前先对要探测的钻孔进行清孔处理,防止卡住检测设备,还应检查孔内的耦合介质(水)的深度是否满足检测要求。为了方便采集,现场采集时,一般先将检波器串最后一个检波器置于接收孔孔底,使检波器自由下坠,记录最下端的检波器标高;将震源放置于激发孔孔底,记录震源此时的孔底标高;前期工作准备好后,对电火花震源进行充电,达到满足的能量要求时激发震源;每次采集结束后,首先要对拾取的波形进行一个初步的判断,对于干扰较大、初至时间不好判断的要重新拾取,对于波形清晰,初至时间明显的予以保留,保存原始数据,在每一炮的记录完成后,检波器串保持原有位置,将震源向上提起 1m,再次按照上述步骤进行作业。

2. 数据处理流程及数据分析

野外采集到跨孔地震CT的数据后,要对采集的数据进行分析,数据的分析应遵循以下处理流程。

(1)抽道集。根据现场测试记录表,把每个跨孔地震CT法测得的原始数据抽道,形成炮点道集,得到共炮点道集文件。

(2)共炮点道集检查。检查记录质量,如果发现有问题的地方,检查是否需要重测,对需要重测的部分及时与野外探测人员沟通重测。

(3)初至时间拾取。对已经检查没有错误的共炮点道集进行初至时间拾取。

(4)初至时间检查。检查拾取的全部共炮点道的初至时间,如果发现拾取了错误的道集,返回第上一步重新对正确的初至时间进行拾取。

(5)射线平均波速计算。对每个射线的平均波速进行初始计算,如果发现初始计算的平均波速不在正常的波速范围内,分析出现这一现象的原因。如果是因为拾取了错误的初至时间,返回第(3)步重新进行拾取。如果是因为没有考虑到钻孔倾斜带来的钻孔间距离的变化,根据共炮点道集的时距曲线计算出钻孔之间的实际距离,进行孔斜校正处理。

(6)初始速度模型预测。根据钻孔揭露地质资料和射线的平均波速,给定初步预测的地层速度模型。

(7)跨孔地震CT数据反演。由初始速度模型和地震CT透射波的初至时间,设置节点间隔为1m,这一步实际上相当于对初始模型进行离散化。再进行迭代计算处理,得到的结果收敛后,即为跨孔剖面的波速影像。如果叠代曲线没有收敛或是迭代的误差比较大,应返回第(3)步重新拾取初至时间。

(8)波速影像图绘制。根据反演得到的速度模型,以100m/s或200m/s速度间隔进行颜色划分,再把工程地质剖面图叠加到一起可以得到波速影像图。

(9)跨孔地震CT波速影像及综合地质解释剖面图绘制。以波速影像图为背景,叠加钻孔资料及物探解释成果,绘制包含岩土分层、基岩起伏界面、溶洞边界的综合解释地质剖面。

二、井间电磁波CT

井间电磁波CT成像是高效探测地下介质电磁特性的地球物理方法,主要应用于工程、煤炭、油气和金属矿产等资源勘探开发领域以及水文工程方面。主要原理是借助收发装置,由发射天线激发高频电磁波,穿过井间介质,经接收天线接收,然后通过反演包含井间介质物性参数空间分布信息的电磁波,得到两钻孔间的参数图像(如吸收系数和电导率)。井间电磁波CT成像技术利用可控发射源,根据不同地质条件和勘探目的确定钻孔间距,借助仪器接收到的场强,结合场强与吸收系数或者电导率的关系,以此来精确探测地下地质体的属性。

(一)井间电磁波成像基本理论

电磁波吸收系数的大小受介质的电导率、介电常数和磁导率影响,其公式可以表示为

$$\alpha = \omega \sqrt{\frac{\mu\varepsilon}{2}\left[\sqrt{1+\left(\frac{\sigma}{\omega\varepsilon}\right)^2}-1\right]} \boldsymbol{U}\boldsymbol{b}\boldsymbol{V}^{\mathrm{T}} \tag{3-3-7}$$

式中：ω 为角频率，$\omega = 2\pi f$；μ 为磁导率，一般用 μ_0；ε 为介电常数，$\varepsilon = \varepsilon_r\varepsilon_0$；$\sigma$ 为电导率。

由式(3-3-7)可以看出，电导率 σ 高的岩石，场强衰减大；相反岩石的电导率 σ 越低，场强衰减越小，这种现象主要是不同介质间的电磁波吸收系数 α 的差异造成的。岩溶发育区（孔溶洞、破碎围岩）电磁波的吸收系数远大于完整围岩的吸收系数，其区域场强发生严重衰减，观测值也会大大变小。因此反演井间介质的吸收系数等值线分布图像能基本反映出电磁波在井间介质中的传播规律。电磁波的吸收系数大小受很多因素（相对介电常数、工作频率、介质的电导率）影响，虽然岩石的相对磁导率也会对引起吸收系数一定程度的波动，但绝大多数岩石的相对磁导率近似为1，这种影响比较微弱，基本可以不用考虑。总之，利用电磁波吸收系数层析成像技术来探测溶洞是有科学依据的，是可行的。

不同的地下介质物性参数，如含水饱和度、孔隙度、矿化度、电导率、磁导率及介电常数等严重地影响电磁波的吸收系数。因为电磁波吸收系数表示单位距离观测值 b 的对数衰减，是电磁参数电导率、介电常数、磁导率和工作频率的一个复杂函数，随电磁参数的变化而变化，是表征电磁波衰减的一个重要指征。

（二）电磁参数特征及影响因素

1. 电导率

电导率是影响电磁波传播特性的重要参数之一，电导率较高时，电导率和频率共同决定了电磁波的吸收系数；电导率较低时，电导率和介电常数共同影响电磁波的吸收系数。井间介质的化学结构和成分是决定电导率的高低的主要因素，如孔隙度、岩石的矿化程度、含水饱和度等。这些不确定因素造成岩石的电导率在一定范围内波动，而造成电导率升高好几个级次的主要原因有：①井下介质中含有磁铁矿、黄铜矿、闪锌矿等良导体；②高矿化度流体和大孔隙度；③吸附性的泥质颗粒。相反，冻结等现象的存在会造成电导率的大幅下降。

2. 介电常数

电导率比较低时，电磁场的相位和振幅会随介电常数的波动而发生显著变化，从而引起电磁波吸收系数的变化。地质资料显示，水的相对介电常数为81，明显高于大部分的岩矿石（在4～15之间），所以，含水饱和度的增加会引起介电常数的升高。

3. 磁导率

磁导率是表征磁介质磁性的物理量，一般指介质的绝对磁导率。非铁磁性物质的磁导率几乎没有磁损耗，与真空磁导率接近，但是磁性矿物质的磁导率远大于真空磁导率，其变化范围通常是真空磁导率的2倍到12倍之间，并且会产生相应的磁损耗。不过大部分岩石的磁导率与真空磁导率接近，所以对吸收系数的影响比较小。

4. 激发频率影响电磁波的传播

频率较低时,电磁波的吸收系数和介电常数几乎无关,只受介质电导率的影响;频率较高时,电磁波的吸收系数由介电常数和电导率共同决定,总体变化不大。而井间电磁波CT成像技术属于高频电磁波(10MHz～1GHz)范畴,故其吸收系数基本上取决于介电常数和电导率。

5. 初始辐射场强 E_0

初始辐射场强 E_0 是井间电磁波层析成像的重要辐射参数之一。地学层析成像中的 E_0 不是固定的常数,它不仅受岩石电磁参数的影响,还与天线结构、发射机功率和接收机增益有关。实际反演运算中,也证实了不同的 E_0,反演结果相差很大。

6. 岩层构造的影响

电磁波除了在传播过程中会造成能量的损失外,还会在断裂构造界面发生反射和折射,因为断裂构造界面中空气或者填充物与岩石的界面比较多,造成能量的损耗,从而引发电磁波的衰减。

(三)井中电磁波CT数据采集

1. 井中电磁波CT观测方式

将发射机和接收机分别放置在两个钻孔中,用于探测钻孔间与围岩有明显电性差异的异常体。井间观测方式可分为两类,同步观测方式和定点观测方式。同步观测方式是发射机和接收机在两个钻孔中保持一定的高差同时移动,高差为零时称为水平同步观测,高差不为零时称为斜同步观测。定点观测方式是把发射机(或接收机)固定在钻孔中某一深度上不动,而在另一个钻孔中移动接收机(或发射机)进行测量,它可分为定点发射(固定发射机)和定点接收(固定接收机)两种观测方式,如图 3-3-3 所示。

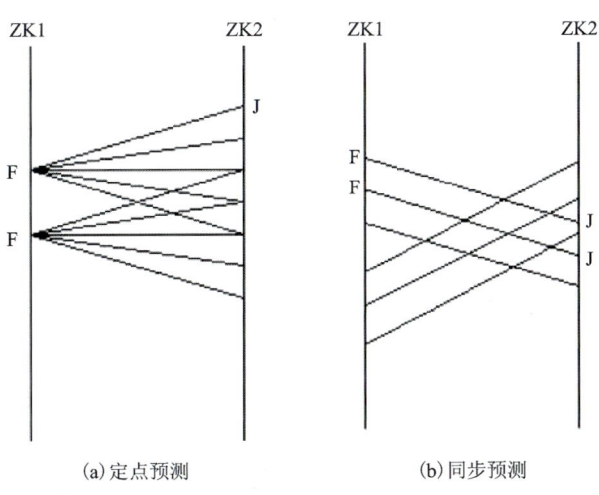

图 3-3-3　井间观测方式(图中 F 为发射机,J 为接收机)

同步观测方式能较快地了解整个井剖面。通常，3条同步观测曲线（水平同步、发射较接收高的斜同步、发射较接收低的斜同步）能粗略地确定剖面中地质体的分布。同步观测是发射机和接收机在两个钻孔中同步升降。定点观测，尤其是定点发射，比较灵活方便，操作效率高，是层析成像观测获得数据的主要观测方式。由于天线辐射的方向性和仪器动态范围的限制，在作斜同步和定点观测时，接收和发射之间的最大高差需要设置一定的限制，倾斜射线与水平射线的最大夹角一般应控制在45°以内，有时甚至要控制在30°之内。

2. 采样密度的确定

从观测便利出发，层析观测一般采用定点发射观测方式与同步观测方式相结合，为了获得高质量的图像，最好进行完备测量，即发射点的密度和接收点的密度相同。例如，发射机每隔1m固定发射，接收机其测量采样点间隔也应为1m。如井段长为100m，接收点距为1m时，其观测数据量为101×101＝10201个。为节省工作量，缩短现场观测时间，作定点测量时，在不影响图像质量前提下可适当放稀发射点的密度，进行优化测量。通常的做法是发射点的密度为接收点密度的1/10～1/5。一次测量完毕后再把发射孔和接收孔相互调换，重新作一次测量。如当井段长为100m，采样点距为1m，发射点间距为10m时，其观测数据量为11×101×2＝2222，仅为完备测量时的1/5，实践证明，工作可得到较满意的图像。

接收点密度（即测量测点的步长）通常选用0.5m、1m、2m。过密的采样密度只会增加观测量，对图像质量的提高和异常的划分作用并不大。在寻找的异常体较大时，可适当放稀采样密度。但采样密度过稀也会导致漏掉较小的异常体。

3. 频率的选择

选择工作频率首先要考虑的是仪器的"透距"，即透视法能研究地质问题的工作范围。并根据所探测的目标异常体的形状、大小、以及围岩吸收系数的差异和其随频率变化的规律等进行选择，选择适当的频率的目的主要是通过层析观测达到对探测目标体获取明显的异常。选择工作频率的一般原则是：

（1）随着工作频率的增高，介质的吸收系数变大，透距随之变小，因此在钻孔距离大或围岩吸收系数高时，宜选用较低的工作频率。

（2）当探测岩体体积较小时，若选用较低频率工作时，岩石中波长较长，会产生绕射现象，使划分地质体轮廓的分辨率降低，容易漏掉小异常体。因此在保证有效透距的前提下，应尽量选用高频。

（3）不同结构的地质体对频率变化有不同反应，因此要尽量选择多频工作。在吸收系数小的岩石中，如灰岩地区电磁波能量衰减小，二次波的强度较大，容易观察到直达波与二次波的干涉现象。频率高时其波程差变化快，出现较多的干涉条纹，使解释复杂化。在这种条件下，不能单一考虑分辨率而采用过高的频率，一般要通过试验选取合适的频率。

（4）为了保证数据的可靠性和处理图像的质量，最大的观测的场强值不要过低，当外界干扰信号过强时，观测场强值过低会降低信噪比。

4. 观测质量的控制

观测质量(即观测误差)主要取决于外界干扰因素、仪器的稳定性和深度误差。为了防止因误差造成虚假异常,在某个测区首次测量时可以通过重复测量进行对比。计算两次测量的误差大小可以通过以下公式进行分析:

$$\varepsilon^2 = \frac{\sum \sigma^2}{2n} \tag{3-3-8}$$

式中:σ 为两次读数之差;n 为观测点数,其均方误差值应控制在 5dB 左右。

(四)井间电磁波 CT 数据处理与解释

孔间电磁波层析成像仪测得是透过两钻孔间的电磁波的能量吸收衰减量,并通过计算机对观测数据进行层析成像处理,利用成图软件重建两孔间介质电磁吸收系数图像,结合其他资料对测得的资料进行解释得到地质剖面图(图 3-3-4)。电磁波 CT 图像表示电磁波吸收系数 α 值的分布,α 值越小表示介质对电磁波的吸收越弱;α 值越大表示介质对电磁波的吸收越强。

由于电磁波 CT 层析成像在应用时是横向探测,缺失了垂直方向的数据,导致垂向分辨率降低,在探测区域的上下两侧区域有可能出现虚假异常。因此,在进行电磁波 CT 图像的地质推断解释时应结合其他信息综合判断,才能得出正确的地下解释结果。

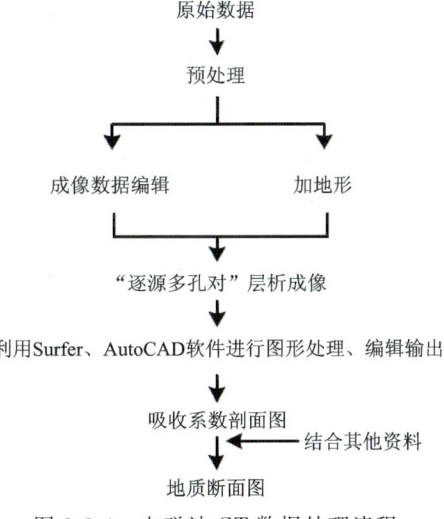

图 3-3-4 电磁波 CT 数据处理流程

三、井间电阻率 CT

电法勘探是地球物理勘探中最常用的勘探方法之一,它是根据地壳中各类岩(矿)石的电性差异,通过观测天然存在的或人工建立的电场的空间分布和时间特性,来查明目标地质体在地下的存在状态及物理性质,解决地质问题的地球物理勘探方法。电法勘探已经在资源勘查、工程勘察等方面取得了很好的应用。电阻率法是电法勘探中简单、实用的方法之一,它根据不同的电极排列和极距变化,实现勘探剖面的立体勘查。

随着直流电阻率探测方法的快速发展以及探测要求的提高,我们对地层精细结构的探查显得越来越重要,在此背景下,可实现大数据、高精度测量的井间电阻率 CT 技术逐渐成为人们研究的热点之一。井间电阻率 CT 可实现高分辨率地层参数信息的电阻率层析成像技术,最早由美、日一些学者提出,并开展了一定的研究工作,国内的广泛研究则开始于 20 世纪 90 年代中后期。

井间电阻率 CT 探测方法是把探测电极放入钻孔中采集信号的一种孔间探测方法,与地表电阻率探测相比,井间电阻率 CT 探测方法具有以下显著的优势:①采用跨孔"透视对穿"的观测方式,探测电极更接近勘探目标体,信号是地电异常体的直接反应;②采集的数据量更为丰富,可获取与孔间介质地电结构密切相关的大量有效信息;③在特别复杂的探测环境中,井间电阻率 CT 探测电缆可深入围岩,避开各种电磁干扰,从而取得良好的精细探测效果。以上特点表明,该方法在探测分辨率和探测精度方面具有天然优势,正是基于这种优势,电阻率跨孔 CT 探测方法被认为在精细探查领域具有良好的应用和发展前景。井间电阻率 CT 技术原理同电法勘探,其施工方式与电磁波 CT 或地震波 CT 类似。

1. 井间电阻率 CT 工作方法

井间电阻率 CT 是将两根带有电极的电缆分别放入两个钻孔中,每根电缆带有数十个电极,孔内测量段不能有金属套秋或绝缘套管,可采用含有筛孔的塑胶套管保护孔壁,孔内需要充满水,采用跨孔的方式进行供电和接收,见图 3-3-5。井间电阻率 CT 数据采集采用多通道自动化采集技术,一次供电同时测量多个电位差,并可任意组合 AB、MN 电极,极大地提高了观测效率;因其采集数据量大,可得到更加精确的 CT 图像,为高分辨探测提供了丰富的数据基础。

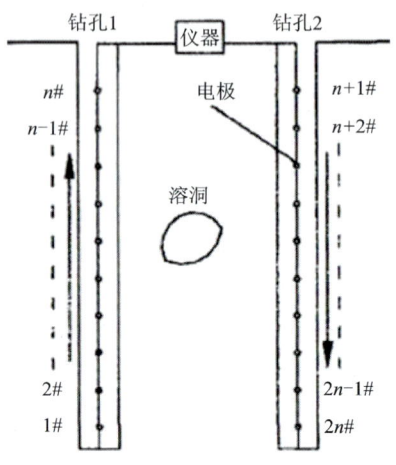

图 3-3-5 井间电阻率 CT 探测工作示意图

2. 井间电阻率 CT 观测模式

根据供电电极和测量电极数量的不同,井间电阻率 CT 观测装置常用观测模式可分为 3 种类型:四极观测模式、三极观测模式和两极观测模式,见图 3-3-6。根据孔中电极排列的差异,四极观测模式又可分为 3 种方式:①AM、BN 位于不同孔中;②AB、MN 位于不同孔中;③A、MNB 位于不同孔中。

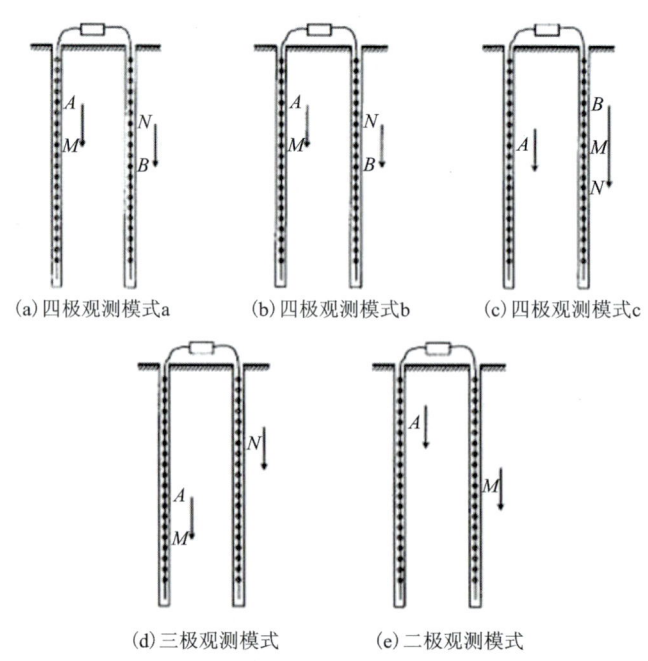

(a) 四极观测模式a　　(b) 四极观测模式b　　(c) 四极观测模式c

(d) 三极观测模式　　(e) 二极观测模式

图 3-3-6 井间电阻率 CT 观测模式示意图

不同的跨孔电极排列不仅采集的数据量不同,而且供电时在空间产生不同的电场分布,受探测目标体和干扰体的影响,每种观测模式对目标体的敏感度也不相同。因此,外业工作时,需要进行试验工作确定观测模式。

井间电阻率 CT 反演原理及解释与地面电法勘探相似,在此不再赘述。

第四节　地球化学新技术

一、水文地球化学测量

(一)水文地球化学测量的基本原理

水文地球化学测量是通过查明水域化学组分的分布及性质、研究其与矿床的成因联系,发现和解释评价异常从而进行找矿的。

矿床及其原生晕、次生晕的组分,在表生作用的影响下,经风化后部分被溶解分散进入地下水和地表水,使矿床附近的水域中某些组分含量增高,或化学性质发生变化,这样形成的水文地球化学异常地段,称为水分散晕,是次生地球化学异常的一种。

水文地球化学异常与岩石、土壤、水系沉积物地球化学异常相比,具有更为广泛的地球化学标志,除金属阳离子外,还包括阴离子和阴离子团的含量变化,以及水溶液中 pH 与 Eh 值的变化等。由于原生矿物及大多数次生矿物在水中的溶解度极低,加上水的稀释作用,故水文地球化学异常的浓度值远低于岩石、土壤地球化学异常的浓度,一般低于 10^{-9} 数量级。因此,在进行水文地球化学找矿时,找矿效果在很大程度上取决于分析测试水平。

水文地球化学异常表示组分浓度单位,微量组分采用 10^{-6}、10^{-9},常量组分则采用 g/L、mg/L 或 mol/L 等单位。

(二)水文地球化学测量的应用

水文地球化学测量是通过发现水分散晕来进行的,利用地下水循环深的特性,可以用来寻找埋藏较深的盲矿体。目前运用水文地球化学找矿可以寻找 Cu、Pb、Zn、Mo、Ni、Cr、Co、V、U、Li、Rb、Au、Ag 等金属矿床;B、P 等非金属矿床;各种盐类矿床;石油、天然气等。

水文地球化学测量可应用于区域地质调查、地质普查以及勘探中。在区域地质调查中,应用水文地质调查方法,根据所获得的水文地球化学资料,可以了解调查区内水中成矿元素的分布规律,有助于分析构造、岩体和构造带的含矿性。在地质普查中,水文地球化学测量主要是配合地质普查找矿,查明成矿远景地段和矿床位置,以及解释岩石中金属矿化现象的分布、构造断裂的含矿性和了解地球物理异常的性质。在详查和勘探阶段,运用水文地球化学测量,可以发现盲矿体,确定勘探钻孔及坑道的合理位置和深度,以及预测一些隐伏构造和蚀变范围。

水文地球化学测量适用于地形切割中等、水系发育、地表水受地下水补给的地区,以及运积物覆盖较厚及森林沼泽地区;在地形平坦、水系不发育的地区则效果不佳。

二、气体地球化学测量

(一)气体地球化学找矿的基本原理

气体地球化学勘探方法是通过测定土壤空气或地表大气中的某些气态微量元素或化合物的含量,研究它们的分布和变化规律,发现与成矿有关的气体地球化学异常,以实现找矿的目的。在矿床形成过程中,伴生一些挥发组分与气体元素部分以独立矿物的形式(如 Hg—辰砂、自然汞;H_2S—硫化矿物;F—萤石等)或类质同象的形式出现在矿体或周围边的围岩中。当矿体与围岩风化时,特别是在控矿构造发育的情况下,所含有的挥发组分与气体元素组分矿物遭受风化后以气体形式逸出,并在矿体与围岩上方的土壤空气和地表空气中聚集,形成高于非矿地段含量的气体地球化学异常。气体地球化学勘探中所研究的气体有汞蒸气、CO_2、SO_2、H_2S、He、Rn、CH_4、O_2、H_2 等。其中研究最多、使用最广的是汞蒸气,He、Rn、CH_4 等气体次之。

(二)气体地球化学找矿的应用

气体地球化学找矿方法适用于矿体上部土壤空气或大气中所测气体含量高于围岩含量,并且构造发育较好,具有气体渗透扩散的通道;松散覆盖层厚度不能太小,一般要求不小于 0.3m,以利于气体在松散覆盖层中储存。

气体地球化学找矿不仅可用于寻找金属矿产(多金属矿、金矿、斑岩型铜矿、层状铅锌矿、钨矿、锑矿、铁矿矿、铀矿)和可燃性矿产(煤、石油、天然气等),而且在查明隐伏构造和寻找地热方面也有一定的应用效果。

气体地球化学找矿在区域普查和矿床评价阶段均可应用,在进行气体地球化学找矿时,首先要做试验工作,确定测网规格、采样深度和采样量,并做好干扰因素消除措施,在试验工作的基础上,再进行气体测量工作。

三、生物地球化学测量

(一)生物地球化学找矿的基本原理

生物地球化学找矿是测定植物灰分中元素的含量,研究灰分中元素含量分布和变化规律,以发现植物灰分中与矿有关的地球化学异常(即生物晕)来找矿的方法。

生物地球化学异常是通过植物的灰分来圈定的,植物的基本化学成分是碳水化合物,而灰分是排除 C、H、O 后剩下的无机物质,这些无机物质是植物从土壤中吸收来的矿物质,因而能反映出生长地点的土壤成分。矿床及其原生晕的风化后的成矿元素及伴生元素,被植物所吸收并逐渐聚集,植物体内出现某些元素含量增高的现象,称为生物地球化学异常。通过对植物灰分的分析可以发现这种异常,并作为找矿标志。

由于植物的种属、年龄、根系发育程度的不同,以及受土壤组分和气候条件的影响,植物对元素组分的吸收能力也受到限制。一些植物易选择性吸附某一类元素组分,形成高含量异常,而另一些植物可能会造成某些元素组分贫乏,形成低含量异常。因此,在进行生物地球化学找矿时,首先必须进行试验工作,选择易采集样品的植物种属、土壤类型等,对影响植物体内元素组分变化因素,应全面考虑。

在矿体直接出露或含有某种特殊成分的岩层出露区,土壤成分往往会发生很大的变化,常常使某一种植物或某几种植物大量繁盛而不利于其他植物生长,这样产生了在特定矿床上生长着的特定植物,称为指示植物,实际是植物异常。

(二)生物地球化学找矿的应用

生物地球化学找矿在20世纪30年代已应用于北欧各国,随后苏联、加拿大等国也开始应用,我国于20世纪50年代初在长江中下游、湘西、川西以及黑龙江等地区进行了试验工作,用于寻找铜等多金属和铀矿工作。

生物地球化学找矿主要适用于温暖潮湿气候带的森林或森林草原地区、残坡积层或运积层覆盖区;荒漠、半荒漠的干旱气候带运积层覆盖区。特别是由于残坡积层过厚或运积层覆盖,土壤地球化学找矿方法难以达到找矿的目的时,往往应用该方法。

生物地球化学找矿可用于寻找 Cr、Mn、Fe、Co、Ni、Cu、Pb、Zn、Mo、Au、Ag、W、Sn、U、V 等矿产。在生物地球化学找矿时,首先要了解工作区各种植物中指示元素的分布情况;选定作为样品的植物种属和器官,确定背景含量及异常衬度;制定合理的工作方法;确定异常与矿体或矿化的关系,提供异常评价的依据。然后根据试验成果采集样品,在样品采集时要注意采集的种类、部位、植物年龄基本一致。样品采集需在秋季、冬季或春暖以前的较短时间内完成,样品采集后一般在野外干燥、破碎,之后再送样、灰化,过筛后进行分析。

除此之外,还有稳定同位素地球化学找矿、航空地球化学找矿和海洋地球化学找矿等方法。这些方法具有一定的局限性,在生产过程中极少使用。

主要参考文献

陈骏,王鹤年,2004.地球化学[M].北京:科学出版社.

陈科贵,王文文,喻克全,2012.声波测井新技术及应用实践[M].北京:石油工业出版社.

陈祖庆,杨鸿飞,王静波,等,2016.页岩气高精度三维地震勘探技术的应用与探讨:以四川盆地焦石坝大型页岩气田勘探实践为例[J].天然气工业,36(2):9-20.

程逢,2018.被动源面波勘探方法及其在城市地区的应用[D].武汉:中国地质大学(武汉).

程业勋,王南萍,侯胜利,2014.核辐射场与放射性勘查[M].北京:地质出版社.

戴塔根,龚铃兰,张起钻,2005.应用地球化学[M].长沙:中南大学出版社.

底青云,薛国强,殷长春,等,2020.中国人工源电磁探测新方法[J].中国科学(地球科学),50(9):1219-1227.

房丰洲,顾春阳,2017.高精度重力仪的测量原理与发展现状[J].仪器仪表学报,38(8):11.

傅良魁,1983.电法勘探教程[M].北京:地质出版社.

《工程地质手册》编委会,2018.工程地质手册[M].5版.北京:中国建筑工业出版社.

管志宁,2005.地磁场与磁力勘探[M].北京:地质出版社.

郭崇光,樊甲成,2004.井中电视在成井修井中的应用[J].探矿工程(岩土钻掘工程)(1):55-56.

郭良辉,孟小红,石磊,2010.磁异常 ΔT 三维相关成像[J].地球物理学报,53(2):435-441.

郭颖,李智陵,1995.构造地质学简明教程[M].武汉:中国地质大学出版社.

郝钧,等,1992.三维地震勘探技术[M].北京:石油工业出版社.

何继善,2020.广域电磁法理论及应用研究的新进展[J].物探与化探,44(5):985-990.

蒋敬业,2006.应用地球化学[M].武汉:中国地质大学出版社.

JOHN MILSON,ASGER ERIKSEN,2020.野外地球物理学[M].刘俊州,徐蔚亚,姜大建,等,译.4版.北京:石油工业出版社.

黎彤,1990.地球和地壳的化学元素丰度[M].北京:地质出版社.

李大心,1994.探地雷达方法与应用[M].北京:地质出版社.

李大心,2003.地球物理方法综合应用与解释[M].武汉:中国地质大学出版社.

李金铭,2005.地电场与电法勘探[M].北京:地质出版社.

李丽丽,孟令顺,杜晓娟,等,2012.一种断层重力异常定量解释方法[J].石油地球物理勘探,47(4):665-667+682+517-518.

刘菁华,王祝文,2014.放射性勘探方法[M].北京:地质出版社.

刘天佑,2004.应用地球物理数据采集与处理[M].武汉:中国地质大学出版社.

刘天佑,2007.地球物理勘探概论[M].北京:地质出版社.

刘银萍,王祝文,杜晓娟,等,2013.位场数据去噪方法研究及其在虎林盆地中的应用[J].科学技术与工程,13(16):4491-4496.

陆基孟,王永刚,2009.地震勘探原理[M].东营:中国石油大学出版社.

罗先熔,文美兰,欧阳菲,等,2007.勘查地球化学[M].北京:冶金工业出版社.

马在田,1989.三维地震勘探方法[M].北京:石油工业出版社.

潘和平,马火林,蔡柏林,等,2009.地球物理测井与井中物探[M].北京:科学出版社.

彭梧山,1986.地球化学探矿[M].北京:地质出版社.

沈铭成,冉军林,2017.起伏地形磁异常三维相关成像方法及应用[J].工程地球物理学报,14(1):50-55.

铁道部第一勘测设计院,2018.铁路工程地质手册[M].北京:中国铁道出版社.

王兴泰,1996.工程与环境物探新方法新技术[M].北京:地质出版社.

王振东,1988.浅层地震勘探应用技术[M].北京:地质出版社.

尉中良,邹长春,2005.地球物理测井[M].北京:地质出版社.

文百红,程方道,1990.用于划分磁异常的新方法—插值切割法[J].中南矿冶学院学报,21(3):229-235.

吴俊超,2014.井下电视成像测井仪器的研究[D].厦门:厦门大学.

席振铢,龙霞,周胜,等,2016.基于等值反磁通原理的浅层瞬变电磁法[J].地球物理学报,59(9):3428-3435.

席振铢,周胜,王鹤,等,2014.等值反磁通瞬变电磁法及其装置[J].中南大学学报(自然科学版),45(8):2833-2840

谢绍彬,2020.等值反磁通瞬变电磁法在浅层地质结构探测的应用[J].世界有色金属(4):185-186.

徐世浙,曹洛华,姚敬金,2007.重力异常三维反演——视密度成像方法技术的应用[J].物探与化探,31(1):25-28+37.

颜萍,2012.小波变换方法在位场数据处理中的应用研究[D].长春:吉林大学.

杨成林,1993.瑞利波勘探[M].北京:地质出版社.

杨文采,李幼铭,1993.应用地震层析成像[M].北京:地质出版社.

杨小峰,刘长垠,张泰然,等,2007.地球化学找矿方法[M].北京:地质出版社.

姚姚,2002.应用地球物理反演基本理论与应用方法[M].武汉:中国地质大学出版社.

姚姚,2006.地震波场与地震勘探[M].北京:地质出版社.

姚姚,等,1991.地震勘探新技术新方法[M].武汉:中国地质大学出版社.

曾华霖,2005.重力场与重力勘探[M].北京:地质出版社.

张宏兵,蒋甫玉,黄国娇,2019.工程地球物理勘探[M].北京:中国水利水电出版社.

张胜业,潘玉玲,2004.应用地球物理学原理[M].武汉:中国地质大学出版社.

郑汉钦,2019.浅谈地质雷达资料的去噪处理方法[J].四川水泥(11):161.

中国水利电力物探科技信息网,2011.工程物探手册[M].北京:中国水利水电出版社.

中交第一公路勘察设计研究院有限公司,2021.公路工程物探规程:JTG/T 3222—2020[S].北京:人民交通出版社.

中铁第四勘察设计院集团有限公司,中国铁路设计集团有限公司,2023.铁路工程物理勘探规范:TB 10013—2023[S].北京:中国铁道出版社.

CAPON J,1969. High-Resolution Frequency-Wavenumber Spectrum Analysis[J]. Proceedings of the IEEE,57(8):1408-1418.

HAUBRICH R A,1965. Earth Noise, 5-500 Millicycles per Second[J]. Journal of Geophysical Research,70(6):1415-1427.

KANAI K,1957. On the Spectrum of Microtremors (Part 1)[J]. Bulletin of the Earthquake Research Institute, University of Tokyo,35:97-114.

OKADA H,2003. The Microtremor Survey Method[R]. Society of Exploration Geophysicists.

TOKSOZ M N, LACOSS R T,1968. Microseisms: Mode Structure and Sources[J]. Science,159(3814):360-365.